扫二维码观看

本书微课介绍

适用于

Office 2007/2010/2013 版本

WORD EXCEL PPT

商务办公

从新手到高手

白金全彩版

互联网＋计算机教育研究院 编著

U0345093

人民邮电出版社

北 京

图书在版编目（CIP）数据

Word Excel PPT商务办公从新手到高手：白金全彩
版 / 互联网+计算机教育研究院编著. -- 北京：人民邮
电出版社，2017.1（2018.1 重印）
ISBN 978-7-115-43964-2

Ⅰ. ①W… Ⅱ. ①互… Ⅲ. ①办公自动化－软件包
Ⅳ. ①TP317.1

中国版本图书馆CIP数据核字(2016)第306840号

内 容 提 要

本书主要讲解 Office 2010 的 3 个主要组件—Word、Excel 和 PowerPoint 在商务办公中
的主要应用知识，包括编辑 Word 文档、设置 Word 文档版式、美化 Word 文档、Word 文
档高级排版、制作 Excel 表格、计算 Excel 数据、处理 Excel 数据、分析 Excel 数据、编辑
幻灯片、美化幻灯片、设置多媒体和动画、交互与放映输出等。

本书适合作为商务办公从业人员提高技能的参考用书，也可作为各类社会培训班教材
和辅导书。

◆ 编　　著　互联网+计算机教育研究院
　　责任编辑　马小霞
　　责任印制　焦志炜
◆ 人民邮电出版社出版发行　　北京市丰台区成寿寺路 11 号
　　邮编　100164　　电子邮件　315@ptpress.com.cn
　　网址　http://www.ptpress.com.cn
　　北京画中画印刷有限公司印刷
◆ 开本：700×1000 1/16
　　印张：22　　　　　　　　2017 年 1 月第 1 版
　　字数：541 千字　　　　　2018 年 1 月北京第 8 次印刷

定价：49.80 元（附光盘）
读者服务热线：(010)81055256　印装质量热线：(010)81055316
反盗版热线：(010)81055315

前 言
PREFACE

在日常办公中，很多时候需要记录各种资料，也会被要求制作通知、规章和制度等不同类型的文档，这时就需要用 Word 来实现。有时也需要完成各种表格的制作及许多数据的录入和管理，例如考勤表、工资表和销售分析表等，这时就可以借助 Excel 来实现。而当有报告、公开演讲或者员工培训时，就需要应用 PowerPoint 来制作各种类型的演示文稿。Office 的这 3 大组件是日常办公中最基础、最常用的软件，能掌握并能熟练地使用它们对于每个人都具有十分重要的意义。

■ 本书内容

本书共分三部分，每部分的内容安排和结构设计都考虑了读者的实际需要，具有实用性、条理性等特点。

本书讲解了与 Office 2010 的 3 大组件相关的所有基础知识，包括编辑 Word 文档、设置 Word 文档版式、美化 Word 文档、Word 文档高级排版、制作 Excel 表格、计算 Excel 数据、处理 Excel 数据、分析 Excel 数据、编辑幻灯片、美化幻灯片、设置多媒体和动画、交互与放映输出等。

读者通过本书可对 Word、Excel、PPT 这 3 个组件的功能有一个整体认识，并可制作常用的各类型办公文档。

为帮助读者更好地学习，本书知识讲解方式灵活，或以正文描述，或以实例操作，或以项目列举，同时穿插"操作解谜"和"技巧秒杀"等小栏目，不仅丰富了版面，还让知识更加全面。

■ 本书配套资源

本书有丰富多样的配套教学资源，分别以多媒体光盘、二维码等方式提供，使学习更加方便快捷，具体内容如下。

视频演示： 本书所有的实例操作均提供了视频演示，并以二维码和光盘两种形式提供给读者，在光盘中学习甚至可以使用交互模式，也就是光盘不仅可以"看"，还可以实时操作，提高学习效率。

素材、效果和模板文件： 本书不仅提供了实例需要的素材、效果文件，还附送了公司日常管理 Word 模板、Excel 办公表格模板、PPT 职场必备模板以及作者精心收集整理的 Office 应用精美素材。

海量相关资料： 本书配套提供 Office 办公高手常用技巧详解（电子书）、Excel 常用函数手册（电子书）、十大 Word Excel PPT 最强进阶网站推荐以及 Word Excel PPT 常用快捷键等有助于进一步提高 Word Excel PPT 应用水平的相关资料。

■ 鸣谢

本书由蔡飓、简超、严欣荣、高志清等编写，互联网＋计算机教育研究院设计并开发全部资源。

书中不妥之处在所难免，望广大读者批评指正。

编者

2016 年 10 月

CONTENTS 目 录

第 1 部分
Word 应用

第4章

Word 文档高级排版........83

CONTENTS 目录

第 **2** 部分
Excel 应用

第 8 章

分析 Excel 数据...........193

CONTENTS 目 录

第 3 部分
PowerPoint 应用

Word 应用

第1章

编辑 Word 文档

/ 本章导读

　　Word 2010 是一款被广泛应用于办公领域的专业文档制作软件，它可以帮助公司和个人完成日常的文档处理工作，满足绝大部分办公需求。本章将主要介绍编辑 Word 文档的基本操作，如新建文档、输入文本、文本和文档的基本操作、设置视图、设置字符和段落格式、保护文档等。

1.1 制作"招聘启事"文档

公司决定招聘 5 名 JAVA 高级开发工程师，需要人事部制作一份"招聘启事"。该任务分配给了刚进公司的小姚，她决定使用 Word 2010 来制作文档，并了解了该类型文档的相关信息。招聘启事是用人单位面向社会公开招聘有关人员时使用的一种应用文书，其撰写的质量会影响招聘的效果和招聘单位的形象。通常，招聘启事文档都会包含以下内容：单位名称、性质和基本情况；招聘人才的专业与人数；应聘资格与条件；应聘方式与截止日期；其他的相关信息。

1.1.1 新建文档

Word 用于制作和编辑办公文档，通过它不仅可以进行文字的输入、编辑、排版和打印，而且可以制作出图文并茂的各种办公文档和商业文档。使用 Word 制作文档的第一步操作是新建一篇 Word 文档，通常有以下两种方式。

微课：新建文档

1. 利用"开始"菜单创建文档

"开始"菜单中集合了操作系统中安装的所有程序，通过"开始"菜单可以启动 Word，并新建一篇空白的 Word 文档，其具体操作步骤如下。

STEP 1　打开"开始"菜单

❶在操作系统桌面上单击"开始"按钮；❷在展开的菜单中选择【所有程序】命令。

STEP 2　启动 Word 2010

❶在打开的菜单中选择【Microsoft Office】选项；❷在打开的子菜单中选择【Microsoft Word 2010】命令。

STEP 3　新建 Word 文档

进入 Word 2010 的工作界面，可以看到文档的标题为"文档 1"，该文档即为新建的 Word 文档。

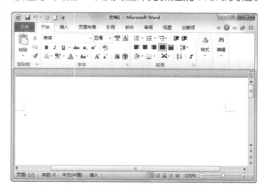

技巧秒杀

通过"开始"菜单的常用程序栏启动
在 Windows 7 版本以上的操作系统中，单击"开始"按钮，在打开的"开始"菜单中，通常会存储并显示最近在"开始"菜单中打开的程序。如果启动过一次 Word，就会直接在"开始"菜单的常用程序栏中显示 Word 命令，直接选择即可启动 Word。

2. 利用右键菜单创建文档

利用单击鼠标右键弹出的快捷菜单，也能快捷地创建 Word 文档，其具体操作步骤如下。

STEP 1 选择菜单命令

❶在操作系统桌面上单击鼠标右键；❷在弹出的快捷菜单中选择【新建】命令；❸在打开的子菜单中选择【Microsoft Word 文档】命令。

STEP 2 创建新文档

将新建一个 Word 文档，文档的名称呈"蓝底白字"状态，可以直接输入文档的名称。

技巧秒杀

在操作系统的文件夹中，同样可以利用右键菜单创建新文档。

STEP 3 打开新文档

双击该文档，即可打开新建的 Word 文档。

操作解谜

使用模板新建文档

Word 2010 还可根据系统提供的模板新建常用的办公文档。方法是：在 Word 2010 工作界面中，单击"文件"按钮，在打开的界面的左侧列表中选择"新建"选项，在打开的界面中间的"可用模板"窗格中双击需要的模板，或者在"Office.com 模板"搜索框中搜索需要的模板类型，然后在搜索结果中单击需要的模板，单击"创建"按钮即可下载并应用该模板。

1.1.2 输入文本内容

文本是 Word 文档中最基本的组成部分，因此，输入文本内容是使用 Word 时最常见的操作。常见的文本内容包括中英文和数字、特殊符号、时间和日期等。另外，在 Word 文档中也可以输入数学公式。

微课：输入文本内容

1. 输入基本字符

基本字符通常是指通过键盘可以直接输入的汉字、英文、标点符号和阿拉伯数字等。在 Word 中输入普通文本的方法比较简单，只需将鼠标光标定位到需要输入文本的位置，切换到需要的输入法，然后通过键盘直接输入即可，其具体操作步骤如下。

STEP 1 输入汉字

❶切换到中文输入法，在新建的 Word 文档中输入招聘启事的标题；❷将鼠标光标定位到文档的开始位置，按【Space】键将文档标题移动到首行中间的位置。

STEP 2 输入标点符号和英文

❶将鼠标光标定位到标题最后，按两次【Enter】键将鼠标光标定位到第 3 行，按【Back space】键将鼠标光标定位到第 3 行的开始位置；❷输入"招聘职位"，按【Shift+;】组合键，输入标点符号"："；❸退出中文输入模式，按下【Caps Lock】键，输入大写英文字符"JAVA"，再按【Caps Lock】键，重新切换到中文输入法，继续输入中文文本。

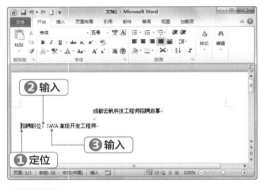

STEP 3 输入数字

按照前面的方法继续输入招聘启事的内容，在第 5 行的文本"发布日期："右侧，按顺序依次按【2】、【0】、【1】、【6】键，输入数字"2016"，用同样的方法输入其他数字。

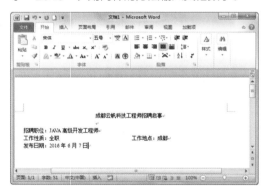

技巧秒杀

使用数字键区输入数字

对于数字较多的文档，可以使用键盘的数字键区进行输入，按【Num Lock】键，激活数字键，直接按数字键输入数字。

STEP 4 完成内容输入

按照前面的方法继续输入招聘启事的其他内容，效果如下图所示。

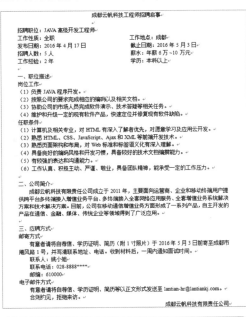

2. 输入特殊字符

在制作 Word 文档的过程中，难免会需要输入一些特殊的图形化的符号来使文档更丰富美观。一般的符号可通过键盘直接输入，但一些特殊的图形化的符号却不能直接输入，如☆和○等。这些图形化的符号可通过打开"符号"对话框，在其中选择相应的类别，找到需要的符号选项后插入。下面就在文档中插入"◆"符号，其具体操作步骤如下。

STEP 1 打开"符号"对话框

❶在"文档 1.docx"文档中，将鼠标光标定位到第 3 行文本的左侧；❷在【插入】/【符号】组中单击"符号"按钮；❸在打开的下拉列表中选择"其他符号"选项。

技巧秒杀

通过中文输入法的"软键盘"功能，也可以输入很多特殊字符。

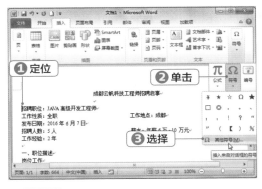

STEP 2 选择字符样式

❶打开"符号"对话框，在"子集"下拉列表框中选择"几何图形符"选项；❷在下面的列表框中选择需要插入的字符"◆"；❸单击"插入"按钮。

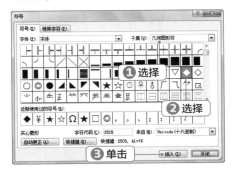

STEP 3 完成特殊字符输入

将鼠标光标定位到需要输入字符的位置，继续单击"插入"按钮，将继续插入"◆"字符，完成该字符的所有输入操作后，单击"关闭"按钮，关闭"符号"对话框。

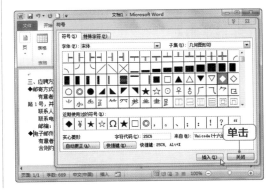

3. 输入日期和时间

在 Word 中可以通过中文和数字的结合直接输入日期和时间，也可以通过 Word 的日期和时间插入功能，快速输入当前的日期和时间。下面就在创建的文档中输入当前的日期和时间，其具体操作步骤如下。

STEP 1　打开"日期和时间"对话框

❶在"文档 1"文档中，将鼠标光标定位到最后一行文本右侧，按【Enter】键；❷换行后，在【插入】/【文本】组中单击"日期和时间"按钮。

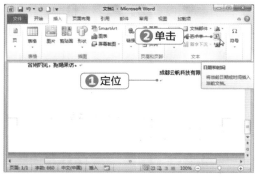

STEP 2　选择日期和时间样式

❶打开"日期和时间"对话框，在"可用格式"列表框中选择一种日期和时间的格式；❷单击"确定"按钮。

STEP 3　完成日期和时间输入

返回 Word 文档，即可查看输入当前日期和时间的效果。

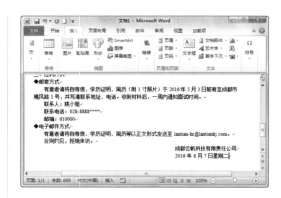

4. 输入数学公式

在制作专业的论文或报告时，可能要求输入各种公式。对于简单的加减乘除公式，可以用输入普通文本的方法来输入。对于许多复杂的公式，则可以通过 Word 中的插入公式功能输入。下面在文档中输入公式"$\theta = \tan \alpha$"，其具体操作步骤如下。

STEP 1　插入新公式

❶在 Word 文档的【插入】/【符号】组中单击"公式"按钮；❷在打开的下拉列表中选择"插入新公式"选项。

STEP 2　进入公式编辑状态

❶在文档中插入一个公式编辑区域；❷在【公式工具 设计】/【符号】组中单击"其他"按钮；❸在打开的"基础数学"列表框中选择"θ"选项，在公式编辑区域中输入"θ"，然后用同样的方法输入"="。

第 1 部分

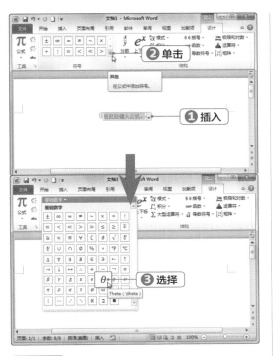

切函数"选项；❸在公式编辑区域单击函数右侧的虚线正方形；❹在"符号"列表框中选择"α"选项，完成公式的输入。

STEP 3　输入公式符号

❶在【结构】组中单击"sin θ 函数"按钮；
❷在打开的列表框的"三角函数"栏中选择"正

1.1.3 | 文本的基本操作

　　制作一篇 Word 文档时，难免会需要对某个字符、某个词组、某段文本或者整篇文本进行修改，这时就需要在 Word 中进行各种基本的编辑操作。文本的基本操作主要包括移动与复制文本、查找与替换文本、删除与改写文本、撤销与恢复文本。

微课：文本的基本操作

1. 移动与复制文本

　　移动文本是将文本内容从一个位置移动到另一个位置，而原位置的文本将不存在；复制文本则通常用于将现有文本复制到文档的其他位置或复制到其他文档中去，但不改变原有文本。下面在文档中移动和复制文本，其具体操作步骤如下。

STEP 1　复制文本

❶将鼠标光标定位到文档第 12 行的"公司的"文本的左侧，按住鼠标左键不放，向右拖动鼠

标直到文本的右侧，释放鼠标选择该文本内容；
❷在文本上单击鼠标右键；❸在弹出的快捷菜单中选择【复制】命令。

技巧秒杀

取消文本的选中状态

选择文本可以通过按住鼠标左键拖动的方法进行。用鼠标在选择对象以外的任意位置单击即可取消文本的选中状态。

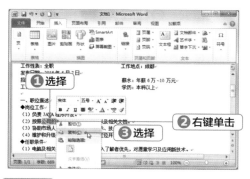

STEP 2　粘贴文本

❶将鼠标光标定位到第13行文本"协助"右侧；
❷单击鼠标右键；❸在弹出的快捷菜单的"粘贴选项"栏中单击"保留源格式"按钮，将"公司的"文本复制到该处。

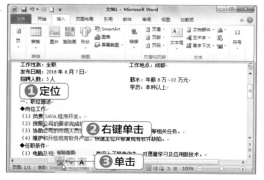

STEP 3　移动文本

❶选择文档第13行的文本"一定的"；❷在文本上单击鼠标右键；❸在弹出的快捷菜单中选择【剪切】命令，该文本将在原位置消失，移动到 Word 剪贴板中。

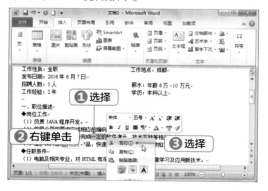

STEP 4　粘贴文本

将该文本粘贴到第14行"维护和升级"文本右侧，完成移动文本的操作。

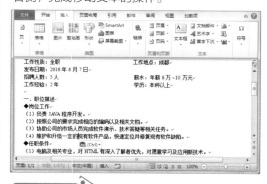

技巧秒杀

复制和粘贴快捷键

复制和移动文本均可利用快捷键完成，选择文本后，按【Ctrl+C】组合键复制或者按【Ctrl+X】组合键移动文本，按【Ctrl+V】组合键粘贴文本。

2. 查找与替换文本

在使用 Word 编辑文档时，经常会出现词语或者字符输入错误的情况，逐个修改会花费大量的时间，利用查找与替换功能则可以快速地改正文档中的错误，提高工作效率。下面在文档中查找"电脑"文本，并将其替换为"计算机"，其具体操作步骤如下。

STEP 1　单击"查找"按钮

在【开始】/【编辑】组中单击"查找"按钮。

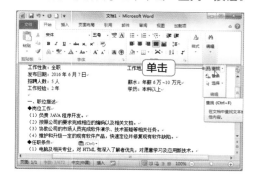

第1部分

STEP 2　搜索文本

❶Word 将在工作界面的左侧打开"导航"窗格，在文本框中输入"电脑"；❷系统会自动查找该文本，显示搜索结果，并将查找到的文本以黄色底纹显示出来。

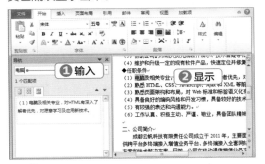

操作解谜

"导航"窗格的功能

通过"导航"窗格不仅可以查找字词文本，还可以查找图形、表格、公式、脚注/尾注和批注等一系列文本。

STEP 3　选择替换操作

❶单击文本框右侧的下拉箭头按钮；❷在打开的列表中选择"替换"选项。

STEP 4　替换文本

❶打开"查找和替换"对话框，在"替换"选项卡的"替换为"下拉列表框中输入"计算机"；❷单击"全部替换"按钮；❸在打开的提示框中单击"确定"按钮；❹返回"查找和替换"

对话框，单击"关闭"按钮。

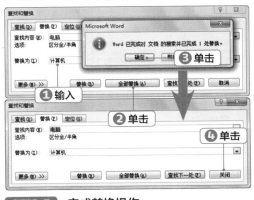

STEP 5　完成替换操作

返回 Word 文档，可以看到文本已经被替换。

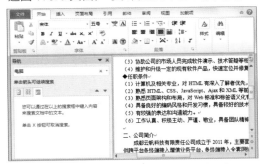

3. 删除与改写文本

　　删除与改写文本的目的是修改文档中的错误、多余或重复的文本，以提高工作效率。下面在"招聘启事 .docx"文档中删除和改写文本，其具体操作步骤如下。

STEP 1　删除文本

在文档中倒数第 8 行选择"云帆大厦"文本，按【Delete】键或【Back space】键，即可删除该文本。

操作解谜

【Delete】和【Backspace】的区别

　　在 Word 文档中按【Delete】键，将删除鼠标光标右侧的字符；按【Backspace】键，将删除鼠标光标左侧的字符。

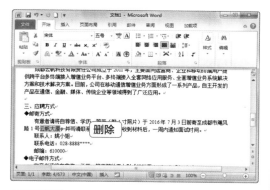

STEP 2　改写文本

将鼠标光标定位到第 16 行文本"新技术"左侧，按【Insert】键，输入"云开发"，就会发现新的文本直接替代了旧的文本。

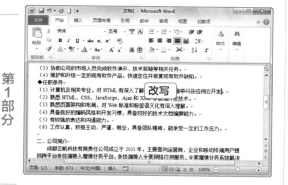

技巧秒杀

退出改写文本状态

如果要退出改写文本状态，需要再按一次【Insert】键。

4. 撤销与恢复文本

编辑文本时系统会自动记录执行过的所有操作，通过"撤销"功能可将错误操作撤销，如误撤了某些操作，还可将其恢复，其具体操作步骤如下。

STEP 1　删除文本

在文档中选择第 9 行文本，按【Delete】键将其删除。

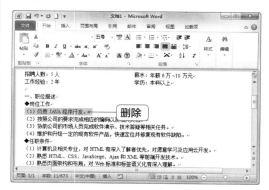

STEP 2　撤销操作

❶单击 Word 工作界面左上角快速访问工具栏中的"撤销"按钮；❷撤销删除文本的操作，恢复删除的文本。

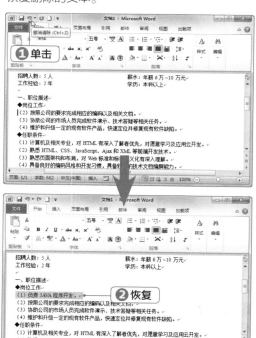

1.1.4 保存与关闭文档

对于编辑好的文档，还需要及时进行保存和关闭操作，这样不仅可以避免由于计算机死机、断电等外在因素和突发状况给用户造成文档丢失的麻烦，还可以提高计算机的运行速度。下面就讲解保存和关闭文档的方法。

微课：保存与关闭文档

1. 保存文档

通常在 Word 中新建文档之后，都需要对其进行保存操作，主要是设置文档的名称和保存的位置。下面将前面制作好的招聘启事文档进行保存，其具体操作步骤如下。

STEP 1 选择保存操作

单击 Word 工作界面左上角快速访问工具栏中的"保存"按钮。

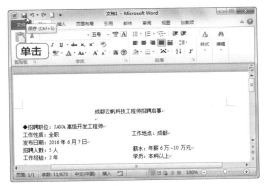

STEP 2 设置保存

❶打开"另存为"对话框，首先选择文档在计算机中的保存位置；❷在"文件名"下拉列表框中输入"招聘启事"；❸单击"保存"按钮。

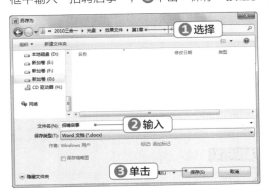

STEP 3 完成保存操作

完成保存操作后，可以看到该文档的名称已经变成了设置后的文档名。

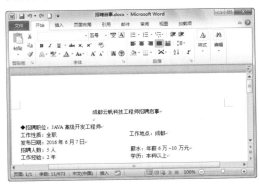

技巧秒杀

快速保存文档

在文档制作过程中，可以按【Ctrl+S】组合键来快速保存Word文档。通常只有第一次保存文档时才会打开"另存为"对话框，如果要将文档保存为其他格式，或者保存到其他位置，则可以通过选择【文件】/【另存为】命令，打开"另存为"对话框进行设置。

2. 设置自动保存

Word 提供自动保存功能，只要设置保存的间隔时间，Word 就会自动保存编辑的文档。但自动保存功能只有在已经保存过文档后才能启动。下面为前面保存好的"招聘启事.docx"文档设置自动保存，其具体操作步骤如下。

STEP 1　选择操作

在 Word 工作界面中单击"文件"按钮。

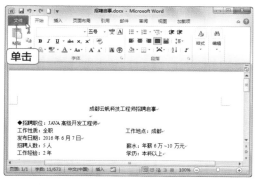

STEP 2　打开"Word 选项"对话框

在打开的界面的左侧列表中选择"选项"选项。

STEP 3　设置自动保存

❶打开"Word 选项"对话框，在左侧的任务窗格中单击"保存"选项卡；❷在右侧任务窗格的"保存文档"栏的"将文件保存为此格式"下拉列表框中选择"Word 文档(*.docx)"选项；❸单击选中"保存自动恢复信息时间间隔"复选框；❹在右侧的数值框中输入时间"10"；❺单击选中"如果我没保存就关闭，请保留上

次自动保留的版本"复选框；❻单击"确定"按钮，完成设置自动保存操作。

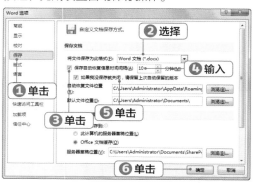

3. 保存到 OneDrive

OneDrive 是 Office 2010 提供的网络云存储模式，用户使用 Microsoft 账户注册 OneDrive，就可以获得免费的存储空间，通过 Office 2010 编辑的文档就可以存储在 OneDrive 中。下面将"招聘启事.docx"文档保存到网络中，其具体操作步骤如下。

STEP 1　选择操作

❶在 Word 工作界面中单击"文件"按钮，在弹出的界面的左侧列表中选择"保存并发送"选项；❷在中间的"保存并发送"栏中选择"保存到 Web"选项；❸在右侧的"保存到 Windows Live"栏中单击"登录"按钮。

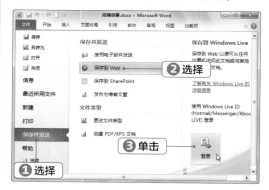

STEP 2　输入登录信息

❶打开登录对话框，在"电子邮件地址"下拉列表框中输入注册的 Windows Live 电子邮件

名称; ❷在"密码"文本框中输入登录密码; ❸单击"确定"按钮。

操作解谜

获得 Windows Live ID 凭证

在上图所示的对话框中,单击左下角的"注册"超链接,即可通过网络浏览器打开Windows Live的注册网页,根据其中的提示输入相关信息,注册成功后,即可获得Windows Live ID。

STEP 3 选择保存操作

❶返回到文件界面,在"保存并发送"栏中选择"保存到 Web"选项;❷在右侧的"保存到Microsoft OneDrive"栏中单击"另存为"按钮。

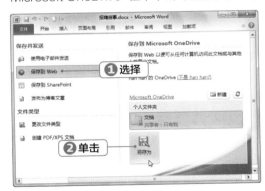

STEP 4 设置保存

打开"另存为"对话框,单击"保存"按钮,即可将文档上传并保存到网络中。以后用户可以通过手机、计算机等设备直接从 OneDrive 中下载该文档。

操作解谜

打开 OneDrive 中的文档

启动Word,单击"文件"按钮,在打开的界面的左侧列表中选择"打开"选项,打开"打开"对话框,在左侧的窗格中选择OneDrive对应的文件夹,自动打开登录对话框,输入账号和密码进行登录,登录后,在右侧列表框中选择OneDrive中的文档,即可下载并打开该文档。

4. 关闭文档

关闭已编辑好的文档可以提高计算机的运行速度。下面关闭"招聘启事"文档,其具体操作步骤如下。

技巧秒杀

快速关闭Word文档

单击Word工作界面右上角的"关闭"按钮,可以快速关闭Word文档。

STEP 1 单击"文件"按钮

在 Word 工作界面中单击"文件"按钮。

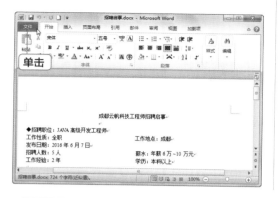

STEP 2 关闭文档

在打开的界面的左侧列表中选择"退出"选项，即可关闭 Word 文档并退出 Word。

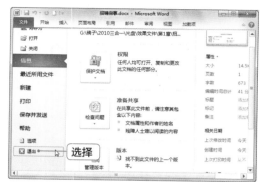

1.2 编辑"工作计划"文档

第
1
部
分

工作计划这类文档应具有一定的层次，在输入文档内容后，还需要进行一系列格式化文档的操作，如设置字符和段落样式等，以达到规范整齐的效果。

云帆纸业由行政部门经理制定了一份最新的年度质量工作计划，由于该经理不会使用 Word，只是将计划输入了文档中，需要秘书部的人员为该文档设置字符和段落的格式，以便能突出重点，让各部门领导在开会时能够认真学习。

1.2.1 | 设置文档视图

在对 Word 文档进行编辑前，通常需要调整 Word 文档的视图模式和视图比例，使文档更加容易被人编辑，从而提高编辑的效率。下面主要通过设置文档的视图模式、调整视图比例和设置全屏显示来介绍 Word 2010 中的文档视图的设置方法。

微课：设置文档视图

1. 设置视图模式

Word 2010 提供了 5 种视图模式，包括"页面视图""Web 版式视图""大纲视图""阅读版式视图"和"草稿"。其中，"页面视图"是默认模式；"大纲视图"用于文档结构的设置和浏览，它们也是使用最多的两种视图模式。下面打开"工作计划 .docx"文档，将视图模式设置为大纲视图，其具体操作步骤如下。

STEP 1 单击"文件"按钮

启动 Word 2010，在界面中单击左上角的"文

件"按钮。

STEP 2　选择打开操作

在打开的列表中选择"打开"选项。

STEP 3　选择打开的文档

❶打开"打开"对话框，首先选择文档在计算机中的保存位置；❷选择需要打开的文档；❸单击"打开"按钮。

操作解谜

Word 的视图模式

"Web版式视图"模式以网页的形式显示文档，适用于发送电子邮件和创建网页。"草稿"模式仅显示文档的标题和正文，是最节省计算机硬件资源的视图方式。"阅读版式视图"模式以图书的分栏样式显示文档。

STEP 4　选择视图模式

打开选择的文档，在【视图】/【文档视图】组

中单击"大纲视图"按钮。

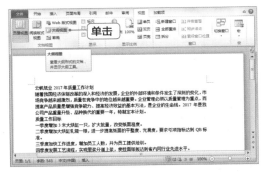

STEP 5　退出大纲视图模式

进入"大纲视图"模式，在其中可以迅速了解文档的结构和内容梗概，在【关闭】组中单击"关闭大纲视图"按钮，即可退出"大纲视图"模式，返回到"页面视图"模式。

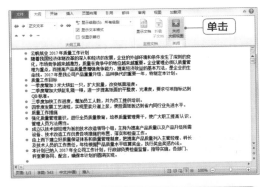

2. 调整视图比例

调整视图的比例就是调整文档的显示比例，在显示器大小一定的情况下，显示比例越大，越容易编辑文档的内容，保证文档有较好的显示效果。下面将"工作计划 .docx"文档的视图比例调整为"150%"，其具体操作步骤如下。

STEP 1　调整视图比例

❶在文档的工作界面中单击右下角的"缩放级别"按钮；❷打开"显示比例"对话框，在"百分比"数值框中输入"150%"；❸单击"确定"按钮。

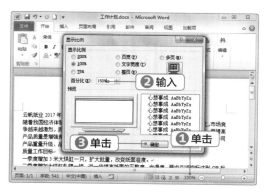

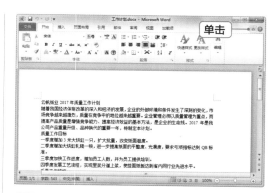

STEP 2　完成视图大小设置

返回 Word 工作界面，即可看到视图比例放大到 150%。

STEP 2　最大化显示文档

Word 就会进入最大化显示模式，除了菜单栏外，功能区将自动隐藏。

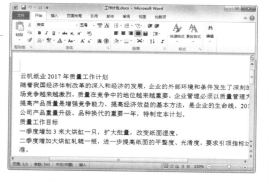

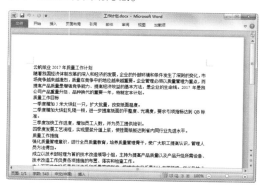

第
1
部
分

3. 设置最大化显示

有时需要将 Word 的功能区隐藏起来，将文档内容最大化显示。下面将"工作计划 .docx"文档设置为全屏显示，其具体操作步骤如下。

STEP 1　功能区最小化

在文档的工作界面中，单击右上角的"功能区最小化"按钮。

操作解谜

退出最大化显示

进入到最大化显示模式后，再次单击工作界面右上角的"展开功能区"按钮，即可退出最大化显示模式。

1.2.2　设置字符格式

对于商务办公来说，对文档中的字符进行一些设计，如变化字体类型、变化字号大小等，可以使文档更丰富多彩，更能体现商务办公的目的。在 Word 2010 中，可以通过【字体】组设置字符的格式。下面主要介绍各种字符格式的相关操作方法。

微课：设置字符格式

1. 设置字形和字体颜色

字形包括字体和字号，设置字形字体颜色可以达到着重显示的效果等。下面在"工作计

划 .docx"文档中设置字形和字体颜色，其具体操作步骤如下。

"全能加油站
帮你来充电！"

实用技巧　　深度学习　　专家答疑

职场经验　　好书推荐　　超值福利

 微信一扫搞定！

STEP 1 选择字体样式

❶选择标题文本；❷在【开始】/【字体】组中单击"字体"下拉列表框右侧的下拉按钮；❸在打开的下拉列表中选择"方正粗倩简体"选项。

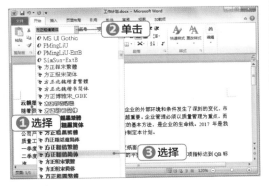

STEP 2 选择字号大小

❶在【字体】组中单击"字号"下拉列表框右侧的下拉按钮；❷在打开的下拉列表中选择"小二号"选项。

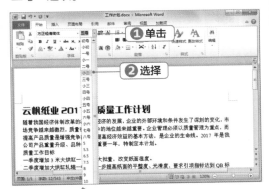

技巧秒杀

认识浮动工具栏

在 Word 文档中选择文本后，将自动打开浮动工具栏，在其中同样可以对选择的文本进行字符和段落格式的设置。

STEP 3 选择字体颜色

❶在【字体】组中单击"字体颜色"按钮右侧的下拉按钮；❷在打开的下拉列表的"标准色"栏中选择"深红"选项。

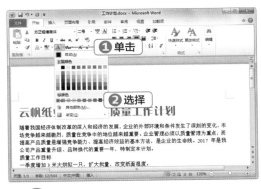

操作解谜

"字体"对话框

在【开始】/【字体】组中单击右下角的"对话框启动器"按钮，即可打开"字体"对话框，在其中的"字体"选项卡中可以设置各种字符格式，在"高级"选项卡中，则可以对字符的间距等进行设置。

2. 设置字符特效

Word 中常用的字符特效包括加粗、倾斜、下划线、上标和下标。下面在"工作计划.docx"文档中设置这些字符特效，其具体操作步骤如下。

STEP 1 加粗字符

❶选择第 2 段和第 7 段文本；❷在【开始】/【字体】组中单击"加粗"按钮。

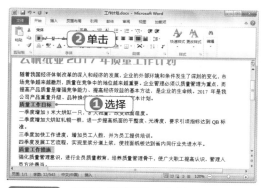

STEP 2　倾斜字符并添加下划线

❶选择第 3 段～第 6 段文本；❷在【字体】组中单击"倾斜"按钮；❸单击"下划线"按钮。

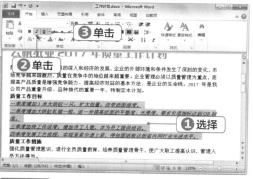

STEP 3　设置上标

❶在第一行文本的右侧按【Ctrl+Alt+C】组合键，输入"©"符号，选择该符号；❷在【字体】组中单击"上标"按钮。

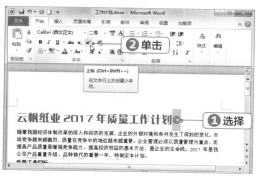

3. 设置字符间距

设置字符间距可以使文档更加一目了然，便于阅读，字符间距的设置一般利用"字体"对话框实现。下面设置"工作计划 .docx"文档标题的字符间距，其具体操作步骤如下。

STEP 1　打开"字体"对话框

❶选择文档的标题文本；❷在【开始】/【字体】组中，单击右下角的"对话框启动器"按钮。

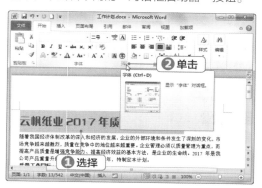

STEP 2　设置字符间距

❶打开"字体"对话框，单击"高级"选项卡；❷在"字符间距"栏的"间距"下拉列表中选择"加宽"选项；❸单击"确定"按钮。

1.2.3 | 设置段落格式

对于商务办公来说，除了设置字符格式外，也需要对文档中的段落进行格式的设置，如设置对齐方式、段落缩进、行距、段间距，以及添加项目符号和编号等。通过对段落格式的设置，使文档的版式清晰且便于阅读，下面主要介绍设置这些段落格式的相关操作。

微课：设置段落格式

1. 设置对齐方式

在文档中可以为不同的段落设置相应的对齐方式，从而增强文档的层次感。下面在"工作计划 .docx"文档中为段落设置对齐方式，其具体操作步骤如下。

STEP 1 设置"居中对齐"

❶选择文档的标题文本；❷在【开始】/【段落】组中单击"居中"按钮。

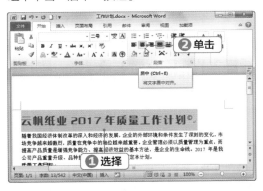

STEP 2 设置"右对齐"

❶选择最后两行文本；❷在【开始】/【段落】组中，单击"文本右对齐"按钮。

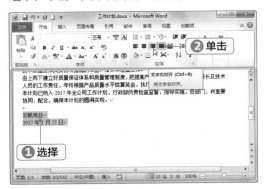

2. 设置段落缩进

设置段落缩进可使文本变得工整，从而清晰地表现文本层次。下面在"工作计划"文档中设置段落缩进，其具体操作步骤如下。

STEP 1 打开"段落"对话框

❶将鼠标光标定位到第一段文本中；❷在【开始】/【段落】组中单击右下角的"对话框启动器"按钮。

STEP 2 设置段落缩进

❶打开"段落"对话框的"缩进和间距"选项卡，在"缩进"栏的"特殊格式"下拉列表框中选择"首行缩进"选项；❷在"磅值"数值框中输入"2字符"；❸单击"确定"按钮。

STEP 3 设置其他段落缩进

选择第 8 段 ~ 第 11 段文本，用同样的方法设置段落缩进。

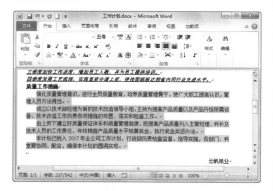

3. 设置行距和段间距

合适的文档间距可使文档一目了然，设置文档间距的操作一般包括设置行间距和段落间距。下面在"工作计划 .docx"文档中设置行距和段间距，其具体操作步骤如下。

STEP 1 设置行距

❶按【 Ctrl+A 】组合键，选择整个文档的所有文本；❷在【开始】/【段落】组中单击"行和段落间距"按钮；❸在打开的下拉列表中选择"1.5"选项。

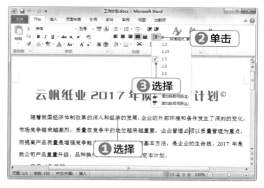

STEP 2 设置段间距

❶选择文档的标题文本，在【段落】组中单击"对话框启动器"按钮，打开"段落"对话框的"缩进和间距"选项卡，在"间距"栏的"段后"

数值框中输入"0.5 行"；❷单击"确定"按钮。

4. 设置项目符号和编号

使用 Word 制作文档时，常常会为文本段落添加项目符号或编号，使文档层次分明、条理清晰。下面在"工作计划 .docx"文档中添加项目符号和编号，其具体操作步骤如下。

STEP 1 添加项目符号

❶选择第 2 段文本；❷在【开始】/【段落】组中单击"项目符号"按钮右侧的下拉按钮；❸在打开的下拉列表的"项目符号库"栏中选择"正方形"选项。

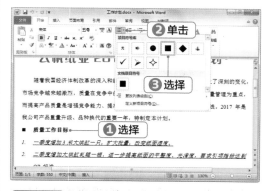

STEP 2 添加编号

❶选择第 3 段 ~ 第 6 段文本；❷在【开始】/【段

落】组中单击"编号"按钮，为选择的文本添加默认样式的编号。

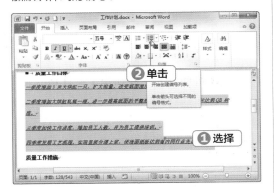

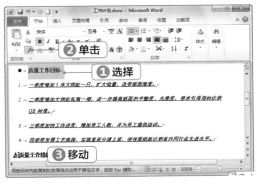

5. 使用格式刷

在 Word 中，格式刷具有非常强大的复制格式的功能，无论是字符格式还是段落格式，格式刷都能够将所选文本或段落的所有格式复制到其他文本或段落中，大大减少了文档编辑的重复劳动。下面在"工作计划 .docx"文档中利用格式刷复制格式，其具体操作步骤如下。

STEP 1　选择源格式

❶选择第 2 段文本；❷在【开始】/【剪贴板】组中单击"格式刷"按钮；❸将鼠标光标移动到文档中，发现其变成了"格式刷"样式。

STEP 2　复制格式

按住鼠标左键选择需要粘贴格式的目标文本，松开左键后，目标文本的格式即可变为与源文本的格式相同。

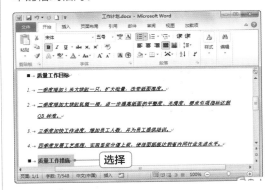

1.2.4　保护文档

商务办公中经常会涉及很多机密性的文档，如果使用 Word 进行编辑，就需要有一定的保护功能，以防止无操作权限的人员随意打开。Word 2010 就为用户提供了一些保护文档的基本功能，如设置为只读、标记为最终状态、设置文档加密、限制编辑等。下面将介绍实现这些保护功能的基本操作。

微课：保护文档

1. 设置为只读

在 Word 中，有一种文档的标题中显示了"只读"字样，这种文档只能阅读，无法被修改，这就是只读文档。将文档设置为只读文档，就能起到保护文档内容的效果。下面将"工作计划 .docx"文档设置为只读文档，其具体操作步骤如下。

STEP 1　选择操作

❶单击 Word 工作界面左上角的"文件"按钮，在打开的列表中选择"另存为"选项，打开"另存为"对话框，单击"工具"按钮；❷在打开的下拉列表中选择"常规选项"选项。

STEP 2　设置选项

❶打开"常规选项"对话框，单击选中"建议以只读方式打开文档"复选框；❷单击"确定"按钮。

STEP 3　选择打开方式

返回"另存为"对话框，单击"保存"按钮即可保存该设置。当需要打开该文档时，Word将先打开下图所示的提示框，单击"是"按钮。

操作解谜

不以只读方式打开文档

以这种方式打开只读文档时，只需要在上图所示的提示框中单击"否"按钮，即可以正常方式打开保存的只读文档。

STEP 4　打开只读文档

Word 将以只读方式打开保存的文档。

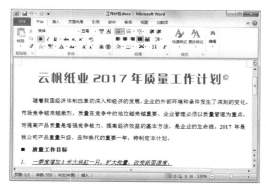

2. 标记为最终状态

标记为最终状态的目的是让读者知道该文档是最终版本，标记为最终状态的文档也是只读文档。下面将"工作计划.docx"文档标记为最终状态，其具体操作步骤如下。

STEP 1　标记为最终状态

❶单击 Word 工作界面左上角的"文件"按钮，在打开的界面左侧的列表中选择"信息"选项；❷在中间的"信息"栏中单击"保护文档"按钮；❸在打开的下拉列表中选择"标记为最终状态"选项。

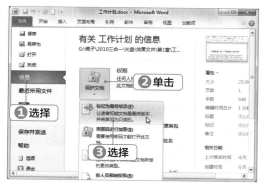

STEP 2　确认标记为最终稿

打开提示框，要求用户确认将该文档标记为最终稿，单击"确定"按钮。

STEP 3　完成确认

打开提示框，提示该文档已经被标记为最终，单击"确定"按钮。

STEP 4　只读状态

再次打开该文档时，文档标题显示"只读"字样，且无法进行编辑。如果要编辑该文档，需要单击标题栏下方的"仍然编辑"按钮。

3. 设置文档加密

前面两种文档保护方法都比较简单，并不能完全保护重要的文档。当文档中的数据或信息非常重要，且禁止传阅或更改时，可以通过设置密码的方式进行保护。下面为"工作计划 .docx"文档设置密码，其具体操作步骤如下。

STEP 1　选择操作

❶单击 Word 工作界面左上角的"文件"按钮，在打开的界面左侧的列表中选择"信息"选项；❷在中间的"信息"栏中单击"保护文档"按钮；❸在打开的下拉列表中选择"用密码进行加密"选项。

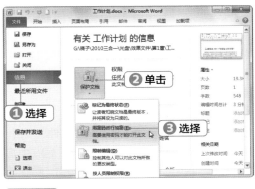

STEP 2　输入密码

❶打开"加密文档"对话框，在"密码"文本框中输入"123456"；❷单击"确定"按钮。

STEP 3　确认密码

❶打开"确认密码"对话框，在"重新输入密码"文本框中输入"123456"；❷单击"确定"按钮。

STEP 4　打开加密文档

❶保存文档后，加密生效。再次打开该加密文档时，系统将首先打开"密码"对话框，需要在其中的文本框中输入正确的密码；❷单击"确定"按钮，才能打开文档。

4. 限制编辑

在 Word 2010 中，为了防止文档被自己或他人误编辑，可以通过设置限制编辑的方式来保护文档。下面为"工作计划 .docx"文档设置限制编辑，其具体操作步骤如下。

STEP 1　选择限制编辑操作

❶单击 Word 工作界面左上角的"文件"按钮，在打开的界面左侧选择"信息"选项；❷在中间的"信息"栏中单击"保护文档"按钮；❸在打开的下拉列表中选择"限制编辑"选项。

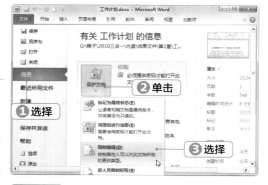

STEP 2　设置选项

❶在文档工作界面右侧打开"限制格式和编辑"任务窗格，在"2.编辑限制"栏中单击选中"仅允许在文档中进行此类型的编辑"复选框；❷在下面的下拉列表框中选择"不允许任何更改（只读）"选项。

STEP 3　启动强制保护

❶在"限制格式和编辑"任务窗格的"3.启动强制保护"栏中，单击"是，启动强制保护"按钮；❷打开"启动强制保护"对话框，单击选中"密码"单选项；❸在"新密码"文本框中输入"123456"；❹在"确认新密码"文本框中输入"123456"；❺单击"确定"按钮。

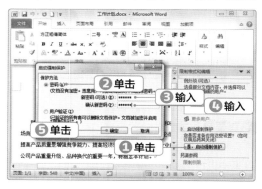

STEP 4　完成限制编辑

返回文档，将无法对文档进行编辑，Word 功能区将无法进行操作。如果需要取消对文档的强制保护，需要在"限制格式和编辑"任务窗格中单击"停止保护"按钮。

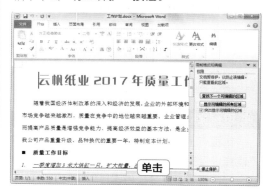

STEP 5　取消强制保护

❶打开"取消保护文档"对话框，需要在"密码"文本框中输入正确的密码；❷单击"确定"按钮，取消对文档的强制保护。

新手加油站——*编辑 Word 文档技巧*

1. 使用自动更正快速输入分数

在编辑文档的过程中，有时需要输入分式，如"½"，但手动输入既麻烦又浪费时间。此时，可通过设置 Word 来快速实现，其具体操作步骤如下。

❶ 打开 Word 文档，单击 Word 工作界面左上角的"文件"按钮，在打开的界面左侧选择"选项"选项。

❷ 打开"Word 选项"对话框，单击左侧的"校对"选项卡，在右侧的"自动更正选项"栏中单击"自动更正选项"按钮。

❸ 打开"自动更正"对话框，单击"键入时自动套用格式"选项卡，在"键入时自动替换"栏中单击选中"分数（1/2）替换为分数字符（½）"复选框。

❹ 依次单击"确定"按钮关闭对话框。此后在文档中输入"1/2"时，按【Enter】键则会自动替换为"½"形式。

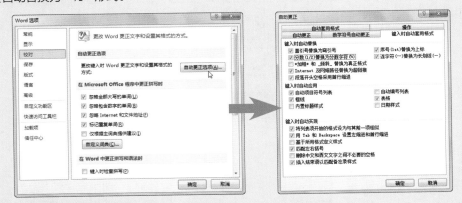

2. 快速输入中文大写金额

使用 Word 编写文档时，可能会遇到需要输入中文大写金额的情况。Word 提供了一种简单快速的方法，可将输入的阿拉伯数字快速转换为中文大写金额，其具体操作步骤如下。

❶ 选择文档中需要转换的阿拉伯数字，在【插入】/【符号】组中单击"编号"按钮。

❷ 打开"编号"对话框，在"编号类型"下拉列表框中选择"壹,贰,叁…"选项，单击"确定"按钮即可将所选数字转换为大写金额。

3. 快速切换英文字母大小写

在 Word 中编辑英文文档时，经常需要切换大小写，通过使用快捷键可快速切换，下面以"office"单词为例，在文档中选择"office"，按【Shift+F3】组合键一次，将其切换为"Office"；再按一次【Shift+F3】组合键，可切换为"OFFICE"；再按一次【Shift+F3】组合键，可切换回"office"。

4. 利用标尺快速对齐文本

在 Word 中有一项标尺功能，单击水平标尺上的滑块，可方便地设置制表位的对齐方式，它以左对齐式、居中式、右对齐式、小数点对齐式、竖线对齐式的方式和首行缩进、悬挂缩进设置，其具体操作步骤如下。

❶ 选择【视图】/【显示】组，单击选中"标尺"复选框，标尺即可在页面的上方（即工具栏的下方）显示出来。

❷ 选择要对齐的段落或整篇文档内容。

❸ 单击水平标尺，并按住鼠标左键进行拖动，可将选中的段落或整篇文章的行首移动到水平对齐位置处；如果单击垂直标尺，并按住鼠标左键进行拖动，可将选中的段落或整篇文章内容上下移动到对齐位置处。

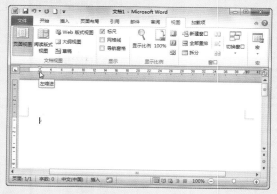

5. 清除文档中的多余空行

从网上复制文本到 Word 中，经常会出现文档中有许多空行的情况，逐一删除这些空行无疑会增加工作量。通过"空行替换"的方法可以快速删除文档中多余的空行，其具体操作步骤如下。

❶ 打开带有多余空行的 Word 文档，在【开始】/【编辑】组中单击"替换"按钮。

❷ 打开"查找和替换"对话框，在"替换"选项卡中的"查找内容"文本框中输入文本"^p^p"，在"替换为"文本框中输入"^p"，单击"全部替换"按钮即可将文档中的空行快速删除。

6. 关闭更正拼写和语法功能

使用 Word 编排文本时，在编写文字的下方可能会出现一条波浪线，这是因为开启了键入时自动检查拼写与语法错误功能引起的，关闭该功能即可去除波浪线，其具体操作步骤如下。

❶ 打开 Word 文档，单击 Word 工作界面左上角的"文件"按钮，在打开的界面左侧选择"选项"选项。

❷ 打开"Word 选项"对话框，单击左侧的"校对"选项卡，在右侧的"在 Word 中更正拼写和语法时"栏中撤销选中"键入时检查拼写"复选框。

❸ 如果只需要取消当前使用文档的检查拼写与语法错误功能，可在"在 Word 中更正拼写和语法时"栏中单击选中"只隐藏此文档中的拼写错误"和"只隐藏此文档中的语法错误"复选框，设置完成后单击"确定"按钮。

7. 设置最近使用文档的显示数量

Office 2010 新增了启动菜单界面，该界面将显示最近使用的文档，系统默认的是最多显示最近使用的 25 个文档，用户还可以根据需要手动设置其显示的数量，其具体操作步骤如下。

❶ 打开 Word 文档，单击 Word 工作界面左上角的"文件"按钮，在打开的界面左侧选择"选项"选项。

❷ 打开"Word 选项"对话框，单击左侧的"高级"选项卡，在"显示"栏中可设置最近使用的文档的最大个数，单击"确定"按钮即可完成设置。再次启动 Word，在"打开"界面左侧可查看到显示的文档数是否与设置的文档数相符合。

🏆 高手竞技场 ——编辑 Word 文档练习

1. 编辑"表彰通报"文档

打开提供的素材文件"表彰通报 .docx"，对文档进行编辑，要求如下。

- 标题设置为"方正大标宋简体、红色、小二"，段后距"1 行"。
- 将正文文本设置为"小四"，使署名和日期段落右对齐。
- 将正文第 2 段和第 3 段首行缩进 2 字符。
- 将倒数第 3 段设置为"加粗、倾斜、红色"，为其后的正文段落添加下划线，并添加项目符号库中第 2 行第 1 个项目符号。

● 将文档的行间距设置为"1.5"。

关于表彰先进项目部和优秀干部职工的通报

集团各分公司、项目部：

在 2016~2017 年通信工程第三阶段的施工中,全国各线的干部职工积极地响应集团总公司"注重质量、狠抓安全、促进生产、多做贡献"的号召,全身心地投入线路建设,保证了各项工程的顺利完成,个别路线还超标完成任务。其中涌现出大批的优秀干部,他们为了维护公司品牌地位、确保工期,即使在中秋佳节、欢度国庆、乃至春节全家团圆期间仍以全段工作大局为重,忠于职守、坚守工作岗位,舍弃了陪同家人的时间,整年都在工地上度过。

为了进一步鼓舞公司上下团结一心、奋力拼搏的精神,集团总公司决定对施工成绩卓著的项目部和优秀干部职工进行表彰,授予项目一部、四部等八个项目部门"通信施工先进项目部"光荣称号,授予姚妮、王慧等十五位同志"先进个人"光荣称号。希望受到表彰的部门和个人,要树立榜样,戒骄戒躁,继续努力,为通信工程的建设做出新的贡献。

附：先进项目部、先进个人名单

➤ 先进项目部：项目一部、项目四部、项目五部、项目八部、项目十一部、项目十四部

➤ 先进个人：姚妮、王慧、王建军、古德寺、张翠萍、吴强、程世才、刘松、张志、马梦瑶、肖凯、朱建芳、刘海、陈建宇、何媛媛

某建设集团（盖章）

二〇一七年十二月二十九日

---

2. 编辑"会议纪要"文档

打开提供的素材文档"会议纪要 .docx",对文档进行编辑,要求如下。

● 将标题设置为"黑体、二号、居中",并设置段后距为"1 行"。

● 将正文文本设置为"小四",并使署名和日期段落右对齐。

● 为正文设置行距、编号和下划线等。

一季度销售计划会议纪要

时间：2017 年 1 月 14 日

地点：公司会议室

主持人：李亚军（总经理）

出席人：公司各部门经理

列席人：刘晓丹、莫应丰、徐宁、张媛媛、李承宝、高时丰、刘洋

记录人：王慧（总经理助理）

一、 李亚军同志传达了总部二季度销售计划和 2017 年第一季度工作要点,要求要给合上级指示精神,创造性地开展工作。

二、 会议决定,刘畅同志协助销售部经理徐宁同志主持相关工作。各部门要及时向销售部提供产品说明材料,销售部经理要在职权范围内大胆工作,及时拍板。

三、 李亚军同志再次重申了会议制度改革和加强管理问题。李经理强调,要形成例会制度,如无特殊情况,每周一上午召开,以确保及时解决问题,提高工作效率。具体程序是,每周四前,将需要解决的议题提交经理办公室。会议研究决定的问题,即为公司决策,各部门要认真执行,办公室负责督促检查。

李经理就一季度面临的销售问题,再次重申：

● 理顺工作关系

● 做好沟通、衔接工作

● 互相理解、互相支持

● 部门与部门之间加强联系

● 售前人员要掌握比较全面的专业知识

● 熟悉当前产品的新技术

● 了解行业新技术

● 熟悉公司未来的发展方向

● 熟悉对手产品的动向

● 组织销售人员参加培训

● 二季度销售目标必须实现

四、 会议决定,要规范销售人员的工作时间。

五、 会议决定,要加强销售人员的交流和学习,并针对今年的一季度销售目标,会议决定,召开一次专题销售会议,统筹安排今年一季度的销售计划。

云帆科技总经理办公室

2017 年 1 月 14 日

第1部分

第2章

设置 Word 文档版式

/ 本章导读

在 Word 中完成文档的输入后，为了让文档在整体上更加美观，以及能适应不同的打印要求，需要用户对 Word 文档版面进行优化。本章将主要介绍编辑设置 Word 文档版式的基本操作，如段落分栏、首字下沉、带圈字符、设置边框和底纹等很多特殊的文档排版功能。

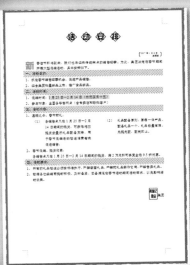

2.1 制作"活动安排"文档

满福记食品集团将在春节开展一次节日促销活动，需要公司市场部制作一份"活动安排"文档，要求说明具体安排项目，并进行排版。这类型的文档在商务办公中经常见到，如公司内部款物、活动计划等，对文档版式的要求比较高。通常在制作这类型的文档时，可以将版式制作得丰富一些，目的是引起读者的兴趣，使其关注文档的内容。

2.1.1 | 设置中文版式

有些文档需要进行特殊排版，或者自定义中文或混合文字的版式，如带圈字符、合并字符、双行合一、首字下沉、文档分栏、纵横混排和中文注音等排版方式。而这些排版方式并不是只有专业的排版软件才能实现，用户通过 Word 2010 便可以实现这些排版效果。

微课：设置中文版式

1. 设置首字下沉

使用首字下沉的排版方式可使文档中的首字更加醒目，通常适用于一些风格较活泼的文档，以达到吸引读者目光的目的。下面在"活动安排.docx"文档中设置首字下沉，其具体操作步骤如下。

STEP 1 选择首字下沉选项

❶打开文档，选择"新春佳节"文本；❷在【插入】/【文本】组中单击"首字下沉"按钮；❸在打开的下拉列表中选择"首字下沉选项"选项。

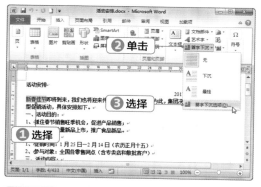

STEP 2 设置首字下沉

❶打开"首字下沉"对话框，在"位置"栏中选择"下沉"选项；❷在"选项"栏的"字体"下拉列表框中选择"方正综艺简体"选项；

❸在"下沉行数"数值框中输入"2"；❹在"距正文"数值框中输入"0.2 厘米"；❺单击"确定"按钮。

STEP 3 设置字体颜色

将该首字的颜色设置为"红色"。

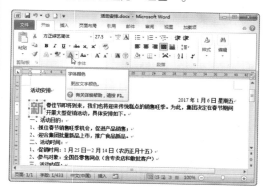

2. 设置带圈字符

在编辑文档时，有时需要在文档中添加带圈字符以起到强调文本的作用，如输入带圈数字等。下面为"活动安排.docx"文档的标题设置带圈字符，其具体操作步骤如下。

STEP 1 设置字符格式

①选择文档标题文本；②在【开始】/【字体】组的"字体"下拉列表框中选择"方正综艺简体"选项；③在"字号"下拉列表框中选择"二号"选项；④在【段落】组中单击"居中"按钮。

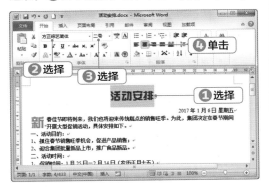

STEP 2 选择文本

①选择文档标题中的"活"文本；②在【开始】/【字体】组单击"带圈字符"按钮。

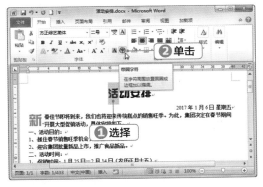

STEP 3 设置带圈字符

①打开"带圈字符"对话框，在"样式"栏中选择"增大圈号"选项；②在"圈号"栏的"圈号"列表框中选择菱形的选项；③单击"确定"按钮。

STEP 4 设置其他带圈字符

用同样的方法为其他三个标题文本设置带圈字符。

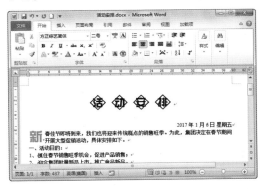

3. 输入双行合一

双行合一效果能使所选的位于同一文本行的内容平均地分为两部分，前一部分排列在后一部分的上方，达到美化文本的作用。下面在"活动安排.docx"文档中设置双行合一，其具体操作步骤如下。

STEP 1 选择操作

①选择文档第 2 行文本；②在【开始】/【段落】组中单击"中文版式"按钮；③在打开的列表中选择"双行合一"选项。

操作解谜

中文注音

中文注音就是给中文字符标注汉语拼音，Word 2010 的拼音指南功能可为文档的任意文本添加拼音，默认情况下，使用拼音指南添加的拼音位于所选文本的上方。

第 **2** 章 设置 Word 文档版式

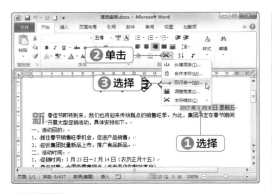

STEP 2 设置双行合一

❶打开"双行合一"对话框，单击选中"带括号"复选框；❷在"括号样式"下拉列表框中选择"[ ]"选项；❸在"文字"文本框中通过按空格键，调整文本内容的排列情况；❹单击"确定"按钮。

第1部分

STEP 3 调整字号

❶选择设置了双行合一的文本；❷在【开始】/【字体】组的"字号"下拉列表框中选择"四号"选项。

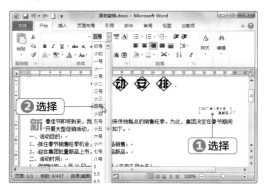

4. 设置分栏

分栏是指按实际排版需求将文本分成若干

个条块，从而使版面更美观，阅读更方便，在报刊中使用频率比较高。一般情况下，分栏将文档页面分成多个栏目，而这些栏目可以设置成等宽的，也可以设置成不等宽的，这些栏目使得整个页面布局更加错落有致，更易于阅读。下面为"活动安排.docx"文档设置分栏，其具体操作步骤如下。

STEP 1 设置段间距

❶选择除第 1 段外的其他正文文本；❷在【开始】/【段落】组中单击"行和段落间距"按钮；❸在打开的列表中选择"1.15"选项。

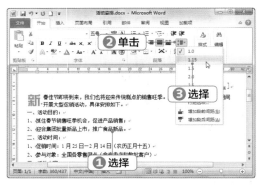

STEP 2 设置分栏

❶选择需要设置分栏的文本；❷在【页面布局】/【页面设置】组中单击"分栏"按钮；❸在打开的列表中选择"两栏"选项。

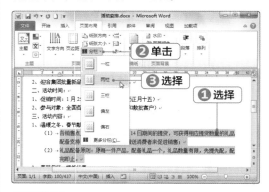

STEP 3 调整分栏

❶将鼠标光标定位到分栏文本的最后；❷按【Enter】键增加一行，并按【Backspace】

键将多余的编号删除。

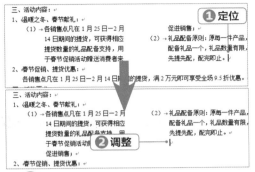

操作解谜

设置中文注音

选择需要注音的文本，在【开始】/【字体】组中单击"拼音指南"按钮，打开"拼音指南"对话框，在其中可对要添加的拼音进行设置，然后单击"确定"按钮即可，如下图所示。

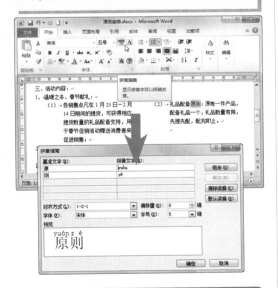

5. 设置合并字符

合并字符功能是将一段文本合并为一个字符样式，该功能常用于名片制作、出版书籍或日常报刊等方面。下面为"活动安排 .docx"文档中的文本设置合并字符，其具体操作步骤如下。

STEP 1　设置对齐

❶选择最后一行文本；❷在【开始】/【段落】组中单击"文本右对齐"按钮。

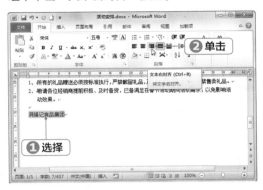

STEP 2　选择"合并字符"选项

❶选择"满福记食品"文本；❷在【开始】/【段落】组中单击"中文版式"按钮；❸在打开的列表中选择"合并字符"选项。

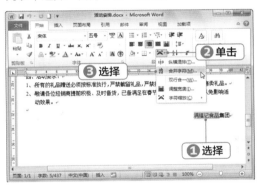

STEP 3　设置合并字符

❶打开"合并字符"对话框，在"文字"文本框中的"满福记"文本右侧插入一个空格；❷在"字体"下拉列表框中选择"方正综艺简体"选项；❸在"字号"下拉列表框中选择"12"选项；❹单击"确认"按钮。

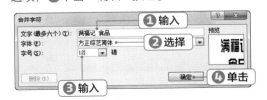

2.1.2 设置边框和底纹

在编辑 Word 文档的过程中，为文档设置边框和底纹可以起到突出文本重点、吸引读者关注的目的，通常用于海报、邀请函以及备忘录等特殊文档。在 Word 2010 中，为文档设置边框和底纹主要包括两种类型：一种是为文本设置边框和底纹，另一种是为整个页面设置边框和底纹。

微课：设置边框和底纹

1. 设置字符边框

字符边框就是为选择的字符添加一个黑色的单直线边框。下面在"活动安排.docx"文档中设置字符边框，其具体操作步骤如下。

STEP 1 选择字符

❶选择需要设置边框的字符；❷在【开始】/【字体】组中单击"字符边框"按钮。

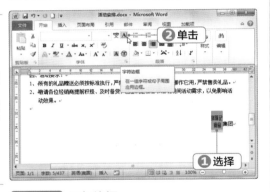

STEP 2 添加边框

Word 将自动为选择的字符添加一个默认的黑色单直线边框。

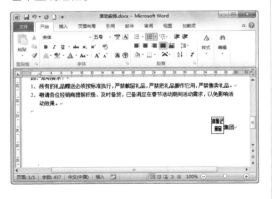

2. 设置段落边框

段落边框就是为选择的文本段落设置具有一定效果的边框，效果包括不同的边框线，及不同的线条样式、颜色和粗细等。下面就在"活动安排.docx"文档中设置段落边框，其具体操作步骤如下。

STEP 1 选择文本内容

❶选择第二段文本；❷在【开始】/【段落】组中单击"边框"按钮右侧的下拉按钮；❸在打开的列表中选择"边框和底纹"选项。

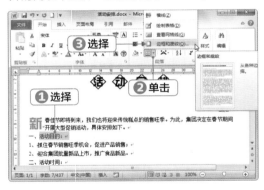

STEP 2 设置边框样式

❶打开"边框和底纹"对话框的"边框"选项卡，在"样式"列表框中选择第 4 种虚线选项；❷在"颜色"下拉列表框中选择"绿色"选项；❸在"预览"栏中单击"上边框线"按钮；❹单击"右边框线"按钮；❺单击"确定"按钮。

技巧秒杀

妙用"预览"栏

单击"预览"栏中的各种边框线按钮，可以达到显示或隐藏该边框线的目的。

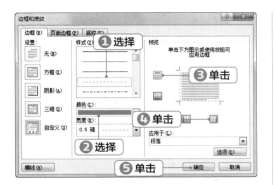

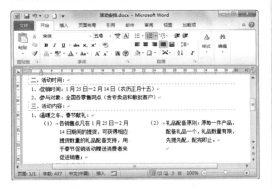

STEP 3　完成段落边框的设置

用同样的方法为其他段落设置边框。

3. 设置页面边框

　　页面边框就是为文档的当前页设置边框。下面就在"活动安排 .docx"文档中设置页面的边框，其具体操作步骤如下。

STEP 1　选择操作

在【页面布局】/【页面背景】组中，单击"页面边框"按钮。

STEP 2　设置边框样式

❶打开"边框和底纹"对话框的"页面边框"选项卡，在"颜色"下拉列表框中选择"深红"选项；❷在"艺术型"下拉列表框中选择倒数第 3 种边框样式；❸单击"确定"按钮。

STEP 3　完成页面边框的设置

返回 Word 文档，即可查看页面边框的效果。

4. 设置字符底纹

　　字符底纹在 Word 中默认为灰色的无边框矩形，增加底纹的目的是突出显示文本、吸引读者注意。下面在"活动安排 .docx"文档中设置字符底纹，其具体操作步骤如下。

第 **2** 章　设置 Word 文档版式

第 1 部分

STEP 1　选择操作

❶选择需要设置底纹的字符；❷在【开始】/【字体】组中单击"字符底纹"按钮。

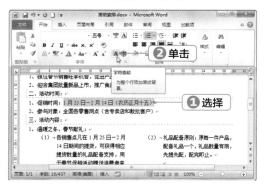

STEP 2　添加底纹

Word 将自动为选择的字符添加一个默认的灰色无边框矩形。

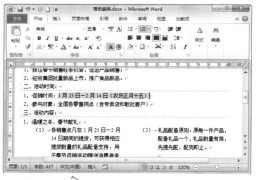

技巧秒杀

快速设置不同颜色的字符底纹

在【开始】/【字体】组中有一个"以不同颜色突出显示文本"按钮，通过该按钮，可以为选择的文本设置不同颜色的底纹。

5. 设置段落底纹

段落底纹就是为选择的文本段落设置具有一定效果的底纹，效果包括不同的底纹样式和颜色等。下面就在"活动安排.docx"文档中设置段落底纹，其具体操作步骤如下。

STEP 1　选择文本内容

❶选择第二段文本；❷在【开始】/【段落】组

中单击"边框"按钮右侧的下拉按钮；❸在打开的列表中选择"边框和底纹"选项。

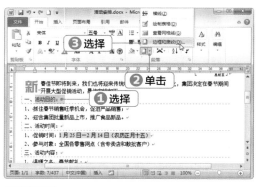

STEP 2　设置底纹样式

❶打开"边框和底纹"对话框，单击"底纹"选项卡；❷在"填充"下拉列表框中选择"黄色"选项；❸在"图案"栏的"样式"下拉列表框中选择"5%"选项；❹单击"确定"按钮。

STEP 3　完成段落底纹设置

用同样的方法为其他段落设置底纹。

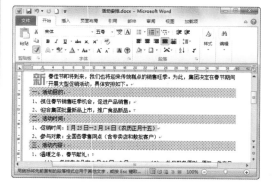

2.2 编辑"员工手册"文档

员工手册是企业内部的人事制度管理规范，是企业规章制度、企业文化与企业战略的浓缩，起到了展示企业形象、传播企业文化的作用。云帆集团需要为今年入职的员工每人分发一份员工手册，让新员工了解企业形象、认同企业文化，并规范他们的工作和行为。需要对旧的员工手册进行页面和背景的设置，并为手册设计封面、应用主题和样式。

2.2.1 设置文档页面

不同的办公文档对页面的要求有所不同，所以在制作文档时，通常需要对页面进行设置。设置文档页面是指对文档页面的大小、方向和页边距等进行设置，而这些设置将应用于文档的所有页，下面分别进行介绍。

微课：设置文档页面

1. 设置页面大小

常使用的纸张大小为 A4、16 开、B5 和 32 开等，不同文档要求的页面大小也不同，用户可以根据需要自定义设置纸张大小。下面打开"员工手册.docx"文档，将其页面设置为"A4"，其具体操作步骤如下。

STEP 1　选择页面大小

❶打开"员工手册"文档，在【页面布局】/【页面设置】组中单击"纸张大小"按钮；❷在打开的列表框中选择"A4"选项。

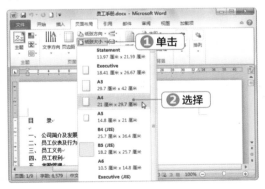

STEP 2　查看设置页面大小效果

可以看到文档页面变得更宽阔，文本显示效果比设置前更好。

2. 设置页面和文字的方向

有时为了页面版式更加美观，用户需要对页面和文字方向进行设置。通常文档的页面和文字方向是"纵向"的，而在本例中，为了满足企业的需要，将"员工手册"文档的页面和文字方向设置为"横向"，其具体操作步骤如下。

STEP 1　设置纸张方向

❶在【页面布局】/【页面设置】组中单击"纸

第 2 章　设置 Word 文档版式

张方向"按钮；❷在打开的列表框中选择"横向"选项。

边距"按钮；❷在打开的列表框中选择"普通"选项。

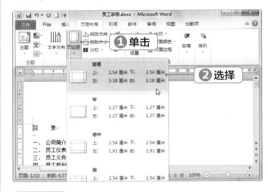

STEP 2　查看横向页面效果

返回 Word 工作界面，即可看到文档的纸张由纵向变成了横向。

STEP 2　查看设置页边距的效果

返回 Word 工作界面，即可看到文档设置普通页边距的效果。

第1部分

3. 设置页边距

页边距是指页面四周的空白区域，也就是页面边线到文字的距离，Word 允许用户自己定义页边距。下面将为"员工手册.docx"文档设置页边距，其具体操作步骤如下。

STEP 1　设置页边距

❶在【页面布局】/【页面设置】组中单击"页

技巧秒杀

应该在什么时候设置文档页面

对于普通用户来说，创建Word文档后就需要设置文档的页面，这样有利于后期的文本内容的输入和制作，避免后期设置页面导致的各种对象的位置变化。

2.2.2　设置页面背景

商务办公中的 Word 文档，有时候需要用颜色或图案来吸引观众的注意，通常最常用的办法就是为页面设置背景，如设置页面的颜色和渐变、纹理、图案、图片填充效果，以及水印等。下面就介绍在 Word 文档中设置页面背景的相关操作方法。

微课：设置页面背景

1. 设置背景颜色

在 Word 2010 文档中，用户可以根据需要设置页面的颜色。添加页面颜色可以直接应用系统提供的页面颜色，如果这些颜色不能满足用户需要，则可以自定义页面颜色。下面为"员工手册 .docx"文档设置背景颜色，其具体操作步骤如下。

STEP 1 设置背景标准颜色

❶在【页面布局】/【页面背景】组中单击"页面颜色"按钮；❷在打开的列表的"标准色"栏中选择"浅绿"选项。

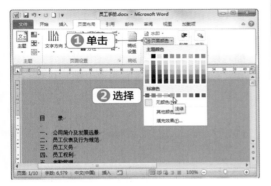

STEP 2 自定义颜色

❶在【页面背景】组中单击"页面颜色"按钮；❷在打开的列表中选择"其他颜色"选项。

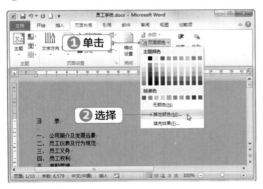

STEP 3 设置颜色

❶打开"颜色"对话框的"自定义"选项卡，在"颜色"区域中单击选择颜色，或者在下面的"颜色模式"下拉列表框中选择颜色模式，然后在

下面的数值框中输入颜色对应的数值；❷单击"确定"按钮即可自定义背景颜色。

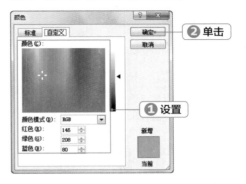

2. 设置渐变填充

页面背景如果只能设置颜色，未免太过单一，所以，Word 还可以在页面中填充其他效果，如渐变色、纹理、图案和图片，通过设置这些填充效果，可以使 Word 文档更有层次感。下面在"员工手册 .docx"文档中设置渐变填充，其具体操作步骤如下。

STEP 1 选择"填充效果"选项

❶在【页面背景】组中单击"页面颜色"按钮；❷在打开的列表中选择"填充效果"选项。

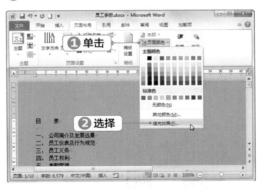

STEP 2 设置渐变填充

❶打开"填充效果"对话框的"渐变"选项卡，在"颜色"栏中单击选中"双色"单选项；❷在"底纹样式"栏中单击选中"中心辐射"单选项；❸在"变形"栏中选择右侧的变形样式；❹单击"确定"按钮。

第 **2** 章 设置 Word 文档版式

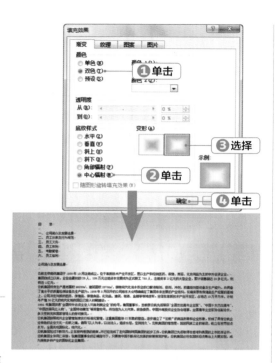

3.设置纹理填充

下面在"员工手册.docx"文档中设置纹理填充，其具体操作步骤如下。

STEP 1　设置纹理填充

❶在"填充效果"对话框中单击"纹理"选项卡；❷在"纹理"列表框中选择"水滴"样式；❸单击"确定"按钮。

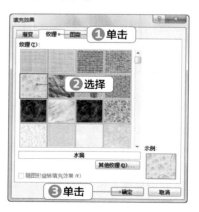

STEP 2　查看纹理填充效果

返回 Word 工作界面，即可看到为页面设置水滴的纹理填充效果。

技巧秒杀

插入其他样式的图案

在"填充效果"对话框的"纹理"选项卡中单击"其他纹理"按钮，将打开"插入图片"提示框，在其中可以选择从计算机或网络中插入其他样式的图案。

4.设置图案填充

下面在"员工手册.docx"文档中设置图案填充，其具体操作步骤如下。

STEP 1　设置图案填充

❶在"填充效果"对话框中单击"图案"选项卡；❷在"图案"列表框中选择"轮廓式菱形"样式；❸在"前景"下拉列表框中选择前面自定义的颜色；❹单击"确定"按钮。

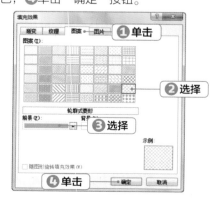

操作解谜

填充前景与背景的区别

在设置图案填充时，"前景"下拉列表框右侧还有一个"背景"下拉列表框，在其中可以设置图案背景的颜色。设置前景是设置图案的颜色，设置背景则是设置除图案以外的其他区域的颜色。

STEP 2 查看图案填充页面的效果

返回 Word 工作界面，即可看到为页面设置轮廓式菱形图案的填充效果。

5. 设置图片填充

下面在"员工手册 .docx"文档中设置图片填充，其具体操作步骤如下。

STEP 1 选择图片填充

❶在"填充效果"对话框中单击"图片"选项卡；❷单击"选择图片"按钮。

STEP 2 选择图片

❶打开"选择图片"对话框，选择"背景 .jpg"图片；❷单击"插入"按钮。

STEP 3 查看图片填充页面的效果

返回"填充效果"对话框，单击"确定"按钮，即可看到为页面设置图片填充的效果。

6. 设置内置水印

在文档中插入水印是一种用来标注文档和防止盗版的有效方法，一般是插入公司的标志、图片或是某种特别文本。通过给 Word 文档添加水印，可以增加文档识别性。下面为"员工手册 .docx"文档设置内置的样本水印，其具体操作步骤如下。

STEP 1 选择水印样式

❶在【页面布局】/【页面背景】组中单击"水印"按钮；❷在打开的下拉列表框的"免责声明"栏中选择"样本 1"选项。

STEP 2 查看添加水印效果

返回 Word 工作界面，即可看到设置的样本水印效果。

7. 自定义文本水印

下面在"员工手册.docx"文档中自定义文本水印，其具体操作步骤如下。

STEP 1 选择自定义水印

❶单击"水印"按钮；❷在打开的下拉列表框中选择"自定义水印"选项。

STEP 2 设置水印

❶打开"水印"对话框，单击选中"文字水印"单选项；❷在"文字"下拉列表框中输入"云帆生物"；❸在"字体"下拉列表框中选择"方正姚体简体"选项；❹在"颜色"下拉列表框中选择"浅绿"选项；❺单击"确定"按钮。

STEP 3 查看自定义文本水印效果

返回 Word 工作界面，即可看到自定义的文本水印效果。

8. 自定义图片水印

在文档中插入图片水印，如公司 LOGO，可以使文档更加正式化，同时也是对文档版权的一种声明。下面在"员工手册.docx"文档中自定义图片水印，其具体操作步骤如下。

STEP 1 选择图片水印

❶打开"水印"对话框，单击选中"图片水印"单选项；❷单击"选择图片"按钮。

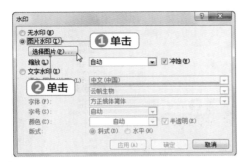

STEP 2　选择图片

❶打开"插入图片"对话框,选择"logo.png"图片;❷单击"插入"按钮。

操作解谜

删除水印

在为文档设置水印后,无论为页面设置什么颜色的背景、渐变或者图片,都无法掩盖水印效果。只有在【页面布局】/【页面背景】组中单击"水印"按钮,在打开的下拉列表框中选择"删除水印"选项,才能将水印删除。

STEP 3　设置图片水印

❶返回"水印"对话框,在"缩放"下拉列表框中选择"50%"选项;❷撤销选中"冲蚀"复选框;❸单击"确定"按钮。

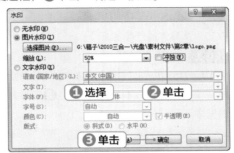

操作解谜

为什么要撤销选中"冲蚀"复选框

"冲蚀"效果会降低图片的显示强度,从视觉上增加了图片的透明度,取消"冲蚀"效果后,图片则更加清晰。

STEP 4　查看图片水印效果

返回 Word 工作界面,即可看到自定义的图片水印效果。

2.2.3　应用样式

样式是多种格式的集合,当在编辑文档的过程中频繁使用某些格式时,可将其创建为样式,直接进行套用。Word 2010 提供了许多内置样式,可以直接使用;当内置样式不能满足需要时,还可手动创建新样式,或对样式进行修改和删除。

微课:应用样式

1. 套用内置样式

内置样式是指 Word 2010 中自带的样式，包括"标题""要点"和"强调"等多种样式效果。直接应用样式库中的样式，可提高文档的编辑速度。下面为"员工手册 .docx"文档应用内置的样式，其具体操作步骤如下。

STEP 1 应用"标题"样式

❶将鼠标光标定位到"目录"文本中，在【开始】/【样式】组中单击"样式"按钮；❷在打开的列表框中选择"标题"选项。

STEP 2 设置显示选项

❶在【样式】组中单击"对话框启动器"按钮，打开"样式"窗格，单击右下角的"选项"超级链接；❷打开"样式窗格选项"对话框，在"选择要显示的样式"下拉列表框中选择"推荐的样式"选项；❸单击"确定"按钮。

STEP 3 套用其他样式

❶选择各个段落的标题文本；❷在"样式"窗

格中选择"标题 1"选项。

STEP 4 完成格式设置

用同样的方法，为正文文本套用"列出段落"样式，为其他文本套用"要点"样式。

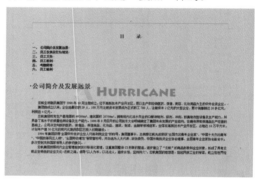

技巧秒杀

清除设置的样式

先选择设置了样式的文本，在【样式】组中单击"样式"按钮，在打开的列表中选择"清除格式"选项。

2. 创建样式

Word 2010 还可以创建新的样式，以满足不同的工作需要。下面在"员工手册.docx"文档中创建新的样式，其具体操作步骤如下。

STEP 1 新建样式

❶将鼠标光标定位到"目录"文本中；❷在"样式"窗格中单击"新建样式"按钮。

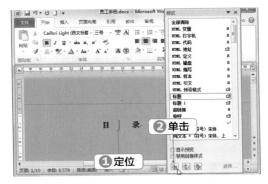

STEP 2 设置样式格式

❶打开"根据格式设置创建新样式"对话框，在"属性"栏的"名称"文本框中输入"目录"；❷在"格式"栏的"字体"下拉列表框中选择"方正粗倩简体"选项；❸在"字号"下拉列表框中选择"二号"选项；❹单击"格式"按钮；❺在打开的列表中选择"字体"选项。

STEP 3 设置字体颜色

❶打开"字体"对话框的"字体"选项卡，在"所

有文字"栏的"字体颜色"下拉列表框中选择"紫色"选项；❷单击"确定"按钮。

STEP 4 完成创建样式

返回"根据格式设置创建新样式"对话框，单击"确定"按钮，即可完成样式的创建。

3. 修改样式

Word 中的内置样式和创建的新样式都可以进行修改，以满足用户的不同需要。下面在"员工手册.docx"文档中修改"标题 1"样式，其具体操作步骤如下。

STEP 1 选择修改样式

❶在"样式"窗格中单击"标题 1"样式右侧的下拉按钮；❷在打开的下拉列表中选择"修改"选项。

STEP 2　修改样式格式

❶打开"修改样式"对话框，在"格式"栏的"字体"下拉列表框中选择"方正粗倩简体"选项；❷在"字号"下拉列表框中选择"三号"选项；❸单击"格式"按钮；❹在打开的列表中选择"字体"选项。

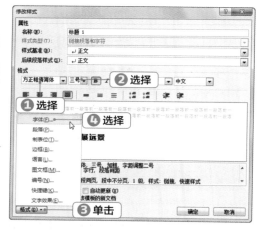

操作解谜

修改样式与设置文本格式的区别

修改样式后，所有应用了该样式的文本的格式将自动改变；设置文本格式则只能调整选择的文本的格式。

STEP 3　修改字体格式

❶打开"字体"对话框的"字体"选项卡，在"所有文字"栏的"下划线线型"下拉列表框中选择第四种下划线线型；❷在"下划线颜色"下拉列表框中选择"紫色"选项；❸单击"确定"按钮。

STEP 4　完成样式的修改

返回"修改样式"对话框，单击"确定"按钮，即可完成样式的修改。

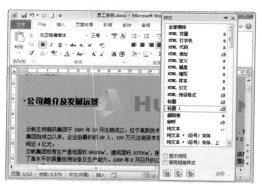

4. 保存为样式集

　　Word 2010 中的样式集是众多样式的集合，可以将诸如论文格式中所需要的众多样式存储为一个样式集，以便之后多次使用。下面将前面设置了样式的"员工手册 .docx"文档保存为样式集，其具体操作步骤如下。

STEP 1　另存为快速样式集

❶在【开始】/【样式】组中单击"更改样式"

第 1 部分

按钮；❷在打开的列表中选择"样式集"选项；
❸在展开的子列表中选择"另存为快速样式集"
选项。

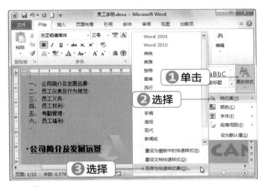

操作解谜

样式和样式集的区别

　　样式是文档中某一个项目（包括文本、段落、对话框项目等）的字体和段落格式；样式集则是整篇文档（包括图片和文本框等）的字体和段落格式。

STEP 2　设置保存

❶打开"另存快速样式集"对话框，在"文件名"下拉列表框中输入"员工手册"；❷单击"保存"按钮。

STEP 3　完成新样式集创建

在【开始】/【样式】组中单击"更改样式"按钮，

在打开的列表中选择"样式集"选项，在打开的子列表中即可看到创建的"员工手册"样式集。

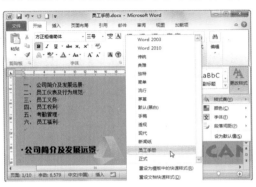

技巧秒杀

样式模板的保存位置

　　模板的保存位置为C:\Users\Administrator\AppData\Roaming\Microsoft\QuickStyles。

5. 应用样式集

　　在 Word 2010 中，也可以对文档应用内置的样式集合，使整个文档拥有统一的外观和风格。下面在"员工手册.docx"文档中应用样式集合，其具体操作步骤如下。

STEP 1　选择样式集

❶在【开始】/【样式】组中单击"更改样式"按钮；❷在打开的列表中选择"样式集"选项；❸在打开的子列表中选择"现代"选项。

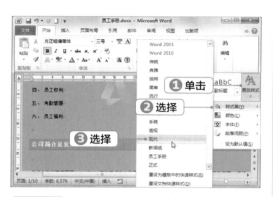

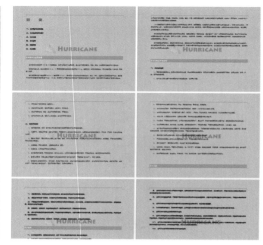

STEP 2 查看应用样式集的效果

返回 Word 工作界面，即可看到应用样式集的效果。

2.2.4 应用主题和插入封面

Word 2010 中的主题，就是文档的页面背景、效果和字体一整套的内容，可以自定义编辑，也可以使用 Word 自带的主题。另外，Word 2010 还提供了一个插入封面功能，能够直接为文档添加一个封面页面。下面将介绍实现这两项功能的基本操作。

微课：应用主题和插入封面

1. 应用主题

在商务办公中，有时为了提高工作效率，会直接应用系统内置的主题来对文档进行排版。下面为"员工手册.docx"文档应用主题，其具体操作步骤如下。

STEP 1 选择主题样式

❶在【页面布局】/【主题】组中单击"主题"按钮；❷在打开的下拉列表中选择"华丽"选项。

STEP 2 查看应用主题效果

在 Word 工作界面中可以看到，文档的字体、样式和颜色等，都变为了选择的主题样式。

2. 插入封面

在商务办公中，有些文档也需要为其添加封面，起到美化文档的作用。Word 2010 中内置了一些封面，可以直接插入。下面为"员工手册.docx"文档添加封面，其具体操作步骤如下。

STEP 1 选择封面

❶在【插入】/【页】组中单击"封面"按钮；
❷在打开的列表中选择"透视"选项。

STEP 2 设置封面

Word 自动添加一页封面，在对应的文本框中
输入标题内容，即可完成插入封面的操作。

新手加油站 ——设置 Word 文档版式技巧

1. 打印 Word 文档的背景

在默认的条件下，文档中设置好的颜色或图片背景，是打印不出来的，只有在进行设置
后才能进行打印，其具体操作步骤如下。

❶ 打开 Word 文档，单击 Word 工作界面左上角的"文件"按钮，在打开的界面左侧
选择"打印"选项 。

❷ 在中间的"打印"栏中单击"页面设置"超链接。

❸ 打开"页面设置"对话框，单击"纸张"选项卡，单击"打印选项"按钮。

❹ 打开"Word 选项"对话框的"显示"选项卡，在"打印选项"栏中单击选中"打印
背景色和图像"复选框，完成设置后即可打印设置的文档背景。

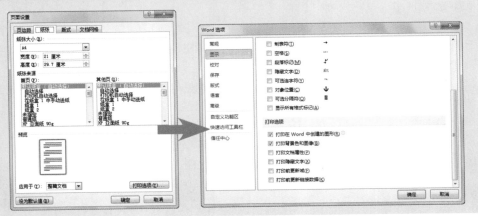

2. 将文档设置为稿纸

稿纸设置功能用于生成空白的稿纸样式文档，或将稿纸网格应用于 Word 文档中的现有文档。通过"稿纸设置"对话框，可以根据需要轻松地设置稿纸属性，也可以方便地删除稿纸设置，其具体操作步骤如下。

❶ 在【页面布局】/【稿纸】组中单击"稿纸设置"按钮。

❷ 打开"稿纸设置"对话框，在"网格"栏的"格式"下拉列表中选择一种稿纸的样式，然后在其他的栏中设置稿纸的页面、页眉/页脚、换行设置等，单击"确定"按钮，即可将文档设置为该种稿纸样式。

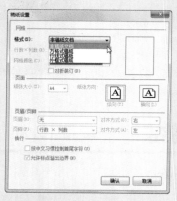

3. 快速调整 Word 文档的行距

在编辑 Word 文档时，要想快速改变文本段落的行距，可以选中所需要设置的文本段落，按【Ctrl+1】组合键，即可将段落设置成单倍行距；按【Ctrl+2】组合键，即可将段落设置成双倍行距；按【Ctrl+5】组合键，即可将段落设置成 1.5 倍行距。

4. 新建 Word 主题

在日常使用 Word 的时候，我们经常会使用各种 Word 主题进行文档的编辑，但这些 Word 自带的主题往往不能够满足我们的要求，可以根据实际需要新建主题，其具体操作步骤如下。

❶ 新建一个 Word 2010 文档，在【页面布局】/【主题】组中单击"颜色"按钮，在打开的列表中选择主题使用的字体颜色，或者选择"新建主题颜色"选项，打开"新建主题颜色"对话框，在其中设置新的主题颜色。

❷ 单击"字体"按钮，在打开的列表中选择主题使用的字体格式，或者选择"新建主题字体"选项，打开"新建主题字体"对话框，在其中设置新的主题字体。

❸ 单击"效果"按钮，在打开的列表中选择主题使用的效果样式。

❹ 单击"主题"按钮，在打开的列表中选择"保存当前主题"选项，打开"保存当前主题"对话框，在其中设置主题的名称，单击"保存"按钮。

需要注意的是：Word 的主题只有保存在"C:\Users\Administrator\AppData\Roaming\Microsoft\Templates\Document Themes"文件夹中，然后在单击"主题"按钮打开的列

表中才能应用该主题。

5. 批量设置文档格式

在一些文档中，会出现大量相同的术语或关键词，如果需要对这些术语或关键词设置统一的格式，可使用替换功能快速实现，其具体操作步骤如下。

❶ 选择设置完格式的关键词，按【Ctrl+C】组合键将其复制到剪切板中。

❷ 按【Ctrl+H】组合键打开"查找和替换"对话框的"替换"选项卡，在"查找内容"文本框中输入关键词，在"替换为"文本框中输入"^c"，单击"全部替换"按钮。

需要注意的是：这里的"^"是半角符号，"c"是小写英文字符。

6. 批量设置文档格式

文档中的每页行数与每行字数会根据当前页面大小及页边距产生默认值。要更改每页行数与每行字数的默认值，可通过以下方法来实现，其具体操作步骤如下。

❶ 单击【页面布局】/【页面设置】组右下角的"对话框启动器"按钮。

❷ 打开"页面设置"对话框，在"文档网格"选项卡中的"网格"栏中单击选中"指定行和字符网格"单选项，激活其下的"字符数"和"行数"栏。

❸ 在"每行"和"每页"数值框中利用右侧的微调按钮来调整每行的字符数和每页的行数，设置完成后单击"确定"按钮即可。

🏆 高手竞技场——设置 Word 文档版式练习

1. 编辑"公司新闻"文档

打开提供的素材文件"公司新闻.docx"，对文档进行编辑，要求如下。

● 选择第 2 段和第 3 段文本，为其分栏；为文档开始处的"2016"文本设置首字下沉。

● 为文档到标题中的"17"文本设置带圈字符；为日期文本设置双行合一；为副标题中的"云帆公司"文本设置合并字符。

● 为文档标题插入特殊符号；并为文档页面设置边框和背景。

第 1 部分

2. 编辑"调查报告"文档

打开提供的素材文档"调查报告 .docx"，对文档进行编辑，要求如下。

- 打开"样式"任务窗格，为各级标题应用相应的样式。
- 修改"标题"样式设置，该样式的字体为"微软雅黑"，字号为"一号"，颜色为"深蓝"，然后为文档标题应用该样式。
- 为文档添加"平板型"的封面。

第1部分

第3章

美化 Word 文档

/ 本章导读

　　为了使 Word 文档更加美观，要表达的内容更加突出，可使用图文结合的方式来编辑和表现。本章将介绍在 Word 中利用图片、艺术字、文本框、形状和表格来美化文档的相关知识。

3.1 编辑"公司简介"文档

云帆灯业需要重新编辑自己的"公司简介"文档，为使页面更加美观，想在文档中添加相应的图片和艺术字等，以更好地表达文档中的内容。需要注意的是，公司简介文档涉及的图片和文字信息应基于事实，公司取得的成就及荣获的奖项应真实可靠，不得虚报数据，夸大其词，以免存在诈骗嫌疑。

3.1.1 插入与编辑图片

图片更能直观地表达出需要表达的内容，在文档中插入图片，既可以美化文档页面，又可以让读者在阅读文档的过程中，通过图片的配合，更清楚地了解作者要表达的意图。下面将详细介绍在 Word 2010 中插入与编辑图片的方法。

微课：插入与编辑图片

1. 插入联机图片

在 Word 2010 中，插入联机图片是指利用 Internet 来查找并插入图片，通过 Microsoft 的 "必应"图像搜索，用户可以直接插入 Office 官网中的剪贴画。下面在"公司简介.docx"文档中插入联机图片，其具体操作步骤如下。

STEP 1 打开搜索网站

❶打开 Internet Explorer 浏览器，输入必应网站的网址"http://m2.cn.bing.com/"，按【Enter】键；❷在文本框中输入"灯"；❸单击"搜索"按钮。

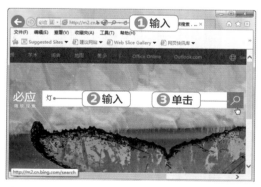

STEP 2 搜索图片

打开搜索网页，单击"图片"超链接。

STEP 3 复制图片

❶在搜索到的相关图片中选择一张，在其上单击鼠标右键；❷在弹出的快捷菜单中选择【复制】命令。

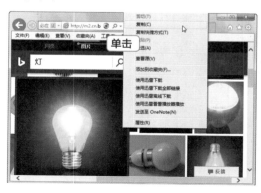

STEP 4 插入图片

打开"公司简介 .docx"文档，在工作界面中按【Ctrl+V】组合键，在鼠标光标处插入选择的图片。

操作解谜

插入剪贴画

剪贴画是Office中自带的简单图形，在【插入】/【插图】组中单击"剪贴画"按钮，打开窗格搜索并选择即可将选择的剪贴画插入到文档。

2. 插入计算机中的图片

计算机中的图片是指用户从网上下载或通过其他途径获取，然后保存在计算机中的图片。下面为"公司简介 .docx"文档插入公司的标志图片，其具体操作步骤如下。

STEP 1 插入图片

在【插入】/【插图】组中单击"图片"按钮。

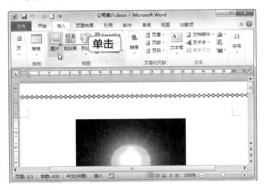

STEP 2 选择图片

❶打开"插入图片"对话框，选择需要插入的图片"logo.png"；❷单击"插入"按钮。

STEP 3 查看插入图片效果

返回 Word 工作界面，在鼠标光标处将插入选择的图片。

3. 调整图片大小

当用户在文档中插入图片后，可以根据需要改变插入图片的大小。调整图片的大小主要有通过鼠标拖动调整和通过【图片工具 格式】/【大小】组调整两种方法。下面在"公司简介 .docx"文档中设置插入图片的大小，其具体操作步骤如下。

STEP 1 通过鼠标拖动调整图片大小

❶单击刚才插入的"logo.png"图片，其四周显示 8 个控制点；❷将鼠标光标移动到右下角的控制点上，鼠标光标变成双箭头形状；❸按住鼠标左键向左上方拖动，到合适位置释放鼠标，即可将图片缩小。

第 **3** 章 美化 Word 文档

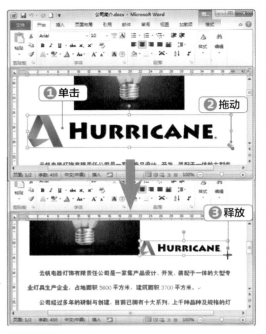

第
1
部
分

STEP 2　通过【大小】组调整图片大小

①单击选择灯图片；②在【图片工具 格式】/【大小】组的"高度"数值框中输入"4 厘米"，按【Enter】键，Word 将自动按比例调整图片大小。

技巧秒杀

不按比例调整图片大小

将鼠标光标移动到文本框四边中间的控制点上，按住鼠标左键拖动将不会按纵横比改变图片的大小，从而使图片变形。

4. 设置图片的环绕方式

当用户在文档中直接插入图片后，此时图片是嵌套在文档中无法移动的，如果要调整图片的位置，则应先设置图片的文字环绕方式，再进行图片的调整操作。下面为"公司简介 .docx"文档中的图片设置环绕方式，其具体操作步骤如下。

STEP 1　通过快捷菜单设置

①在"logo.png"图片单击鼠标右键；②在弹出的快捷菜单中选择【自动换行】命令；③在打开的子菜单中选择【浮于文字上方】命令。

STEP 2　调整图片位置

将图片拖动到文档右上角，并缩小图片。

STEP 3　设置图片的环绕方式

①单击选择灯图片，在【图片工具 格式】/【排列】组中单击"位置"按钮；②在打开列表的"文字环绕"栏中选择"中间居左，四周型文字环绕"选项。

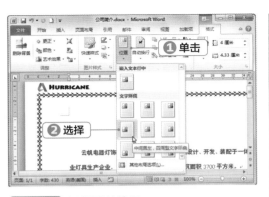

STEP 4 调整图片位置

拖动图片向上调整位置，效果如下图所示。

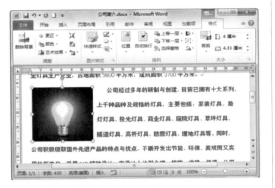

5. 设置图片样式

图片的样式是指图片的形状、边框、阴影和柔化边缘等效果。设置图片的样式时，可以直接应用程序中预设的图片样式，也可以对图片样式进行自定义设置。下面为"公司简介.docx"文档中的图片设置样式，其具体操作步骤如下。

3.1.2 插入与编辑艺术字

艺术字是指在 Word 文档中经过特殊处理的文字，在 Word 文档中使用艺术字，可使文档呈现出不同的效果，使文本醒目、美观，办公中的很多商务文档都可以添加艺术字，如公司简介、产品介绍、宣传手册等。使用艺术字后还可以对其进行编辑，使其呈现更多的效果，下面就介绍插入与编辑艺术字的相关操作。

1. 插入艺术字

在文档中插入艺术字可有效地提高文档的可读性，Word 2010 中提供了 30 种艺术字样

STEP 1 应用预设图片样式

❶选择灯的图片；❷在【图片工具 格式】/【图片样式】组中单击"快速样式"按钮；❸在打开的列表中选择"圆形对角，白色"选项。

STEP 2 设置图片效果

❶单击选择"logo.png"图片；❷在【图片样式】组中单击"图片效果"按钮；❸在打开的列表中选择"阴影"选项；❹在打开列表的"外部"栏中选择"向下偏移"选项。

微课：插入与编辑艺术字

式，用户可以根据实际情况选择合适的样式来美化文档。下面在"公司简介.docx"文档中插入艺术字，其具体操作步骤如下。

第 **3** 章　美化 Word 文档

STEP 1 选择艺术字样式

❶在【插入】/【文本】组中单击"艺术字"按钮；❷在打开的列表中选择"填充 – 蓝色，强调文字颜色 1，金属棱台，映像"选项。

STEP 2 输入艺术字

❶ Word 将自动在文档中插入一个文本框；❷直接输入"公司简介"；❸设置字体为"方正综艺简体"；❹将文本框拖动到文档中间位置。

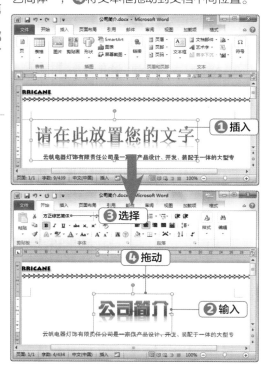

STEP 3 选择艺术字样式

❶将鼠标光标定位到最后一行文本中；❷在【艺术字】组中单击"艺术字"按钮；❸在打开的列表中选择"渐变填充 – 蓝色，强调文字颜色 1，轮廓 – 白色"选项。

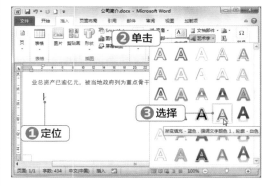

STEP 4 输入艺术字

❶在插入的艺术字文本框中输入"云帆电器欢迎您！"；❷在【开始】/【字体】组的"字体"下拉列表框中设置字体为"方正姚体简体"。

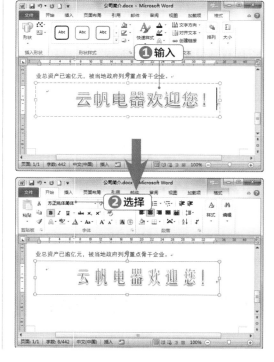

2. 编辑艺术字

插入艺术字后，若对艺术字的效果不满意，可重新对其进行编辑，即对艺术字的样式和效果等进行更详细的设置。艺术字样式包括了字体的填充颜色、阴影、映像、放光、柔化边缘、棱台和旋转等。下面就在"公司简介.docx"文档中编辑艺术字，其具体操作步骤如下。

STEP 1　设置文本填充

❶在文档中选择最后一行的艺术字；❷在【绘图工具 格式】/【艺术字样式】组中，单击"文本填充"按钮右侧的下拉按钮；❸在打开的列表中选择"渐变"选项；❹在打开的列表中选择"其他渐变"选项。

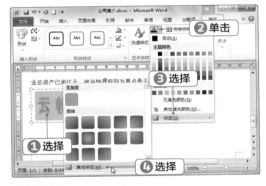

STEP 2　设置渐变色

❶打开"设置文本效果格式"对话框，在"文本填充"栏中，单击选中"渐变填充"单选项；❷在"渐变光圈"色带中将"停止点 1"滑块拖动到最左侧；❸单击"颜色"按钮；❹在打开的列表中选择"红色"选项；❺单击"停止点 2"滑块；❻在"位置"数值框中输入"30%"；❼单击"颜色"按钮，在打开的列表中选择"黄色"选项；❽在色带上单击，添加"停止点 3"滑块；❾在"位置"数值框中输入"66%"；❿单击"颜色"按钮，在打开的列表中选择"绿色"选项；⓫在色带最右侧单击，添加"停止点 4"滑块；⓬单击"颜色"按钮，在打开的列表中选择"紫色"选项；⓭单击窗格右下角的"关闭"按钮。

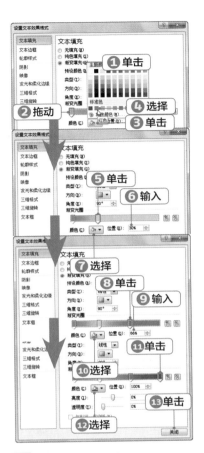

STEP 3　设置艺术字映像

❶在【艺术字样式】组中单击"文字效果"按钮；❷在打开的列表中选择"映像"选项；❸在打开列表的"映像变体"栏中选择"紧密映像，8pt 偏移量"选项。

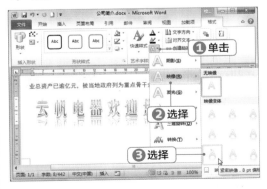

STEP 4　设置艺术字转换

❶继续单击"文字效果"按钮；❷在打开的列表中选择"转换"选项；❸在展开列表的"弯曲"栏中选择"倒三角"选项。

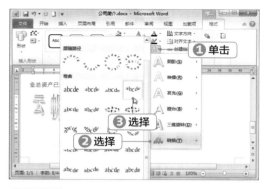

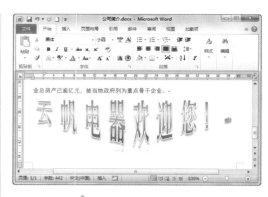

STEP 5　查看调整艺术字后的效果

返回 Word 工作界面，调整艺术字的大小，即可看到最后的效果。

技巧秒杀

详细设置艺术字样式

在"设置形状格式"任务窗格的"文本选项 文本效果"选项卡中，可以对艺术字的阴影、映像、发光、柔化边缘、三维格式和旋转等项目进行更加详细的设置。

第1部分

3.2　制作"组织结构图"文档

飓风集团正在准备收购云帆机械厂的相关资料，其中就包括该厂的组织结构图，制作这种具有顺序或层次关系的文档时，通常难以用文字阐述层次关系。通过 Word 中提供的 SmartArt 图形功能、绘制形状功能和插入文本框功能，就可以创建不同布局的层次结构图形，快速、有效地表示流程、层次结构、循环和列表等关系。

3.2.1　插入与编辑形状

在 Word 2010 中通过多种形状绘制工具，可绘制出如线条、正方形、椭圆、箭头、流程图、星和旗帜等图形。应用这些图形，可以描述一些组织架构和操作流程，将文本与文本连接起来，并表示彼此之间的关系，这样可使文档简单明了。下面介绍插入与编辑形状的相关操作。

微课：插入与编辑形状

1. 绘制形状

在纯文本中间适当地插入一些表示过程的形状，这样既能使文档简洁，又能使文档内容更形象、具体。下面创建"组织结构图 .docx"文档，并在其中绘制形状，其具体操作步骤如下。

STEP 1　创建文档

❶启动 Word 2010 新建一篇空白文档，在【页

面布局】/【页面设置】组中，单击"纸张方向"按钮；❷在打开的列表中选择"横向"选项；❸单击"文件"按钮；❹在打开的列表中选择"另存为"选项；❺打开"另存为"对话框，在其中选择保存位置；❻在"文件名"下拉列表框中输入"组织结构图"；❼单击"保存"按钮。

STEP 2　选择形状

❶在【插入】/【插图】组中单击"形状"按钮；
❷在打开列表的"矩形"栏中选择"圆角矩形"
选项。

操作解谜

绘制规则形状

　　办公中有时需要绘制如圆形、正方
形、六角形等规则形状，按住【Shift】键的
同时绘制形状，就能绘制这些形状。

STEP 3　绘制圆角矩形

按住鼠标左键不放，同时向右下角拖动，至合
适位置后释放鼠标，即可绘制圆角矩形。

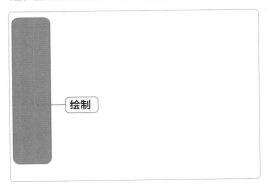

STEP 4　选择形状

❶单击"形状"按钮；❷在打开列表的"箭头
总汇"栏中选择"五边形"选项。

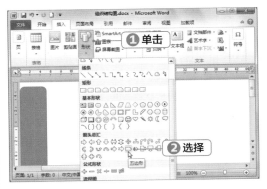

STEP 5　绘制五边形

拖动鼠标绘制五边形。

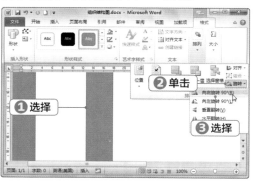

2. 旋转形状

在 Word 中，有些形状并不能直接绘制，需要通过对其他形状进行旋转得到，下面将"组织结构图"文档中的形状进行旋转，其具体操作步骤如下。

STEP 1　旋转形状

❶选择需要旋转的形状；❷在【绘图工具 格式】/【排列】组中单击"旋转"按钮；❸在打开的列表中选择"向右旋转 90°"选项。

STEP 2　移动形状

按住鼠标左键，将形状移动到下图所示的位置。

3. 调整形状外观

在 Word 中，很多形状的外观是可以调整或者修改的，通过调整，可以使形状更符合用户的需求。下面改变"组织结构图"文档中形状的外观，其具体操作步骤如下。

STEP 1　找到变形控制点

❶选择需要编辑的形状；❷找到变形控制点（一个黄色的正方形），将鼠标光标移动到该控制点上，光标变成一个小箭头形状。

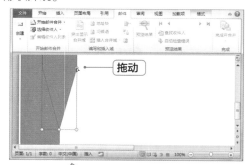

STEP 2　调整形状外观

向上拖动到适当位置释放鼠标左键，即可调整形状外观。

技巧秒杀

通过编辑顶点改变形状的外观

选择形状，在【绘图工具 格式】/【插入形状】组中单击"编辑形状"按钮，在打开的列表中选择"编辑顶点"选项，形状的边框变为红色，控制点变为黑色，拖动控制点也可改变形状的外观。

第 1 部分

4. 设置形状样式

插入形状图形后，可发现其颜色、效果和样式会显得单调，这时便可在【绘图工具 格式】/【形状样式】组中对其进行颜色、轮廓、填充效果等方面的编辑操作。下面在"组织结构图.docx"文档中编辑形状的样式，其具体操作步骤如下。

STEP 1　选择形状

❶选择需要编辑的形状；❷在【绘图工具 格式】/【形状样式】组中，单击列表框右下角的"其他"按钮。

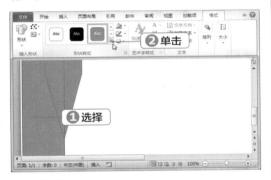

STEP 2　应用样式

在打开的列表框中选择"强烈效果 – 蓝色，强调颜色 5"选项。

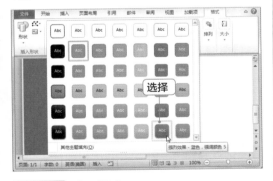

STEP 3　应用样式

❶选择另外一个形状；❷在【绘图工具 格式】/【形状样式】组中，单击列表框右下角的"其他"按钮，在打开的列表框中选择"强烈效果 – 橙色，强调颜色 2"选项。

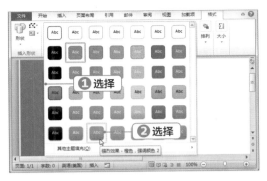

STEP 4　设置形状效果

❶在【形状样式】组中单击"形状效果"按钮；❷在打开的列表中选择"发光"选项；❸在打开列表的"发光变体"栏中选择"橙色，8pt 发光，着色 2"选项。

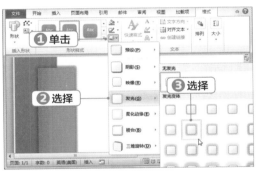

操作解谜

形状填充和形状轮廓的区别

　　形状填充是利用颜色、图片、渐变和纹理来填充形状的内部；形状轮廓是指设置形状的边框颜色、线条样式和线条粗细。

5. 对齐形状并输入文本

　　对形状的编辑操作还有很多，比如按要求对齐或者在形状中输入文本内容等。下面在"组织结构图.docx"文档中对齐形状，并在形状中输入文本，其具体操作步骤如下。

STEP 1　对齐形状

❶按住【Shift】键选择两个形状；❷在【绘图

工具 格式】/【排列】组中单击"对齐"按钮；
❸在打开的列表中选择"上下居中"选项。

STEP 2　输入文本

❶在橙色形状上单击鼠标右键；❷在弹出的快
捷菜单中选择【添加文字】命令。

第1部分

STEP 3　设置文本格式

❶输入"云帆机械厂"；❷选择该文本；❸在【开
始】/【字体】组的"字体"下拉列表框中选择"方
正美黑简体"选项；❹在"字号"下拉列表框
中选择"初号"选项。

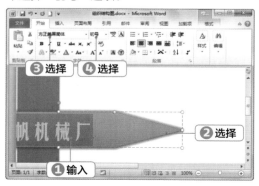

STEP 4　设置文字方向

❶选择输入了文本的形状；❷在【绘图工具 格
式】/【文本】组中单击"文字方向"按钮；
❸在打开的列表中，选择"将中文字符旋转
270°"选项。

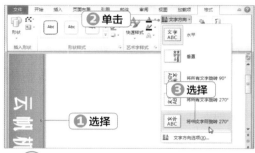

操作解谜

为什么将所有文字旋转 270°

　　因为文字是直接添加在形状中的，该
形状在前面的操作中逆时针旋转了90°，所
以这里需要将文字旋转270°使其呈竖向排
列效果。

STEP 5　查看设置文本效果

在 Word 工作界面中即可看到对齐形状并输入
文本后的效果。

技巧秒杀

组合形状

选择两个或两个以上的形状，在【排列】组
中单击"组合"按钮，在打开的列表中选择
"组合"选项，将选择的形状组合在一起，
选择既可单独编辑，也可组合编辑。

微课：插入与编辑文本框

3.2.2 插入与编辑文本框

在 Word 2010 中，使用文本框可在页面任何位置输入需要的文本或插入图片，且其他插入的对象不影响文本框中的文本或图片，具有很大的灵活性。因此在使用 Word 2010 制作页面元素比较多的文档时通常使用文本框。下面就介绍插入与编辑文本框的相关操作。

1. 插入文本框

Word 2010 中提供了内置的文本框，用户可直接选择使用。除此之外，还可绘制横排或竖排的文本框。下面为"组织结构图 .docx"文档插入文本框，其具体操作步骤如下。

STEP 1　插入文本框

❶在【插入】/【文本】组中单击"文本框"按钮；
❷在打开列表中选择"绘制文本框"选项。

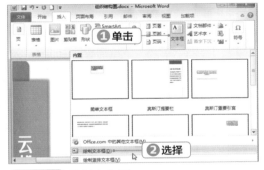

STEP 2　绘制文本框

❶将鼠标光标移至文档中，此时鼠标光标变成十字形形状，在需要插入文本框的区域上按住鼠标左键并拖动鼠标，拖动到合适大小后释放鼠标，即可在该区域中插入一个横排文本框；
❷在文本框中输入"组织结构图"。

　　操作解谜

横排文本框与竖排文本框的区别

横排文本框中的文本是从左到右，从上到下输入的，而竖排文本框中的文本则是从上到下，从右到左输入的。单击"绘制文本框"按钮，在打开列表中选择"绘制竖排文本框"选项，可以插入竖排的文本框。

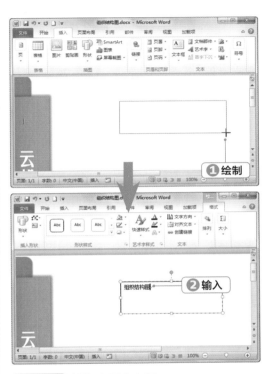

STEP 3　插入内置文本框

❶单击"文本框"按钮；❷在打开列表的"内置"栏中选择"透视系数提要栏"选项。

操作解谜

为什么没有内置的文本框样式

单击"文本框"按钮，若打开列表中并没有"内置"栏，说明文档中选择了文本框或者输入了文本的形状等对象，这时只需要在文档空白处单击鼠标，就可以显示出"内置"栏。

STEP 4 输入文本

在文本框中输入下图所示的内容。

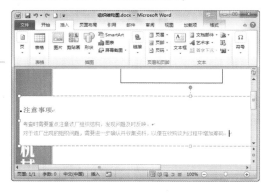

2. 编辑文本框

在 Word 2010 中为文档插入文本框后，还可以根据实际需要对文本框进行编辑，包括对文本框的大小、颜色、形状等效果进行设置。下面设置"组织结构图.docx"文档中文本框的样式，其具体操作步骤如下。

STEP 1 调整文本框的位置与大小

❶单击文档下部的文本框的边框，将其拖动到文档底部；❷将鼠标光标移动到文本框右侧的控制点上，按住鼠标左键向右侧拖动，增加文本框的宽度，效果如下图所示。

STEP 2 设置文本格式

❶单击选择文档上部的文本框；❷在【开始】/【字体】组的"字体"下拉列表框中选择"微软雅黑"选项；❸在"字号"下拉列表框中选择"初号"选项；❹单击"字体颜色"按钮右侧的下拉按钮；❺在打开的列表的"标准色"栏中选择"深蓝"选项。

STEP 3 设置文本框轮廓颜色

❶调整文本框的大小，在【绘图工具 格式】/【形状样式】组中单击"形状轮廓"按钮右侧的下拉按钮；❷在打开的列表的"标准色"栏中选择"深蓝"选项。

STEP 4　设置文本框线样式

❶继续单击"形状轮廓"按钮右侧的下拉按钮；❷在打开的列表中选择"虚线"选项；❸在打开的子列表中选择"划线 – 点"选项。

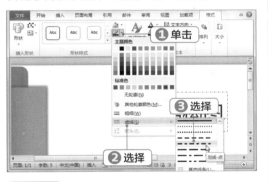

STEP 5　设置文本框线粗细

❶继续单击"形状轮廓"按钮右侧的下拉按钮；

❷在打开的列表中选择"粗细"选项；❸在打开的子列表中选择"1.5 磅"选项。

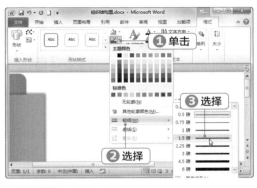

STEP 6　移动文本框

将文本框拖动到下图所示的位置，完成文本框的插入与编辑操作。

3.2.3　插入与编辑 SmartArt 图形

通过插入形状来表现文本之间的关系比较麻烦，因为这些形状需要逐个插入和编辑。而通过 Word 2010 中提供的 SmartArt 图形，就可以非常方便地插入表示流程、层次结构、循环和列表等关系的图形。下面就讲解插入与编辑 SmartArt 图形的相关操作。

微课：插入与编辑 SmartArt 图形

1. 插入 SmartArt 图形

在制作公司组织结构图、产品生产流程图、采购流程图等图形时，使用 SmartArt 图形能将各层次结构之间的关系清晰明了地表述出来。Word 2010 中提供了多种类型的 SmartArt 图形，如流程、层次结构和关系等，不同类型

体现的信息重点不同，用户可根据需要进行选择。下面为"组织结构图 .docx"文档插入 SmartArt 图形，其具体操作步骤如下。

STEP 1　插入 SmartArt 图形

将鼠标光标定位到文档中，在【插入】/【插图】组中，单击"SmartArt"按钮。

STEP 2　选择 SmartArt 图形样式

❶打开"选择 SmartArt 图形"对话框，在左侧的列表中选择"层次结构"选项；❷在中间的列表框中选择"水平层次结构"选项；❸单击"确定"按钮。

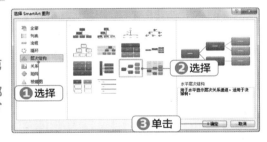

STEP 3　输入文本

在插入的 SmartArt 图形的各个形状上单击，输入文本内容。

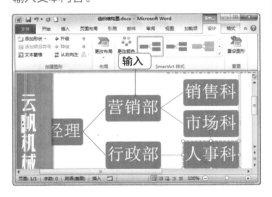

2. 调整 SmartArt 图形位置

　　Word 2010 中的 SmartArt 图形通常直接被插入到文本插入点处，无法随意地调整位置，如果需要调整，要先调整 SmartArt 图形的环绕方式。下面在"组织结构图"文档中调整 SmartArt 图形的位置，其具体操作步骤如下。

STEP 1　设置环绕方式

❶右键单击 SmartArt 图形的边框；❷在弹出的快捷菜单中选择【自动换行】命令；❸在打开的子菜单中选择【浮于文字上方】命令。

STEP 2　调整位置

在 SmartArt 图形边框上按住鼠标左键拖动，即可调整图形的位置。

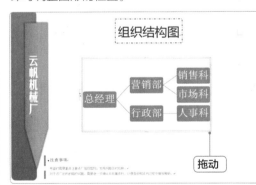

3. 添加形状

　　SmartArt 图形通常只显示了基本的结构，编辑时需要为图形添加一些形状。下面在"组织结构图 .docx"文档中添加形状，其具体操作步骤如下。

STEP 1　添加平级形状

❶在"营销部"形状上单击选择该形状；❷在【SmartArt 工具 设计】/【创建图形】组中

第1部分

单击"添加形状"按钮右侧的下拉按钮；❸在打开的列表中选择"在后面添加形状"选项。

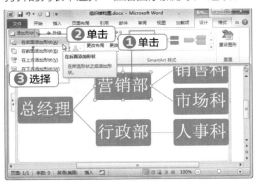

STEP 2 编辑文字

❶在"营销部"形状的下方为其添加一个平级的形状，在其上单击鼠标右键；❷在弹出的快捷菜单中选择【编辑文字】命令。

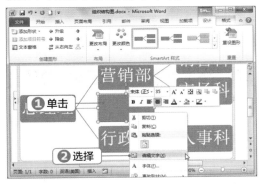

STEP 3 继续添加平级形状

❶输入"财务部"文本；❷单击选择"营销部"形状；❸在【创建图形】组中，单击"添加形状"按钮右侧的下拉按钮；❹在打开的列表中选择"在前面添加形状"选项。

技巧秒杀

SmartArt图形中形状的级别

在前面和后面添加形状都是添加与选择形状同一级别的形状；在上方添加形状则是比选择形状高一级别的形状；在下方添加形状则是比选择形状低一级别的形状。

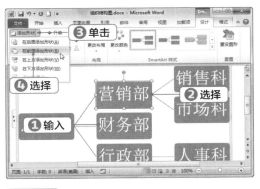

STEP 4 添加下一级形状

❶单击"添加形状"按钮右侧的下拉按钮；❷在打开的列表中选择"在下方添加形状"选项。

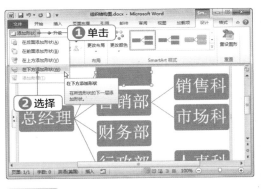

STEP 5 添加平级形状

直接单击"添加形状"按钮，为选择的形状添加一个平级的形状。

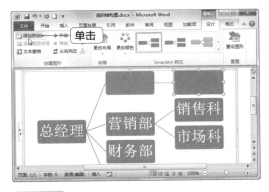

STEP 6 添加文本

用 STEP 2 的方法为这些添加的形状输入文本内容，效果如下图所示。

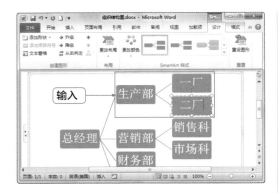

4. 设置 SmartArt 图形样式

插入 SmartArt 图形后，其图形默认呈蓝色显示，为了商务办公的需要，通常要对颜色和外观样式进行设置。下面为"组织结构图.docx"文档中的 SmartArt 图形设置样式，其具体操作步骤如下。

STEP 1　更改颜色

❶ 单击选择整个 SmartArt 图形；❷ 在【SmartArt 工具 设计】/【SmartArt 样式】组中单击"更改颜色"按钮；❸ 在打开的列表框的"强调文字颜色 5"栏中选择"渐变循环 – 强调文字颜色 5"选项。

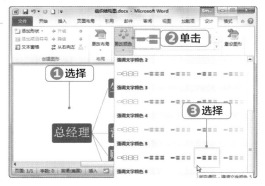

STEP 2　选择 SmartArt 图形样式

❶ 在【SmartArt 样式】组中单击样式列表框右下角的"其他"按钮；❷ 在打开的列表框的"文稿的最佳匹配对象"栏中选择"强烈效果"选项。

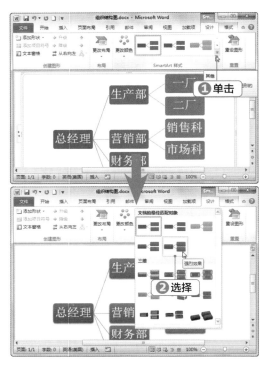

5. 更改 SmartArt 图形布局

更改 SmartArt 图形的布局主要是对整个形状的结构和各个分支的结构进行调整。下面在"组织结构图.docx"文档中更改 SmartArt 图形的布局，其具体操作步骤如下。

STEP 1　更改布局

❶ 选择 SmartArt 图形；❷ 在【SmartArt 工具 设计】/【布局】组中，单击"更改布局"按钮；❸ 在打开的列表中选择"组织结构图"选项。

第 1 部分

STEP 2 选择布局样式

❶选择需要设置布局的 SmartArt 图形分支；❷在【创建图形】组中单击"布局"按钮；❸在打开的列表中选择"标准"选项。

STEP 3 查看更改布局后的效果

返回工作界面，适当调整 SmartArt 图形的大小，即可看到更改布局后的效果。

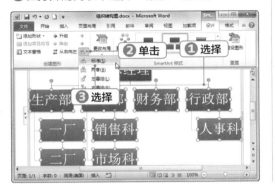

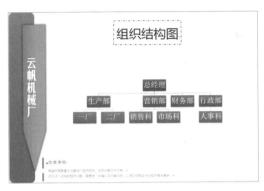

　　云帆集团人力资源部需要收集全体员工的详细个人资料，保存到人才信息库。首先需要制作一个"个人简历"文档，发放到各个部门，让员工填写。而制作这个文档就需要使用 Word 2010 提供的表格功能，在对大量数据进行记录或统计时，使用表格功能更容易管理数据。插入表格后，还可对其进行编辑，使其能更好地容纳数据。

3.3.1 创建表格

　　Office 组件中有一个专业的表格制作软件——Excel，但 Word 2010 中也提供了制作表格的功能，创建表格的方法比较简单，适用于制作一些较为简单的表格。下面将介绍在 Word 中创建表格和对表格的基本操作。

微课：创建表格

1. 插入表格

　　在 Word 文档中插入表格最常用的方法就是通过"插入表格"对话框插入指定行和列的表格。下面为"个人简历 .docx"文档插入表格，其具体操作步骤如下。

STEP 1 选择操作

❶启动 Word 2010，创建名为"个人简历"的文档，在【插入】/【表格】组中单击"表格"按钮；❷在打开的列表中选择"插入表格"选项。

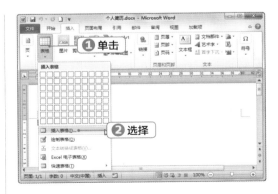

STEP 2 设置表格尺寸

❶打开"插入表格"对话框，在"表格尺寸"栏的"列数"数值框中输入"5"；❷在"行数"数值框中输入"2"；❸单击"确定"按钮。

STEP 3 查看插入表格效果

在 Word 文档中即可插入一个"2 行—5 列"的表格。

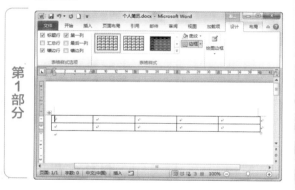

2. 绘制表格

在 Word 2010 中，用户可以根据需要手动绘制表格。下面在"个人简历.docx"文档中手动绘制表格，其具体操作步骤如下。

STEP 1 选择"绘制表格"选项

❶在【插入】/【表格】组中单击"表格"按钮；❷在打开的列表中选择"绘制表格"选项。

技巧秒杀

绘制表格的特点

绘制表格时，可以在表格中绘制斜线。绘制完表格后，在文档空白处单击鼠标，即可退出绘制表格状态。

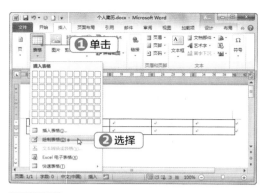

STEP 2 绘制表格边框

鼠标光标变成一个笔的形状，按住鼠标左键从左上向右下拖动，绘制一个虚线框。

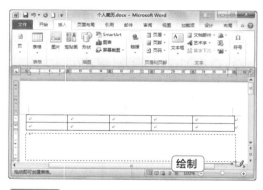

STEP 3 绘制表格内框线

释放鼠标即可绘制出表格的外边框，将鼠标光标移动到表格边框内，按住左键从左向右绘制一条虚线。

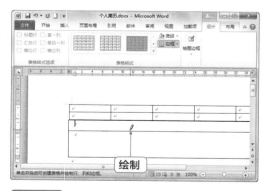

STEP 4 完成表格的绘制

释放鼠标即可绘制出表格的行线，用同样的方法绘制表格的列线，完成表格绘制。

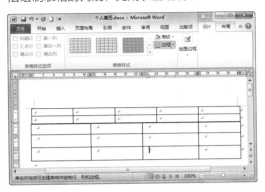

3. 使用内置样式

在 Word 2010 中，提供了一些内置的表格样式。下面在"个人简历 .docx"文档中应用内置的表格样式，其具体操作步骤如下。

STEP 1　选择内置表格样式

❶在【插入】/【表格】组中单击"表格"按钮；❷在打开的列表中选择"快速表格"选项；❸在打开的列表框中选择"带副标题 1"选项。

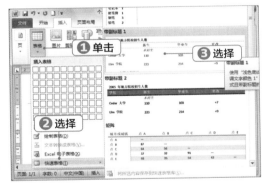

Word 内置表格的样式

在 Word 2010 中，内置的表格样式包括列表、带副标题式列表、矩阵、日历等几种样式。使用内置的表格样式后，还可以根据用户的需要进行编辑。

STEP 2　查看使用内置表格样式后的效果

在文档中插入一个带副标题的表格样式，用户

根据需要进行简单修改即可。

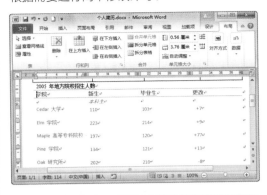

4. 删除表格

对于不需要的表格，可以直接删除。下面在"个人简历 .docx"文档中删除表格，其具体操作步骤如下。

STEP 1　选择操作

❶将鼠标光标定位到需要删除的表格中；❷在【表格工具 布局】/【行和列】组中单击"删除"按钮；❸在打开的列表中选择"删除表格"选项，删除选择的表格。

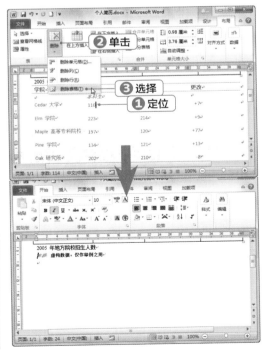

STEP 2 查看删除表格效果

继续删除其他表格，然后将多余的文本删除。

5. 快速插入表格

在 Word 2010 中，还可以快速插入行数与列数较少的表格。下面在"个人简历.docx"文档中快速插入表格，其具体操作步骤如下。

STEP 1 选择表格尺寸

❶在【插入】/【表格】组中单击"表格"按钮；
❷在打开的列表中拖动鼠标选择 2×8 表格。

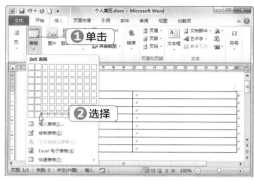

STEP 2 查看快速插入表格效果

单击鼠标，即可在文档中快速插入表格。

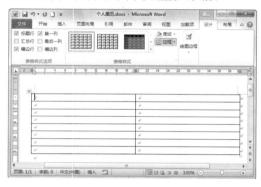

3.3.2 表格的基本操作

在 Word 中插入表格后，可以对表格进行一些基本的操作，包括插入行和列、合并与拆分单元格、调整行高和列宽等。下面将介绍在 Word 中编辑表格的基本操作。

微课：表格的基本操作

1. 插入行和列

在编辑表格的过程中，有时需要向其中插入行或列。下面在"个人简历.docx"文档的表格中插入行和列，其具体操作步骤如下。

STEP 1 插入行

❶选择第 2 行表格；❷在【表格工具 布局】/【行和列】组中单击"在下方插入"按钮，在选择的行的下方插入一个空白行。

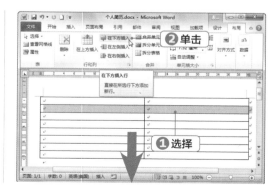

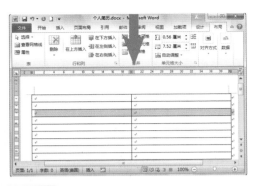

STEP 2　插入列

❶选择第 2 列表格;❷在【表格工具 布局】/【行和列】组中单击"在右侧插入"按钮,在选择的列的右侧插入一个空白列。

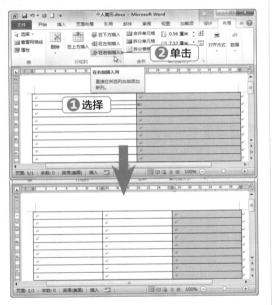

2. 合并和拆分单元格

在编辑表格的过程中,经常需要将多个单元格合并成一个单元格,或者将一个单元格拆分为多个单元格,此时就要用到合并和拆分功能。下面在"个人简历 .docx"文档中合并和拆分单元格,其具体操作步骤如下。

STEP 1　合并单元格

❶选择表格中的第一行所有单元格;❷在【表格工具 布局】/【合并】组中单击"合并单元格"按钮。

STEP 2　输入文本

❶在合并的单元格中输入"基本信息";❷在【开始】/【段落】组中单击"居中"按钮。

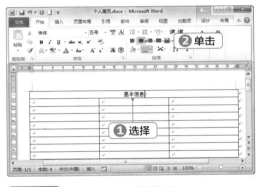

STEP 3　查看合并单元格效果

用同样的方法继续插入行,并合并单元格,效果如下图所示。

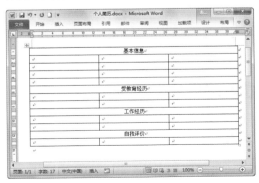

STEP 4 拆分单元格

❶选择表格中第二行和第三行的第一列单元格; ❷在【表格工具 布局】/【合并】组中单击"拆分单元格"按钮。

STEP 5 设置拆分

❶打开"拆分单元格"对话框，在"列数"数值框中输入"3"; ❷单击"确定"按钮，将选择的单元格拆分为 3 列。

第1部分

技巧秒杀

合并与拆分单元格的注意事项

合并单元格是将选中的所有单元格进行合并; 拆分单元格则只能对当前编辑的单元格进行拆分。

STEP 6 合并和拆分单元格

继续在插入的表格中合并和拆分单元格，并在其中输入文本。

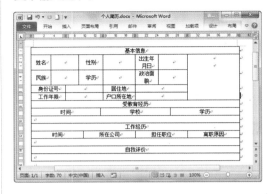

3. 调整行高和列宽

插入的表格为了适应不同的内容，通常需要调整行高和列宽。在 Word 2010 中，既可以精确输入，也可以通过鼠标拖动的方法来调整行高和列宽。下面在"个人简历.docx"文档中调整行高和列宽，其具体操作步骤如下。

STEP 1 精确设置行高

❶在表格的左上角单击"选择表格"按钮，选择整个表格; ❷在【表格工具 布局】/【单元格大小】组的"高度"数值框中输入"0.8 厘米"，按【Enter】键，设置表格的行高。

STEP 2 手动调整行高

将鼠标光标移动到第一行和第二行单元格间的直线上，当其变成双向箭头形状时，按住鼠标左键向下拖动，增加第一行的行高。

宽，效果如下图所示。

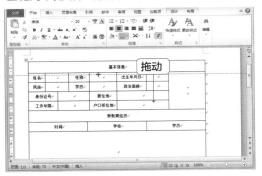

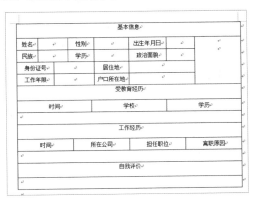

STEP 3 查看调整后的效果

用同样的方法继续调整表格中的其他行高和列

3.3.3 美化表格

在 Word 中插入表格后，可以对表格的对齐方式、边框和底纹进行设置，也可以直接套用内置的表格样式，来增强表格的外观效果。下面将介绍在 Word 中美化表格的基本操作。

微课：美化表格

1. 应用表格样式

Word 2010 中自带了一些表格的样式，用户可以根据需要直接套用。下面在"个人简历 .docx"文档中应用表格样式，其具体操作步骤如下。

STEP 1 设置表格样式

❶在表格的左上角单击"选择表格"按钮，选择整个表格；❷在【表格工具 设计】/【表格样式】组中单击"其他"按钮。

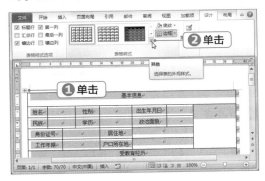

STEP 2 选择样式

在打开的列表框的"内置"栏中选择"浅色网格 –

强调文字颜色 1"选项。

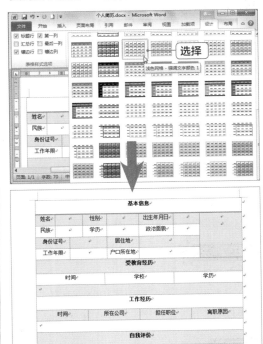

2. 设置对齐方式

表格的对齐除了文本对齐外，还可以设置列和行的均匀分布。下面在"个人简历 .docx"文档中设置对齐方式，其具体操作步骤如下。

STEP 1 设置文本对齐

❶在表格的左上角单击"选择表格"按钮，选择整个表格；❷在【表格工具 布局】/【对齐方式】组中单击"水平居中"按钮。

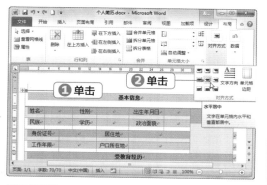

STEP 2 分布列

❶选择表格的倒数第七行；❷在【表格工具 布局】/【单元格大小】组中单击"分布列"按钮。

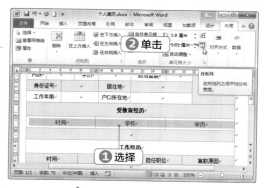

技巧秒杀

分布列和分布行

分布列用于在所选列中平均分布列宽，分布行用于在所选行中平均分布行高。

STEP 3 查看设置对齐方式的效果

该行的 3 个列将平均分布列宽。用同样的方法

为表格的倒数第四行设置相同的列宽，效果如下图所示。

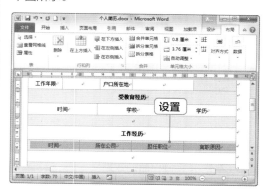

3. 设置边框和底纹

表格同样可以设置边框和底纹，而且可以为表格中的单元格设置边框和底纹。下面为"个人简历 .docx"文档的表格设置边框和底纹，其具体操作步骤如下。

STEP 1 选择边框样式

❶在表格的左上角单击"选择表格"按钮，选择整个表格；❷在【表格工具 设计】/【绘图边框】组中单击"笔样式"下拉列表框右侧的下拉按钮；❸在打开的列表中选择一种边框样式。

STEP 2 选择边框

❶在【表格样式】组中单击"边框"按钮右侧的下拉按钮；❷在打开的列表中选择"外侧框线"选项。

STEP 3　选择底纹颜色

❶选择表格的第一行；❷在【表格工具 设计】/
【表格样式】组中单击"底纹"按钮；❸在打开
列表的"主题颜色"栏中选择"蓝色，强调文字
颜色 1，淡色 80%"选项。

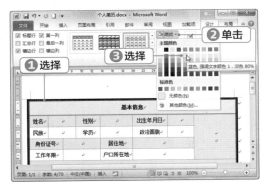

STEP 4　设置单元格底纹

用同样的方法为表格的倒数第九行设置底纹，
并将其他行的底纹设置为"白色"。

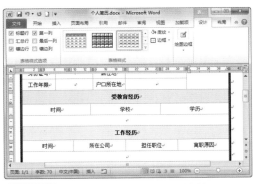

STEP 5　查看设置边框与底纹后的效果

在文档中输入标题，并设置文本的格式，调整
行高，效果如下图所示。

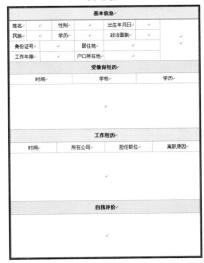

新手加油站——美化 Word 文档技巧

1. 插入屏幕截图

　　屏幕截图是 Word 2010 非常实用的一个功能，它可以快速而轻松地将屏幕截图插入到
Word 文档中，以增强可读性且便于捕获信息，而无须退出正在使用的程序。屏幕截图包括
截取窗口图像和自定义截取图像两种方式。需要注意的是，屏幕截图只能捕获没有最小化到
任务栏的窗口。

（1）截取窗口图片

将鼠标光标定位到需要插入图片的位置，在【插入】/【插图】组中单击"屏幕截图"按钮，在打开的列表的"可用视窗"栏中选择需要的窗口截图选项，程序会自动执行截取窗口的操作，并且截取的图像会自动插入到文档的鼠标光标处。

（2）自定义截图

当从网页和其他来源复制部分内容时，为了保留该部分内容在文档中的格式，可以使用自定义截图来实现。将鼠标光标定位到需要插入图片的位置，在【插入】/【插图】组中单击"屏幕截图"按钮，在打开的列表中选择"屏幕剪辑"选项，系统将自动切换窗口，并且鼠标光标变成十字形状，按住鼠标左键并拖动来截取需要的图片，释放鼠标后系统自动将截取的图片插入到文档的鼠标光标处。

2. 为普通文本设置艺术字效果

在 Word 文档中，如果需要为普通文本设置艺术字效果，只需要选择该文本，在【开始】/【字体】组中单击"文本效果"按钮，在打开的列表选择应用内置的艺术字样式，或者自定义文本的轮廓、阴影、映像和发光等效果。

3. 裁剪图片

裁剪图片是对图片的边缘进行修剪，并能将图片修剪出不同的效果。

（1）裁剪

裁剪是指仅对图片的四周进行裁剪。经过该方法裁剪过的图片，纵横比将会根据裁剪的范围自动进行调整。其方法为：先选择要裁剪的图片，然后在【格式】/【大小】组中单击"裁剪"按钮,在打开的列表中选择"裁剪"选项,此时在图片的四周将出现黑色的控制点,拖动控制点调整要裁剪的部分,再在文档中的任意部分单击即可完成裁剪图片的操作。

（2）裁剪为形状

在文档中插入图片后,Word 会默认将其设置为矩形。若需要将图片更改为其他形状,可以让图片与文档配合得更为美观。其方法为:先选择要裁剪的图片,然后在【格式】/【大小】组中单击"裁剪"按钮,在打开的列表中选择"裁剪为形状"选项,再在打开的子列表中选择需要裁剪的形状即可。

4. 删除图片背景

在编辑图片的过程中,若只需要其中的部分图片,又不想删除图片的其他部分,可通过"删除背景"功能对图片进行处理,其方法如下:选择图片,在【格式】/【调整】组中单击"删除背景"按钮,进入"背景消除"编辑状态,出现图形控制框,用于调节图像范围,需保留的图像区域以高亮显示,需删除的图像区域则被紫色覆盖,单击"标记要保留的区域"按钮,当鼠标光标变为笔形状时,单击要保留的部分使其呈高亮显示,单击"保留更改"按钮即可删除图像背景。

🏆 高手竞技场 ——美化 Word 文档练习

1. 编辑"广告计划"文档

打开提供的素材文件"广告计划 .docx",对文档进行编辑,要求如下。

● 设置文本的格式,包括字体、字号、文本效果和版式。
● 将图片设置为页面背景,并将图片插入到文档中,设置图片的环绕方式和应用样式。

● 在文档中插入艺术字，并设置艺术字的样式和文字效果。

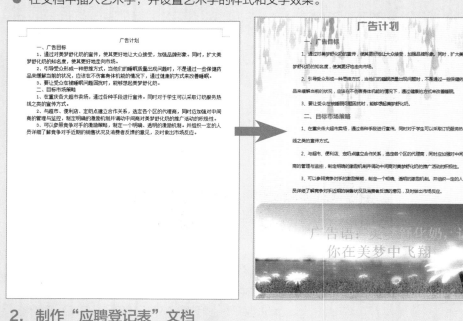

2. 制作"应聘登记表"文档

在 Word 中新建"应聘登记表"文档，要求如下。

● 在新建的文档中插入表格，并进行合并和拆分表格的操作。

● 在表格中输入文本，并调整文本对齐方式。

● 调整表格的行列数、高度与宽度，设置边框和底纹。

Word 应用

第 4 章

Word 文档高级排版

/ 本章导读

　　对 Word 文档进行文本输入、格式设置、样式美化后，就需要对文档的版式进行优化和设计。本章将介绍在 Word 中设计页眉页脚、插入目录、审阅和批注文档、邮件合并、打印文档的相关知识。

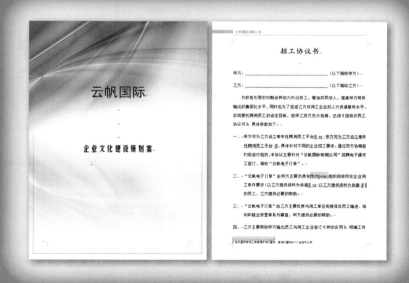

4.1 编辑"企业文化建设策划案"文档

策划案是对某个未来的活动或者事件进行策划，是目标规划的文字书，这类文档的篇幅一般较长，可以归为长文档的范围。云帆国际有一份关于企业文化建设的策划案文档，需要插入分隔符、页眉、页脚和页码，并提取文档目录，逐步完成该文档的制作。

4.1.1 设置页面边角

进行文档编辑时，可在页面的顶部或底部区域插入文本、图形等内容，如文档标题、公司标志、文件名或日期等，这些就是文档的页眉或页脚。在设置页眉页脚前，最好对文档的页面进行正确的划分，也就是分页或者分节。

微课：设置页面边角

1. 插入分隔符

分隔符包括分页符和分节符。为文档某些页或某些段落单独进行设置时，可能会自动插入分隔符。下面在"企业文化建设策划案.docx"文档中插入分隔符，其具体操作步骤如下。

STEP 1 插入分页符

❶打开"企业文化建设策划案"文档，将鼠标光标定位到"目录"文本左侧；❷在【插入】/【页】组中单击"分页"按钮，即可将鼠标光标后面的文本移动到下一页中。

STEP 2 继续插入分页符

❶将鼠标光标定位到"附录"文本左侧，在【页面布局】/【页面设置】组中单击"插入分页符和分节符"按钮；❷在打开列表的"分页符"栏中选择"分页符"选项。

STEP 3 插入分节符

❶将鼠标光标定位到"前言"文本左侧，在【页

面布局 】/【 页面设置 】组中单击"插入分页符和分节符"按钮；❷在打开列表的"分节符"栏中选择"下一页"选项。

STEP 4   继续插入分节符

用相同的方法在"一、理念篇"等相同级别的文本左侧插入分节符。

2. 插入页眉和页脚

　　插入页眉和页脚可使文档的格式更整齐和统一。下面为"企业文化建设策划案 .docx"文

档插入页眉和页脚，其具体操作步骤如下。

STEP 1   插入页眉

❶在【 插入 】/【 页眉和页脚 】组中，单击"页眉"按钮；❷在打开列表的"内置"栏中，选择"奥斯汀"选项。

STEP 2   输入页眉文本

❶在页眉的文本框中输入文本；❷在【 页眉和页脚工具 设计 】/【 插入 】组中单击"图片"按钮。

操作解谜

为什么有些页面没有设置的页眉和页脚

　　分节符可控制前面文本节的格式，删除某分节符会同时删除该分节符之前的文本节格式。也就是说，插入页眉和页脚只显示在分节符后的一张页面中。

STEP 3   选择图片

❶打开"插入图片"对话框，选择需要插入的图片；❷单击"插入"按钮。

STEP 4 设置图片布局

❶将插入的图片缩小；❷在图片上单击鼠标右键；❸在弹出的快捷菜单中选择【自动换行】命令；❹在子菜单中选择【浮于文字上方】命令。

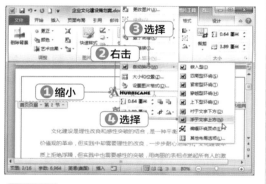

STEP 5 设置图片样式

❶将图片移动到页眉左侧；❷在【图片工具 格式】/【图片样式】栏中单击"快速样式"按钮；❸在打开的列表中选择"矩形投影"选项。

STEP 6 设置页脚

❶在【页眉和页脚工具 设计】/【页眉和页脚】组中单击"页脚"按钮；❷在打开的列表的"内置"栏中选择"传统型"选项。

STEP 7 退出页眉和页脚编辑状态

在添加了内置的页脚后，在【关闭】组中单击"关闭页眉和页脚"按钮。

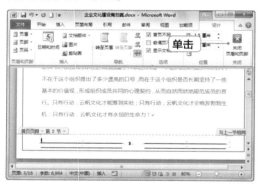

3. 设置页码

　　页码用于显示文档的页数，通常在页面底端的页脚区域插入页码，因此需要设置。下面在"企业文化建设策划案.docx"文档中设置页码，其具体操作步骤如下。

STEP 1 选择页码样式

❶在【插入】/【页眉和页脚】组中单击"页码"按钮；❷在打开的列表中选择"页边距"选项；❸在打开的列表的"带有多种形状"栏中选择"圆（左侧）"选项。

① 单击
② 选择
③ 选择

STEP 2　插入页码

Word 自动在文档左侧插入所选格式的页码，在【关闭】组中单击"关闭页眉和页脚"按钮，完成页码的插入操作。

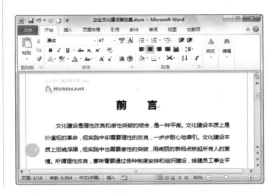

 技巧秒杀

插入页码的注意事项

由于文档首页通常都不显示页码，所以需要将首页中插入的页码删除。

4.1.2　制作目录

在制作公司制度手册等内容较多、篇幅较长的文档时，为了让员工快速了解文档内容，通常都会为文档制作目录。在 Word 2010 中，制作目录可以直接应用内置的样式，也可以自定义目录。

微课：制作目录

1. 应用内置目录样式

在为 Word 文档创建目录时，使用 Word 自带的创建目录功能可快速地完成创建。下面在"企业文化建设策划案 .docx"文档中应用内置目录，其具体操作步骤如下。

STEP 1　选择目录样式

❶将鼠标光标定位到需要插入目录的位置，在【引用】/【目录】组中单击"目录"按钮；

❷在打开列表的"内置"栏中选择"自动目录 1"选项。

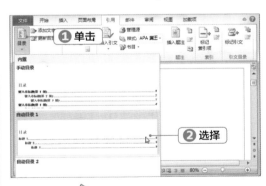

① 单击
② 选择

操作解谜

自动目录 1 和自动目录 2 的区别

根据Word的提示，自动目录1的标签为"内容"；自动目录2的标签为"目录"。但在制作的目录效果上，两者完全一样。

技巧秒杀

制作目录的注意事项

Word的目录提取是基于大纲级别和段落样式的，因此提取目录前需要保证相应的标题设置了正确的标题样式。

STEP 2　查看插入内置目录样式后的效果

Word 将自动在文档中插入选择的目录样式。

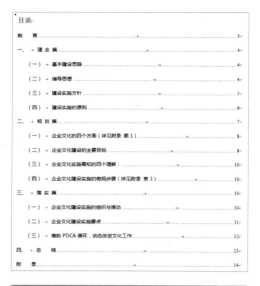

2. 自定义目录

　　Word 中默认内置了"手动目录""自动目录 1"和"自动目录 2"3 种目录样式，如果用户对应用的内置目录不满意，可以根据需要对其进行修改，制作自定义目录。下面就在"企业文化建设策划案 .docx"文档中自定义目录，并设置目录的样式，其具体操作步骤如下。

STEP 1　删除目录

❶在【目录】组中单击"目录"按钮；❷在打开的列表中选择"删除目录"选项。

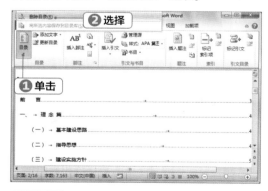

STEP 2　自定义目录

❶在【目录】组中单击"目录"按钮；❷在打开的列表中选择"插入目录"选项。

STEP 3　设置目录选项

❶打开"目录"对话框的"目录"选项卡，在"常规"栏的"显示级别"数值框中输入"2"；❷单击选中"显示页码"复选框；❸单击选中"页码右对齐"复选框；❹单击"修改"按钮。

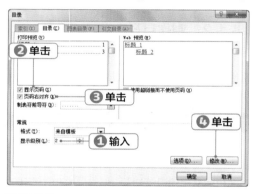

STEP 4　选择设置样式的目录

❶打开"样式"对话框，在"样式"对话框中选择"目录 1"选项；❷单击"修改"按钮。

STEP 5 修改目录样式

❶打开"修改样式"对话框,在"格式"栏的"字体"下拉列表中选择"微软雅黑"选项; ❷在"字号"下拉列表中选择"12"选项; ❸单击"加粗"按钮; ❹单击"确定"按钮。

STEP 6 查看自定义目录效果

返回"样式"对话框,单击"确定"按钮,返回"目录"对话框,单击"确定"按钮,在文档中将插入自定义样式的目录。

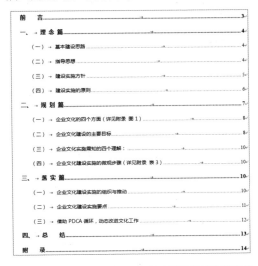

3. 更新目录

　　设置完文档的目录后,当文档中的文本有修改时,目录的内容和页码都有可能发生变化,因此需要对目录重新进行调整。而在 Word 2010 中使用"更新目录"功能可快速地更正目录,使目录和文档内容保持一致。下面在"企业文化建设策划案 .docx"文档中更新目录,其具体操作步骤如下。

STEP 1 修改正文标题

❶在文档中将"理念篇"修改为"理论篇"; ❷在【引用】/【目录】组中单击"更新目录"按钮。

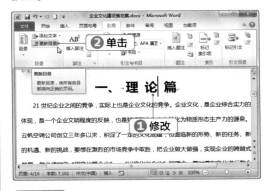

STEP 2 更新目录

❶打开"更新目录"对话框,在其中单击选中"更新整个目录"单选项; ❷单击"确定"按钮,即可看到目录中对应的标题已经被 Word 自动更新了。

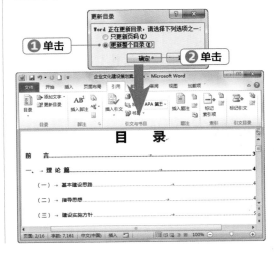

4.2 审阅并打印"招工协议书"文档

　　云帆集团的人力资源部门刚制作了一份"招工协议书"文档，接下来的工作就是对其进行审阅，以免出现语法、排版和常识性错误，影响文档质量甚至公司形象。然后，交由上级领导审查和批示，并在其中加入批注、尾注、脚注、书签和索引。最后，在审阅完成后，打印文档，装订起来供招聘时使用。

4.2.1　审阅文档

　　在 Word 2010 中，审阅功能可以将修改操作记录下来，方便让收到文档的人看到审阅人对文件所做的修改。下面就介绍检查拼写和语法、插入批注、修订文档、插入脚注、插入尾注、使用书签、制作索引等与审阅文档相关的操作。

微课：审阅文档

1. 检查拼写和语法

　　检查拼写和语法的目的是在一定程度上避免用户键入文字时失误，如标点符号输出错误、文字输入错误等。下面在"招工协议书 .docx"文档中检查拼写和语法，其具体操作步骤如下。

STEP 1　拼写和语法检查

打开文档，在【审阅】/【校对】组中单击"拼写和语法"按钮。

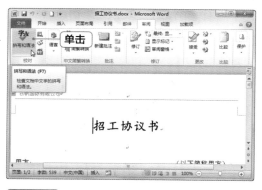

STEP 2　查找并显示

❶ Word 2010 在文档中检查出一处错误，并以蓝色底纹样式显示文本所在段落；❷打开"拼写和语法"对话框，在其中的列表框中显示错误的信息。

STEP 3　修改错误

❶修改错误的引号；❷在对话框中单击"继续执行"按钮。

STEP 4　继续检查语法

❶显示查找的语法错误；❷忽略该错误，直接

第1部分

单击"下一句"按钮。

STEP 5　忽略错误

继续自动检查错误，这里确认该错误并不成立，在"拼写和语法"任务窗格中单击"忽略一次"按钮。

STEP 6　完成拼写和语法检查

文档检查完后，自动打开提示框，单击"确定"按钮，完成拼写和语法的检查操作。

2. 插入批注

在审阅文档的过程中，若针对某些文本需

要提出意见和建议，可在文档中添加批注，下面将在"招工协议书.docx"文档中添加批注，其具体操作步骤如下。

STEP 1　插入批注

❶在文档中选择"市内"文本；❷在【审阅】/【批注】组中单击"新建批注"按钮。

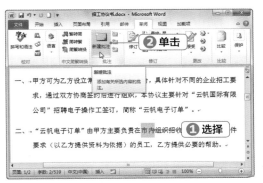

STEP 2　输入批注内容

在文档页面右侧插入一个红色边框的批注框，在其中输入批注内容。

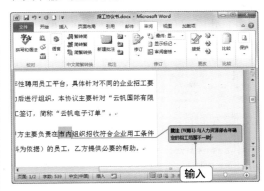

技巧秒杀

显示和删除批注

在【批注】组中单击"显示批注"按钮即可显示批注，再次单击该按钮将隐藏批注。单击"删除"按钮，在打开的列表中选择对应的选项即可删除批注。

3. 修订文档

在审阅文档时，对于能够确定的错误，可使用修订功能直接修改，以减少原作者修改的难度。下面修订"招工协议书.docx"文档，其具体操作步骤如下。

STEP 1　进入修订状态

❶在【审阅】/【修订】组中单击"修订"按钮；❷在打开的列表中选择"修订"选项。

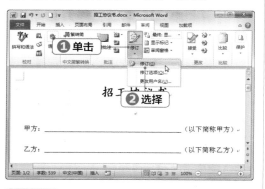

第1部分

STEP 2　选择查看修订的方式

❶将鼠标光标定位到需要修订的文本处；❷在【审阅】/【修订】组的"显示以供审阅"下拉列表中选择"最终：显示标记"选项。

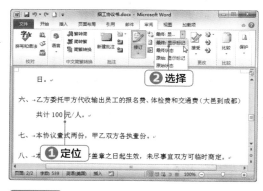

STEP 3　修订文本

❶按【Backspace】键将文本删除，删除的文本并未消失，而是以红色删除线的形式显示；❷在修订行左侧出现一条竖线标记"单击该竖线将隐藏修订的文本，再次单击将显示修订的文本"。

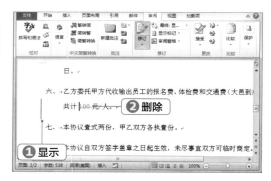

STEP 4　退出修订

❶输入正确的文本，以红色下划线形式显示；❷修订完成后再次单击"修订"按钮；❸在打开的列表中选择"修订"选项。

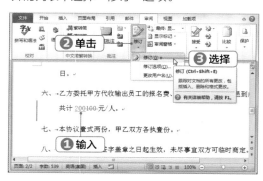

4. 插入脚注和尾注

脚注通常附在文档页面的最底端，可以作为文档某处内容的注释。尾注一般位于文档的末尾，列出引文的出处等，它是一种对文本的补充说明。下面在"招工协议书.docx"文档中插入脚注和尾注，其具体操作步骤如下。

STEP 1　插入脚注

在【引用】/【脚注】组中，单击"插入脚注"按钮。

操作解谜

批注与脚注、尾注的区别

创建的作者不同，批注通常是审阅文档的人，如领导、上级等创建的；脚注和尾注则是作者本人创建的。

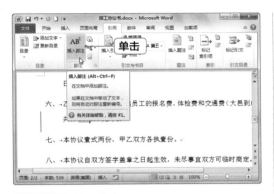

STEP 2 输入文本

在页面的脚注区域输入脚注的内容。

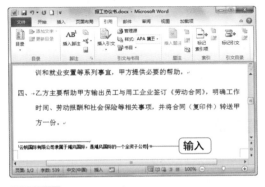

STEP 3 插入尾注

❶将鼠标光标定位到文档中；❷在【脚注】组中单击"插入尾注"按钮。

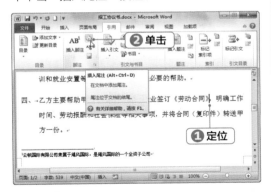

STEP 4 输入文本

在文档的最后出现尾注输入区域，在其中输入尾注的内容即可。

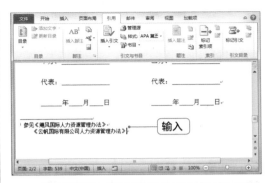

5. 利用书签定位

书签是指 Word 文档中的标签，利用书签可以更快地找到用户阅读或修改的位置，特别是篇幅比较长的文档。下面在"招工协议书.docx"文档中插入书签并利用书签定位，其具体操作步骤如下。

STEP 1 插入书签

❶将鼠标光标定位到需要插入书签的位置，这里是"劳动合同"左侧；❷在【插入】/【链接】组中单击"书签"按钮。

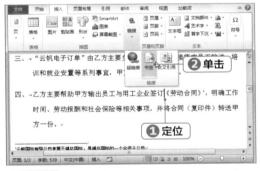

STEP 2 设置书签

❶打开"书签"对话框，在"书签名"文本框中输入"劳动合同"；❷单击"添加"按钮。

操作解谜

复制文本时是否会复制书签

如果将书签标记的全部或部分内容复制到同一文档的其他位置，书签会保留在原内容上，不会标记复制的内容。

STEP 3　插入书签

❶将鼠标光标定位到文档的其他位置；❷在【链接】组中单击"书签"按钮。

STEP 4　书签定位

❶打开"书签"对话框，在中间的列表框中选择书签名称；❷单击"定位"按钮，Word 将自动定位到文档中的该书签处；❸单击"关闭"按钮，完成操作。

6. 制作索引

索引是根据一定需要，把书刊中的主要概念或各种题名摘录下来，标明出处、页码，按一定次序分条排列，以供查阅的资料。索引的本质是在文档中插入一个隐藏的代码，便于作者快速查询。下面在"招工协议书.docx"文档中制作索引，其具体操作步骤如下。

STEP 1　选择索引文本

❶在文档中选择需要制作索引的文本；❷在【引用】/【索引】组中单击"标记索引项"按钮。

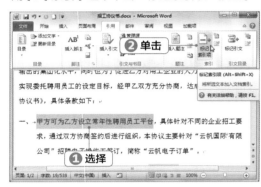

STEP 2　标记索引项

打开"标记索引项"对话框，单击"标记"按钮。

操作解谜

索引和目录的区别

索引侧重于显示文档中的重要内容；目录侧重于显示整篇文档的结构。

STEP 3　继续标记索引项

❶继续在文档中选择其他的索引文本；❷在"标记索引项"对话框中单击"标记"按钮；❸单击"关闭"按钮，完成标记操作。

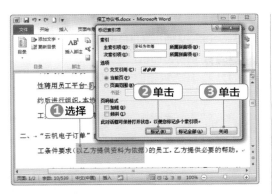

STEP 4 插入索引

❶将鼠标光标定位到文档最后位置；❷在【索引】组中单击"插入索引"按钮。

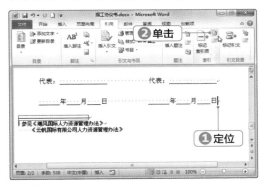

STEP 5 设置索引项

❶打开"索引"对话框的"索引"选项卡，单

击选中"页码右对齐"复选框；❷单击"确定"按钮。

STEP 6 查看效果

在文本插入点处即可看到制作好的索引。

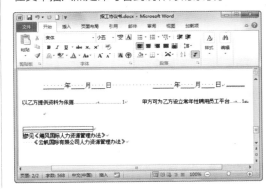

4.2.2 打印文档

当用户制作好文档后，为了便于查阅或提交，可将其打印出来。在文档打印前，为了避免打印文档时出错，一定要先预览文档被打印在纸张上的真实效果，当调整好打印效果后，再通过打印设置来满足不同用户、不同场合的打印需求。

微课：打印文档

1. 设置打印

在打印文档前，通常需要对打印的份数等属性进行设置，否则可能出现文档内容打印不全或浪费纸张的情况。页面设置通常包括打印的份数、打印的方向、指定打印机等。下面为"招

工协议书 .docx"文档设置打印页面，其具体操作步骤如下。

STEP 1 选择操作

在 Word 工作界面中单击"文件"按钮，在打开的列表中选择"打印"选项。

STEP 2 设置打印份数和页面

❶在"打印"任务窗格的"份数"数值框中输入"10"；❷在"设置"栏的第一个下拉列表中选择"打印所有页"选项。

STEP 3 设置其他选项

在"设置"栏的其他下拉列表中设置打印的方式、顺序和方向等，这里保持默认。

2. 预览打印

打印设置完成后即可选择进行打印的打印

机，然后预览并打印文档。下面打印"招工协议书.docx"文档，其具体操作步骤如下。

STEP 1 选择打印机

在"打印"任务窗格的"打印机"下拉列表中选择进行打印的打印机。

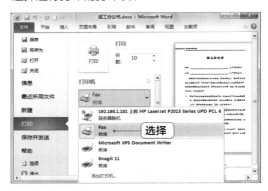

STEP 2 打印预览

❶在"打印"任务窗格的右侧查看文档的预览效果；❷在"打印"任务窗格中单击"打印"按钮，即可对文档进行打印。

技巧秒杀

设置打印的范围

"设置"栏中有一个"页数"数值框，在其中可以设置打印的页数范围。断页之间用半角逗号分割，如"1,3"；连页之间用横线连接，如"4-8"。

第1部分

4.3 制作新春问候信函

　　云帆集团需要在新年到来之际，制作统一的新春问候信函，并通过电子邮件统一发送到每一个客户的邮箱里。Word 2010 中提供了强大的邮件功能，该功能包括了普通邮件与电子邮件两个方面。对于普通邮件，具有制作公司标识的个性化邮件信封的功能；对于电子邮件，则具有编辑、合并以及发送邮件的功能。

4.3.1 制作信封

　　公司信封最主要的特点是要体现公司的形象。在 Word 中制作公司信封可以通过制作向导进行，也可以通过自定义的方式进行。下面将利用 Word 2010 的制作向导创建传统的中文办公信封，其具体操作步骤如下。

微课：制作信封

STEP 1　创建信封

启动 Word 2010，新建一个空白文档，在【邮件】/【创建】组中单击"中文信封"按钮。

STEP 2　打开制作向导

打开"信封制作向导"对话框，单击"下一步"按钮。

STEP 3　选择信封样式

❶打开"选择信封样式"对话框，在"信封样式"下拉列表中选择"国内信封 –ZL"选项；❷单击"下一步"按钮。

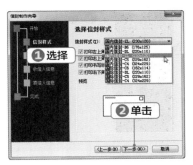

STEP 4　选择生成信封的方式和数量

❶打开"选择生成信封的方式和数量"对话框，单击选中"键入收件人信息，生成单个信封"单选项；❷单击"下一步"按钮。

STEP 5 输入收信人信息

❶打开"输入收件人信息"对话框，分别在对应的文本框中输入收件人的信息；❷单击"下一步"按钮。

STEP 6 输入寄信人信息

❶打开"输入寄信人信息"对话框，分别在对应的文本框中输入寄信人的信息；❷单击"下一步"按钮。

STEP 7 完成信封制作

在打开的对话框中提示完成信封制作，单击"完成"按钮。

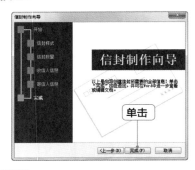

STEP 8 查看制作的信封效果

Word 将在一个新的文档中创建设置的信封，将其保存到计算机中即可。

4.3.2 邮件合并

邮件合并可以将内容有变化的部分，如姓名或地址等制作成数据源，将文档内容相同的部分制作成一个主文档，然后将数据源中的信息合并到主文档。通过邮件合并可以制作邀请函等类型的文档。下面将介绍在 Word 中进行邮件合并的基本操作。

微课：邮件合并

1. 制作数据源

制作数据源有两种方法，一种是直接使用现成的数据源，另一种是直接新建数据源。无论使用哪种方法，都需要在合并操作中进行。下面在"新春问候 .docx"文档中制作数据源，其具体操作步骤如下。

STEP 1 启动合并向导

❶打开"新春问候 .docx"文档，在【邮件】/【开始邮件合并】组中单击"开始邮件合并"按钮；❷在打开的列表中选择"邮件合并分布向导"选项。

第 1 部分

STEP 2　选择文档类型

❶打开"邮件合并"任务窗格，在"选择文档类型"栏中单击选中"信函"单选项；❷在步骤栏中单击"下一步：正在启动文档"超链接。

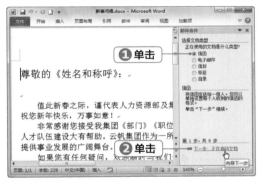

STEP 3　选择开始文档

❶在"选择开始文档"栏中单击选中"使用当前文档"单选项；❷在步骤栏中单击"下一步：选取收件人"超链接。

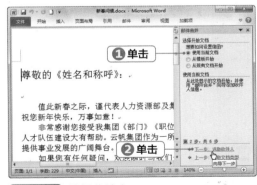

STEP 4　选择收件人

❶在"选择收件人"栏中单击选中"键入新列表"

单选项；❷在"键入新列表"栏中单击"创建"超链接。

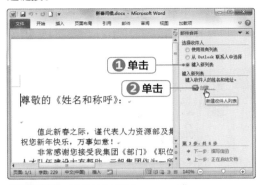

STEP 5　新建地址列表

打开"新建地址列表"对话框，单击"自定义列"按钮。

STEP 6　删除多余字段

❶打开"自定义地址列表"对话框，在"字段名"列表框中选择"地址行 1"选项；❷单击"删除"按钮；❸在打开的提示框中单击"是"按钮，删除该字段。

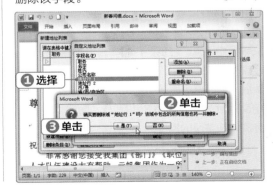

STEP 7 重命名字段

❶删除其他多余字段，选择"职务"选项；❷单击"重命名"按钮；❸打开"重命名域"对话框，在"目标名称"文本框中输入"职位"；❹单击"确定"按钮。

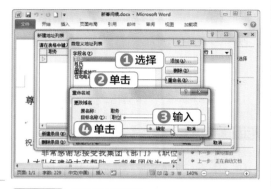

STEP 8 调整字段顺序

❶选择"职位"选项；❷单击"下移"按钮，将"职位"字段移动到字段的最后。

STEP 9 添加字段

❶在"自定义地址列表"对话框中单击"添加"按钮；❷打开"添加域"对话框，在"键入域名"文本框中输入"性别"；❸单击"确定"按钮；❹然后重复前面三个操作，用同样的方法在"字段名"列表框中添加"部门"字段，并返回"自定义地址列表"对话框，单击"确定"按钮，完成添加字段的操作。

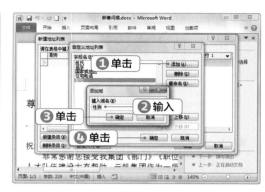

STEP 10 输入一个条目

❶返回"新建地址列表"对话框，在对应的字段下面的文本框中输入第一个条目；❷单击"新建条目"按钮。

STEP 11 输入所有条目

继续输入其他条目信息，完成后单击"确定"按钮。

STEP 12 保存数据源

❶打开"保存通讯录"对话框，先设置保存的

位置；❷在"文件名"下拉列表框中输入"员工数据"；❸单击"保存"按钮。

STEP 13　完成邮件合并操作

返回"邮件合并收件人"对话框，在其中显示了创建的数据信息，单击"确定"按钮。

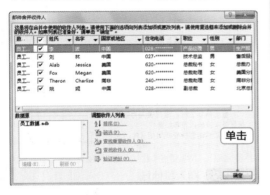

2. 将数据源合并到主文档中

将数据源合并到主文档中的操作主要有两种：一种是按照前面介绍的操作创建数据源，然后直接打开文档使用；另一种比较常见，是选择数据源进行合并。下面在"新春问候.docx"文档中选择前面创建的数据源进行邮件合并，其具体操作步骤如下。

STEP 1　打开文档

打开"新春问候.docx"文档，将打开如下图所示的提示框，询问是否将数据库中的数据放置到文档中，这里单击"否"按钮。

STEP 2　选择收件人

❶按照前面介绍的制作数据源的步骤，重新进行 STEP 1~STEP 3 的操作，在"邮件合并"任务窗格的"选择收件人"栏中，单击选中"使用现有列表"单选项；❷在"使用现有列表"栏中单击"浏览"超链接。

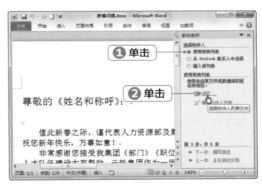

STEP 3　选择数据源

❶打开"选取数据源"对话框，先选择数据源保存的位置；❷在列表框中选择"员工数据.mdb"文件；❸单击"打开"按钮。

STEP 4　查看数据源信息

打开"邮件合并收件人"对话框，在其中显示了相关的数据信息，单击"确定"按钮。

STEP 5 准备撰写信函

返回 Word 工作界面，在"邮件合并"任务窗格中单击"下一步：撰写信函"超链接。

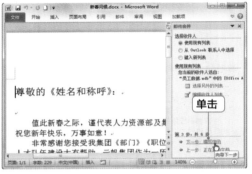

第1部分

STEP 6 撰写信函

❶在主文档中选择"《姓名和称呼》"文本，将其删除；❷在"撰写信函"栏中单击"其他项目"超链接。

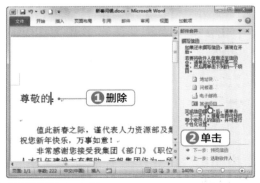

STEP 7 插入域

❶打开"插入合并域"对话框，在"域"列表

框中选择"姓氏"选项；❷单击"插入"按钮，将该域插入文档中。

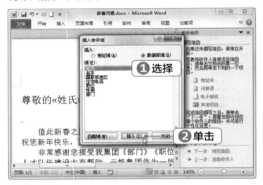

STEP 8 继续插入域

❶用同样的方法将"名字"和"性别"域插入文档；❷单击"关闭"按钮。

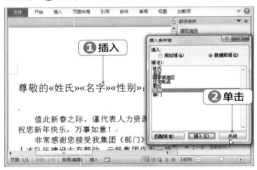

STEP 9 插入其他域

❶在插入的域后输入"士"；❷用同样的方法为"《部门》《职位》"文本插入域。

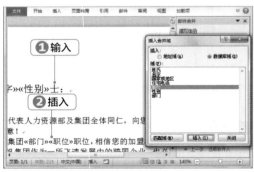

STEP 10 设置域的字体

❶选择插入的域，将其字体设置为"方正综艺简体"；❷在"邮件合并"任务窗格中单击"下

一步：预览信函"超链接。

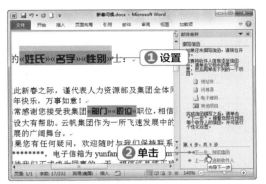

STEP 11　完成邮件合并

❶在"预览信函"栏中单击"下一记录"按钮，预览信函效果；❷单击"下一步：完成合并"超链接，完成整个操作。

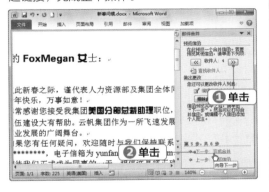

STEP 12　将数据放置到文档中

再次重新打开"新春问候"文档，仍然首先打开如下图所示的提示框，询问是否将数据库中的数据放置到文档中，这里单击"是"按钮。

STEP 13　查看插入了不同条目的文档效果

在【邮件】/【预览结果】组中，单击"下一记录"按钮，即可查看插入了不同条目的文档效果。

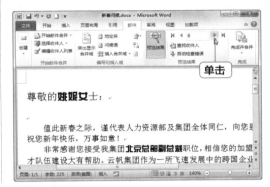

新手加油站——Word 文档高级排版技巧

1.　插入题注

　　题注是一种可添加到图片、表格、公式或其他对象中的编号标签，如在文档中的图片下面输入图编号和图题，可以方便读者查找和阅读。使用题注功能可以保证长文档中图片、表格或图表等项目能够按顺序自动编号，而且还可在不同的地方引用文档中其他位置的相同内容。插入题注的具体方法为：将鼠标光标定位到目标图片后，在【引用】/【题注】组中单击"插入题注"按钮，打开"题注"对话框，单击"新建标签"按钮，打开"新建标签"对话框，在"标签"文本框中输入题注文本，然后单击"确定"按钮。返回"题注"对话框，可查看到"题注"文本框中的变化，然后单击"编号"按钮，将打开"题注编号"对话框，单击"格式"下拉列表框右侧的下拉按钮▼，在弹出的下拉列表中选择编号样式，单击"确定"按钮。返回"题注"对话框，在"题注"文本框中输入文本，然后单击"确定"按钮即可插入题注。

2. 启用 Word 自动检查拼写和语法

在 Word 工作界面中单击"文件"按钮，在展开的菜单中选择"选项"命令，打开"Word选项"对话框，在左侧单击"校对"选项卡，在右侧的"在 Word 中更正拼写和语法时"栏中单击选中"键入时检查拼写"和"键入时标记语法错误"复选框，单击"确定"按钮。

3. 通过打印奇偶页实现双面打印

在办公室物品耗材中，打印文档占主要部分，为了节省纸张，除非明文规定，一般都会将纸张双面打印使用。下面介绍通过设置奇偶页来实现双面打印。其方法为：单击"文件"按钮，在打开的列表中选择"打印"选项，在"设置"栏中的"打印所有页"下拉列表中选择"仅打印奇数页"选项。单击顶部的"打印"按钮，即可开始打印奇数页。打印完奇数页后，将纸张翻转一面重新放入打印机，在"设置"栏中的"打印所有页"下拉列表中选择"仅打印偶数页"选项。单击顶部的"打印"按钮，即可开始打印偶数页。

4. 从数据源中筛选指定的数据记录

在实际使用时，我们并不是每次都需要对所有的收件人发送邮件，此时如果列表包含不希望在合并中看到或包括的记录，可以采用筛选记录的方法来排除记录。如要从"员工数据 .mdb"数据源中筛选出国籍为"中国"的数据记录，其方法为：打开"邮件合并收件人"对话框，确定需要进行筛选的项目，如"国家或地区"，再单击筛选项列标题右侧的下拉按钮，在打开的下拉列表中选择"中国"选项，系统自动将国家或地区为"中国"的数据记录筛选出来。

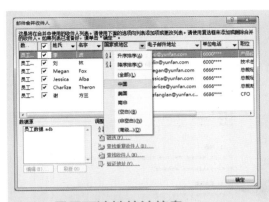

5. 显示可读性统计信息

　　用户可以通过可读性统计信息了解 Word 文档中包含的字符数、段落数和句数等信息，从而了解阅读该篇文档的难易程度。在 Word 中显示可读性统计信息的方法为：打开 Word 文档，单击"文件"按钮，在打开的列表中选项"选项"选项，在打开的"Word 选项"对话框中，单击左侧的"校对"选项卡，在右侧的"在 Word 中更正拼写和语法时"栏中单击选中"显示可读性统计信息"复选框，单击"确定"按钮。在【审阅】/【校对】组中单击"拼写和语法"按钮，进行拼写和语法检查。完成拼写和语法检查后，会打开"可读性统计信息"对话框，在该对话框中将显示字符数、段落数，以及句数等信息。

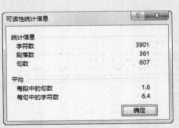

高手竞技场 ——Word 文档高级排版练习

1. 编辑"公司考勤制度"文档

　　打开提供的素材文件"公司考勤制度 .docx"，对文档进行编辑，要求如下。

● 为文档设置页眉、页脚和页码。

● 插入索引。

● 审阅文档。

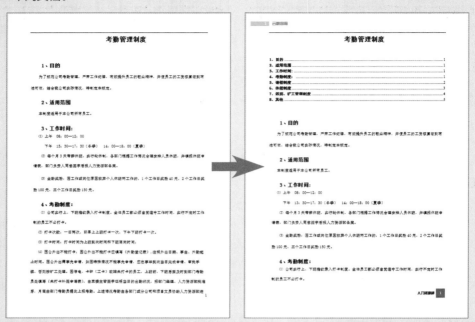

2. 制作"工资条"文档

在 Word 中新建"工资条"文档，要求如下。

● 创建 Word 文档，然后绘制表格，并在表格中输入数据。

● 利用邮件合并功能制作工资的相关数据源，最后将数据源和工资条文档合并。

● 打印工资条。

月份工资条	
姓名	姚遥
基本	2000
绩效	600
奖金	600
总计	3200

第 5 章

制作 Excel 表格

/ 本章导读

　　Excel 2010 对数据的应用、处理和分析是其功能的具体体现，它的一切操作都是围绕数据进行的。掌握数据相关的基础知识，则尤为重要，主要包括工作簿、工作表和单元格的基本操作，数据的输入与编辑，数据的格式与规则设置以及应用样式和主题等。

客户资料管理表

公司名称	公司性质	主要负责人姓名	电话	注册资金（万元）	与本公司第一次合作时间	合同金额（万元）
春来到饭店	私营	李先生	8967****	¥20	二〇〇年六月一日	¥10
花满楼酒楼	私营	姚女士	8875****	¥50	二〇〇年七月一日	¥15
有间酒家	私营	刘经理	8777****	¥150	二〇〇年八月一日	¥20
咖啡小肥牛	私营	王小姐	8988****	¥100	二〇〇年九月一日	¥10
松柏餐厅	私营	蒋先生	8662****	¥50	二〇〇年十月一日	¥20
吃八方餐厅	私营	胡先生	8875****	¥50	二〇〇年十一月一日	¥30
吃别施饭庄	私营	方女士	8966****	¥100	二〇〇年十二月一日	¥10
尚和嘉餐厅	私营	袁经理	8325****	¥50	二〇〇一年一月一日	¥15
赛托亚酒店	私营	吴小姐	8663****	¥100	二〇〇一年二月一日	¥10
木鱼石菜馆	私营	杜先生	8456****	¥200	二〇〇一年三月一日	¥30
庄贺城大饭店	私营	郑经理	8880****	¥100	二〇〇一年四月一日	¥50
吐叶珠酒店	股份公司	师小姐	8881****	¥50	二〇〇一年五月一日	¥10
蓝色生死恋主题餐厅	股份公司	陈经理	8898****	¥100	二〇〇一年六月一日	¥20
吉仁坡店	股份公司	王经理	8878****	¥200	二〇〇一年七月一日	¥10
福地路西餐厅	股份公司	柳小姐	8884****	¥100	二〇〇一年八月一日	¥60

产品价格表

货号	产品名称	净含量	包装规格	价格（元）	备注
YF001	美白洁面乳	105g	48 支/箱	65.0 元	美白洁面乳
YF002	美白爽肤水	110ml	48 瓶/箱	185.0 元	
YF003	美白保湿乳液	110ml	48 瓶/箱	298.0 元	
YF004	美白保湿霜	35g	48 瓶/箱	268.0 元	
YF005	美白眼部修护素	30ml	48 瓶/箱	398.0 元	
YF006	美白深层洁面霜	105g	48 支/箱	128.0 元	
YF007	美白活性按摩膏	105g	48 支/箱	98.0 元	
YF008	美白水分面膜	105g	48 支/箱	168.0 元	
YF009	美白活性营养滋润霜	35g	48 瓶/箱	228.0 元	
YF010	美白保湿精华露	30ml	48 瓶/箱	568.0 元	
YF011	美白去黑头面膜	105g	48 支/箱	98.0 元	
YF012	美白深层去角质霜	105ml	48 支/箱	299.0 元	
YF013	美白亮肤面膜	1片装	88片/箱	68.0 元	
YF014	美白晶莹眼膜	25ml	72 支/箱	199.0 元	
YF015	美白再生青春眼膜	2片装	1280款/箱	10.0 元	
YF016	美白祛皱精华液	100ml	48 支/箱	256.0 元	
YF017	美白黑眼圈防护霜	35g	48 支/箱	399.0 元	
YF018	美白嫩采面贴膜	1片装	288片/箱	68.0 元	

5.1　创建"来访登记表"工作簿

　　来访登记表通常指非本单位的人士在学校、企业、事业单位或者机关、团体及其他机构办理事务时，应当出示有效证件，并填写的临时个人信息表。制作"来访登记表"主要涉及 Excel 的一些基本操作，掌握好工作簿、工作表和单元格的基本操作则是在 Excel 2010 中进行一些操作的前提，可帮助用户制作出更加专业和精美的表格。

5.1.1　工作簿的基本操作

　　工作簿即 Excel 文件，是用于存储和处理数据的主要文档，也称为电子表格。默认新建的工作簿以"工作簿 1"命名，并显示在标题栏的文档名处。工作簿的基本操作包括新建、保存、保护、设置共享等，下面将详细介绍。

微课：工作簿的基本操作

1. 新建并保存工作簿

　　要使用 Excel 2010 制作所需的电子表格，首先应创建工作簿，即启动 Excel 后将新建的空白工作簿以相应的名称保存到所需的位置。下面新建"来访登记表 .xlsx"工作簿，并将其保存到电脑中，其具体操作步骤如下。

第2部分

STEP 1　启动 Excel

❶在桌面左下角单击"开始"按钮；❷在打开的菜单中选择【所有程序】/【Microsoft Office】/【Microsoft Excel 2010】命令。

STEP 2　保存工作簿

进入 Excel 工作界面，新建"工作簿 1"工作簿，

在快速访问工具栏中单击"保存"按钮。

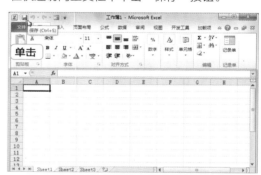

技巧秒杀

新建工作簿

在文件夹中空白处单击鼠标右键，在弹出的快捷菜单中选择【新建】/【Microsoft Excel 工作表】命令，也可以新建一个工作簿。另外，在打开的 Excel 工作界面中，单击"文件"按钮，在打开的列表中选择"新建"选项，在右侧的任务窗格中选择一种工作簿样式，单击"创建"按钮，也可以新建工作簿。

STEP 3　设置保存

❶打开"另存为"对话框，先设置文件的保存路径；❷在"文件名"下拉列表框中输入"来

访登记表"；❸单击"保存"按钮。

❶选择
❷输入
❸单击

STEP 4 查看保存效果

返回 Excel 工作界面，工作簿的名称已经变为"来访登记表 .xlsx"。

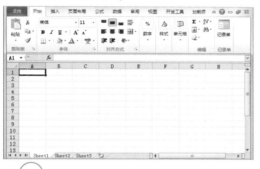

操作解谜

工作簿、工作表和单元格的关系

工作簿、工作表与单元格之间的关系是包含与被包含的关系，即工作簿中包含了一张或多张工作表，而工作表又是由排列成行或列的单元格组成。在默认情况下，Excel 2010新建的一个工作簿中包含3张工作表，即Sheet1、Sheet2和Sheet3工作表。

2. 保护工作簿的结构

保护工作簿的结构是为了防止他人移动、添加或删除工作表。下面设置保护"来访登记表 .xlsx"工作簿的结构，其具体操作步骤如下。

STEP 1 保护工作簿

在【审阅】/【更改】组中单击"保护工作簿"按钮。

STEP 2 设置密码

❶打开"保护结构和窗口"对话框，单击选中"结构"复选框；❷在"密码"文本框中输入"123"；❸单击"确定"按钮；❹打开"确认密码"对话框，在"重新输入密码"文本框中输入"123"；❺单击"确定"按钮。

技巧秒杀

撤销工作簿结构的保护

单击"保护工作簿"按钮，在打开的对话框中输入设置的密码即可撤销保护。

3. 密码保护工作簿

在商务办公中，工作簿中经常会有涉及公司机密的数据信息，这时通常会为工作簿设置打开和修改密码。下面为"来访登记表.xlsx"工作簿设置保护密码，其具体操作步骤如下。

STEP 1　另存工作簿

❶在 Excel 工作界面中单击"文件"按钮；❷在打开的列表中选择"另存为"选项。

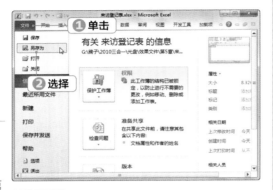

STEP 2　设置常规选项

❶打开"另存为"对话框，单击"工具"按钮；❷在打开的列表中选择"常规选项"选项。

STEP 3　密码保护

❶打开"常规选项"对话框，在"文件共享"栏的"打开权限密码"文本框中输入"123"；❷在"修改权限密码"文本框中输入"123"；❸单击选中"建议只读"复选框；❹单击"确定"按钮。

STEP 4　确认打开密码

❶打开"确认密码"对话框，在"重新输入密码"文本框中输入"123"；❷单击"确定"按钮。

STEP 5　确认修改密码

❶打开"确认密码"对话框，在"重新输入修改权限密码"文本框中输入"123"；❷单击"确定"按钮。

STEP 6　保存设置

❶返回"另存为"对话框，单击"保存"按钮；❷打开"确认另存为"提示框，单击"是"按钮。

STEP 7　打开工作簿

❶重新打开工作簿时，将先打开"密码"对话框，在"密码"文本框中输入"123"；❷单击"确

定"按钮。

STEP 8　获取读写权限

❶打开"密码"对话框，在"密码"文本框中输入"123"；❷单击"确定"按钮。

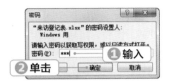

STEP 9　选择打开方式

打开提示框，要求选择是否以只读方式打开工作簿，单击"否"按钮，即可打开工作簿，并对其进行编辑。

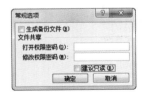
4. 共享工作簿

在商务办公中，工作簿中的数据信息量有时会非常大，可以通过共享的方式来实现多用户编辑。下面设置共享"来访登记表"工作簿，其具体操作步骤如下。

STEP 1　选择共享工作簿

在【审阅】/【更改】组中单击"共享工作簿"按钮。

STEP 2　设置共享

❶打开"共享工作簿"对话框，在"编辑"选项卡中单击选中"允许多用户同时编辑，同时允许工作簿合并"复选框；❷单击"确定"按钮；❸在打开的提示框中单击"确定"按钮。

STEP 3　完成共享设置

完成共享设置后，工作簿在标题栏中将会显示"[共享]"字样。

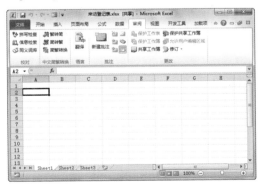

5.1.2 工作表的基本操作

工作表总是存储在工作簿中，是用于显示和分析数据的工作场所。工作表就是表格内容的载体，应熟练掌握工作表的各项操作以便轻松输入、编辑和管理数据。注意，以下的操作是在没有设置保护工作簿的情况下进行的。

微课：工作表的基本操作

1. 添加与删除工作表

在实际工作中有时可能需要用到更多的工作表，那么此时就需要在工作簿中添加新的工作表。而对于多余的工作表，则可以直接删除。下面在"来访登记表.xlsx"工作簿中插入与删除工作表，其具体操作步骤如下。

STEP 1　添加工作表
在工作表标签栏中单击"插入工作表"按钮。

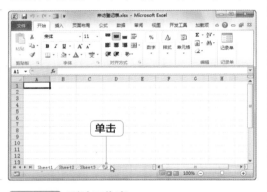

STEP 2　删除工作表
❶在新添加的"Sheet4"工作表标签上单击鼠标右键；❷在弹出的快捷菜单中选择【删除】命令，删除该工作表。

2. 在同一工作簿中移动或复制工作表

一旦工作簿中的工作表较多，就可能出现移动或复制的情况。下面就在"来访登记表.xlsx"工作簿中复制工作表，其具体操作步骤如下。

STEP 1　选择操作
❶在"Sheet1"工作表标签上单击鼠标右键；❷在弹出的快捷菜单中选择【移动或复制】命令。

STEP 2　复制工作表
❶打开"移动或复制工作表"对话框，单击选中"建立副本"复选框；❷单击"确定"按钮。

STEP 3　完成工作表的复制操作
在"Sheet1"工作表左侧即可复制得到"Sheet1（2）"工作表。

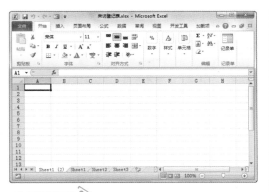

技巧秒杀

快速移动或复制工作表

在同一个工作簿中，在工作表标签上按住鼠标左键，将其拖动到其他位置，即可移动工作表；如果在拖动的同时按住【Ctrl】键，即可复制工作表。

3. 在不同工作簿中移动或复制工作表

办公中也存在将一个工作簿中的工作表移动或复制到另一个工作簿中的情况。下面就在不同的工作簿中移动或复制工作表，其具体操作步骤如下。

STEP 1　选择【移动或复制】命令

❶打开"素材 .xlsx"工作簿，在"Sheet1"工作表标签上单击鼠标右键；❷在弹出的快捷菜单中选择【移动或复制】命令。

STEP 2　复制工作表

❶打开"移动或复制工作表"对话框，在"工作簿"下拉列表框中选择"来访登记表 .xlsx"

选项；❷单击选中"建立副本"复选框；❸单击"确定"按钮。

操作解谜

无法移动或复制工作表到其他工作簿

在不同的工作簿中移动或复制工作表时，需要将两个工作簿同时打开。否则，在"移动或复制工作表"对话框的"工作簿"下拉列表框中只会显示当前工作簿的名称，无法选择目标工作簿。

STEP 3　完成工作表的复制操作

即可将"素材"工作簿中的"Sheet1"工作表复制到"来访登记表"工作簿中。

技巧秒杀

移动和复制工作表的区别

无论是在同一个工作簿还是不同的工作簿中，在"移动或复制工作表"对话框中单击选中"建立副本"复选框就是复制工作表；撤销选中就是移动工作表。

4. 重命名工作表

工作表的命名方式为"Sheet1""Sheet2"

"Sheet3"……，用户也可以自定义名称。下面为"来访登记表.xlsx"工作簿中的工作表命名，其具体操作步骤如下。

STEP 1　双击工作表标签

在"Sheet1（3）"工作表标签上双击，进入名称编辑状态，工作表名称呈黑色底纹显示。

STEP 2　输入名称

输入"来访登记表"，按【Enter】键，即可为该工作表重新命名。

5. 隐藏与显示工作表

为了避免重要的工作表让其他人看到并对其进行更改，可以将其隐藏，要查看的时候又可以将隐藏的工作表重新显示出来。下面就在"来访登记表.xlsx"工作簿中隐藏与显示工作表，其具体操作步骤如下。

STEP 1　选择【隐藏】命令

❶按住【Ctrl】键的同时选择其他的工作表；❷在标签上单击鼠标右键；❸在弹出的快捷菜单中选择【隐藏】命令。

STEP 2　隐藏工作表

❶Excel将隐藏选择的工作表，在"来访登记表"工作表标签上单击鼠标右键；❷在弹出的快捷菜单中选择【取消隐藏】命令。

STEP 3　取消隐藏

❶打开"取消隐藏"对话框，在"取消隐藏工作表"列表框中选择"Sheet1"选项；❷单击"确定"按钮。

STEP 4　显示工作表

在工作簿中将显示"Sheet1"工作表。

6. 设置工作表标签颜色

Excel 中默认的工作表标签颜色是相同的，为了区别工作簿中的各个工作表，除了对工作表进行重命名外，还可以为工作表的标签设置不同颜色加以区分。下面就在"来访登记表 .xlsx"工作簿中设置工作表标签的颜色，其具体操作步骤如下。

STEP 1　选择标签颜色

❶在"来访登记表"工作表标签上单击鼠标右键；❷在弹出的快捷菜单中选择【工作表标签颜色】命令；❸在打开的列表的"标准色"栏中选择"橙色"选项。

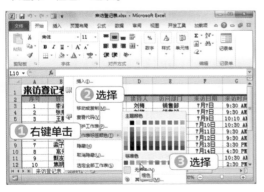

STEP 2　查看设置标签颜色效果

用同样的方法将"Sheet1"工作表标签设置为"深蓝"，查看工作表标签的颜色效果（通常当前工作表标签的颜色为较浅的渐变透明色，目的是为了显示出工作表的名称；其他工作表

标签则是标准的设置颜色背景）。

7. 保护工作表

为防止在未经授权的情况下对工作表中的数据进行编辑或修改，需要为工作表设置密码进行保护。下面为"来访登记表 .xlsx"工作簿中的工作表设置保护，其具体操作步骤如下。

STEP 1　单击"保护工作表"按钮

在【审阅】/【更改】组中单击"保护工作表"按钮。

STEP 2　设置保护

❶打开"保护工作表"对话框，单击选中"保护工作表及锁定的单元格内容"复选框；❷在"取消工作表保护时使用的密码"文本框中输入"123"；❸在"允许此工作表的所有用户进行"列表框中单击选中"选定锁定单元格"复选框；❹单击选中"选定未锁定单元格"复选框；❺单击"确定"按钮。

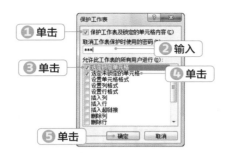

① 单击
② 输入
③ 单击
④ 单击
⑤ 单击

STEP 3 确认密码

①打开"确认密码"对话框，在"重新输入密码"文本框中输入"123"；②单击"确定"按钮。

① 输入
② 单击

STEP 4 完成工作表保护

在完成工作表的保护设置后，如果对工作表进行编辑操作，就会打开下图所示的提示框（单击"确定"按钮后，仍然无法对工作表进行编辑操作，只有撤销工作表保护，才能进行操作）。

单击

技巧秒杀

撤销工作表保护

在【审阅】/【更改】组中单击"撤销工作表保护"按钮，打开"撤销工作表保护"对话框，在"密码"文本框中输入密码，单击"确定"按钮即可。

5.1.3 单元格的基本操作

为使制作的表格更加整洁美观，用户可对工作表中的单元格进行编辑整理，常用的操作包括插入单元格、合并和拆分单元格，以及调整合适的行高与列宽等，以方便数据的输入和编辑，下面分别进行介绍。

微课：单元格的基本操作

1. 插入与删除单元格

在对工作表进行编辑时，通常都会涉及插入与删除单元格的操作。下面在"来访登记表"工作表中插入与删除单元格，其具体操作步骤如下。

STEP 1 选择【插入】命令

①在 B8 单元格中单击鼠标右键；②在弹出的快捷菜单中选择【插入】命令。

技巧秒杀

单元格的命名

单元格的行号用阿拉伯数字标识，列标用大写英文字母标识。如位于A列1行的单元格可表示为A1单元格；A2单元格与C5单元格之间连续的单元格可表示为A2:C5单元格区域。

② 选择

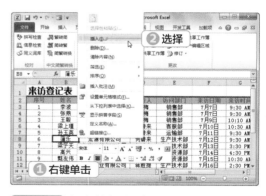
① 右键单击

STEP 2 插入整行单元格

①打开"插入"对话框，在"插入"栏中单击选中"整行"单选项；②单击"确定"按钮，在 B8 单元格上方插入一行单元格。

STEP 3　选择【删除】命令

❶在 B8:H8 单元格区域内输入文本内容；❷在 A6 单元格中单击鼠标右键；❸在弹出的快捷菜单中选择【删除】命令。

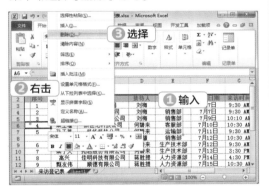

STEP 4　删除单元格

❶打开"删除"对话框，在"删除"栏中单击选中"整列"单选项；❷单击"确定"按钮，删除 A 列的所有单元格。

操作解谜

清除单元格中的内容

选择单元格或单元格区域，单击鼠标右键，在弹出的快捷菜单中选择【清除内容】命令，或者按【Delete】键，即可删除单元格中的数据，而不会影响单元格的格式和单元格自身。

2. 合并和拆分单元格

在编辑工作表时，一个单元格中输入的内容过多，在显示时可能会占用几个单元格的位置，如工作表名称，这时可以将几个单元格合并成一个单元格用于完全显示表格内容。当然合并后的单元格也是可以取消合并操作的，也就是拆分单元格。下面就在"来访登记表"工作表中合并单元格，其具体操作步骤如下。

STEP 1　选择操作

❶选择 A1:H1 单元格区域；❷在【开始】/【对齐方式】组中单击"合并后居中"按钮。

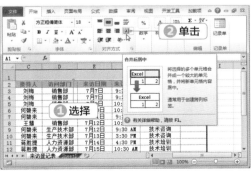

第2部分

STEP 2　合并单元格

将选择的单元格区域合并为一个单元格，在其中输入"来访登记表"。

技巧秒杀

拆分单元格

选择单元格，在【开始】/【对齐方式】组中单击"合并后居中"按钮右侧的下拉按钮，在打开的列表中选择"取消单元格合并"选项。

3. 设置单元格的行高和列宽

当工作表中的行高或列宽不合理时，将直接影响到单元格中数据的显示，此时需要对行高和列宽进行调整。下面在"来访登记表"工作表中设置行高，其具体操作步骤如下。

STEP 1　选择设置行高

❶选择 A2:H16 单元格区域；❷在【开始】/【单元格】组中，单击"格式"按钮；❸在打开的列表的"单元格大小"栏中选择"行高"选项。

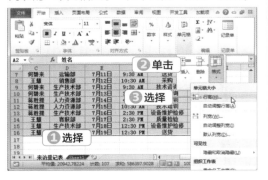

STEP 2　设置行高

❶打开"行高"对话框，在"行高"文本框中输入"20"；❷单击"确定"按钮。

技巧秒杀

自动调整行高和列宽

选择单元格区域，在【开始】/【单元格】组单击"格式"按钮，在打开的列表的"单元格"栏中选择"自动调整行高"或"自动调整列宽"选项，系统将自动根据数据的显示情况调整适合的行高或列宽。

4. 隐藏或显示行与列

隐藏表格中的行或列可以保护工作簿中的数据信息。下面在"来访登记表"工作表中隐藏行，其具体操作步骤如下。

STEP 1　隐藏行

❶在行号上拖动选择第 4 到第 7 行；❷单击鼠标右键；❸在弹出的快捷菜单中选择【隐藏】命令。

操作解谜

显示隐藏的行或列

如果要将隐藏的行或列显示出来，需要先选择被隐藏行或列左右或上下两侧相邻的行与列，单击鼠标右键，在弹出的快捷菜单中选择【取消隐藏】命令即可。

STEP 2 查看隐藏效果

Excel 将自动隐藏第 4 行到第 7 行，在第 3 行

后面直接就是第 8 行。

5.2 编辑"产品价格表"工作簿

产品价格表是一种常用的电子表格，在超市数据统计和普通办公中经常使用。制作表格的目的是为了方便各种数据的查看，而这种表格中的数据量较大，因此在制作这种表格时，需要对工作表进行编辑，有时直接将已有的样式应用在表格中。下面通过编辑"产品价格表"工作簿了解输入与编辑数据，以及美化表格的基本操作。

5.2.1 输入数据

在 Excel 中普通数据类型包括一般数字、负数、分数、中文文本以及小数型数据等。在默认情况下，输入数字数据后单元格数据将呈右对齐方式显示，输入中文文本将呈左对齐方式显示。下面介绍在表格中输入数据的方法。

微课：输入数据

1. 输入数据

在单元格中单击即可输入数据。下面在"产品价格表 .xlsx"工作簿中输入数据，其具体操作步骤如下。

STEP 1 选择单元格

单击选择 B3 单元格。

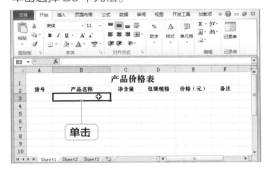

STEP 2 输入数据

直接输入"美白洁面乳"。

STEP 3 继续输入其他数据

按【Enter】键完成该单元格的输入，进入 B4 单元格，继续在 B3:D20 单元格区域中输入。

2. 修改数据

修改 Excel 表格中的数据主要有两种情况，一种是修改整个单元格中的数据，另一种是修改单元格中的部分数据。下面在"产品价格表 .xlsx"工作簿中修改数据，其具体操作步骤如下。

第 2 部分

STEP 1 修改部分数据

❶双击 B18 单元格，将鼠标光标插入到单元格中；❷按【Backspace】键，删除"眼霜"，输入"精华液"。

STEP 2 修改全部数据

❶单击选择 C18 单元格；❷直接输入"100ml"。

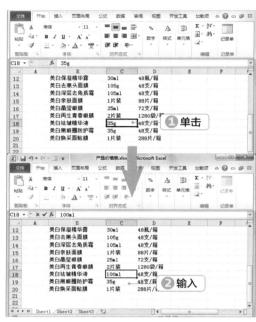

3. 快速填充数据

有时需要输入一些相同或有规律的数据，如商品编码、学生学号等。手动输入浪费工作时间，为此，Excel 专门提供了快速填充数据的功能，可以大大提高输入数据的准确性和工作效率。下面在"产品价格表 .xlsx"工作簿中快速填充商品编号，其具体操作步骤如下。

STEP 1 输入起始数据

❶选择 A3 单元格；❷输入"YF001"。

技巧秒杀

快速填充相同的数据
如果起始单元格中是数字和字母的组合，进行填充时，需要单击"自动填充选项"按钮，在打开的列表中单击选中"复制单元格"单选项，才能在其他单元格中填充与起始单元格中同样的数据。

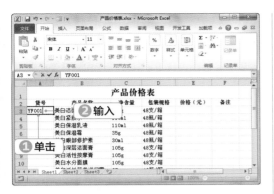

STEP 2　快速填充

❶将鼠标光标移动到单元格右下角，变成黑色十字形状，按住鼠标左键向下拖动，一直到 A20 单元格；❷释放鼠标，即可为 A4:A20 单元格区域快速填充数据。

🔍 操作解谜

默认填充数据的方式

　　如果起始单元格中是文本或单独数字，根据本例的操作，会将起始单元格中的文本或数字复制到其他单元格中。

4. 输入货币型数据

　　在 Excel 表格中输入货币型的数据，通常要设置单元格的格式。下面在"产品价格表.xlsx"工作簿中输入货币型数据，其具体操作步骤如下。

STEP 1　输入数据

在 E3:E20 单元格区域中输入数据。

STEP 2　选择数据样式

❶选择 E3:E20 单元格区域；❷在【开始】/【数字】组中单击"数字格式"列表框右侧的下拉按钮；❸在打开的列表中选择"货币"选项。

5.2.2 编辑数据

Excel 表格中存在各种各样的数据，在平时的编辑操作中，除了对数据进行修改，还涉及其他一些操作，如使用记录单批量修改数据、自定义数据显示格式、设置数据验证规则等，至于一些基本操作，如复制粘贴、查找替换等，与 Word 相似，这里就不再赘述。

微课：编辑数据

1. 使用记录单修改数据

如果工作表的数据量巨大，工作表的长度、宽度也会非常庞大，这样输入数据时就需要将很多宝贵的时间用在来回切换行、列的位置上，甚至还容易出现错误。此时可通过 Excel 的"记录单"功能，在打开的"记录单"对话框中批量编辑数据，而不用在长表格中编辑数据。下面在"产品价格表 .xlsx"工作簿中利用记录单修改数据，其具体操作步骤如下。

STEP 1 选择数据区域

❶选择 A2:F20 单元格区域；❷在【开始】/【记录单】组中单击"记录单"按钮。

STEP 2 修改数据

❶打开"Sheet1"对话框，拖动滑块到第 13个记录；❷将"产品名称"文本框中的文本修改为"美白亲肤面膜"；❸将"包装规格"文本框中的文本修改为"88 片 / 箱"；❹单击"关闭"按钮。

STEP 3 查看修改数据效果

返回 Excel 工作界面，在第 15 行中即可看到修改后的数据。

 操作解谜

Excel 中找不到"记录单"按钮

Excel 工作界面中默认不显示"记录单"按钮，需要手动添加。其方法为：单击"文件"按钮，在打开的列表中选择"选项"选项，打开"Excel 选项"对话框，在左侧窗格中单击"自定义功能区"选项卡，在右侧的"从下列位置选择命令"下拉列表框中选择"不在功能区中的命令"选项，在下方的列表框中选择"记录单"选项，然后在"自定义功能区"的列表框中选择"开始"选项，然后单击"添加"按钮，再单击"确定"按钮。

2. 自定义数据的显示单位

在数字后面添加单位，可让数据更加明白易懂，同时能够节省页面，特别是长数据的显示，添加单位后，只需输入较短的简单数字。下面在"产品价格表 .xlsx"工作簿中自定义数据的显示单位，其具体操作步骤如下。

STEP 1　设置单元格格式

❶在工作表中选择 E3:E20 单元格区域；❷单击鼠标右键；❸在弹出的快捷菜单中选择【设置单元格格式】命令。

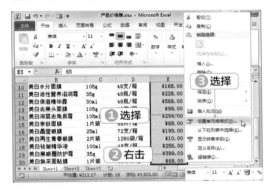

STEP 2　自定义数据的显示单位

❶打开"设置单元格格式"对话框的"数字"选项卡，在"分类"列表框中选择"自定义"选项；❷在"类型"文本框中输入"#.0"元"；❸单击"确定"按钮。

STEP 3　查看添加单位效果

返回 Excel 工作界面，即可看到自定义数据显示后的效果。

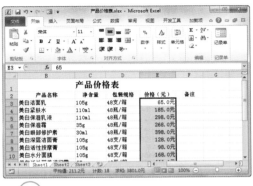

操作解谜

自定义数据显示单位的含义

本例在"类型"文本框输入"#.0"元""，表示在定义单位为"元"的同时，将数据显示格式设置为"#.0"，即数据显示为保留一位小数位数的数字。

3. 利用数字代替特殊字符

用数字代替特殊字符，即在单元格中输入数字得到用户想要输入的文字内容，从而大大提高数据的输入效率。下面在"产品价格表 .xlsx"工作簿中利用"001"替代"美白洁面乳"，其具体操作步骤如下。

STEP 1　打开"Excel 选项"对话框

在 Excel 工作界面中单击"文件"按钮，在打开的列表中选择"选项"选项。

STEP 2　单击"自动更正选项"按钮

❶打开"Excel 选项"对话框，在左侧的列表

框中选择"校对"选项；②在右侧的"自动更正选项"栏中单击"自动更正选项"按钮。

STEP 3　设置自动更正

①打开"自动更正"对话框的"自动更正"选项卡，在"替换"文本框中输入"001"；②在"为"文本框中输入"美白洁面乳"；③单击"确定"按钮。

技巧秒杀

删除自动更正的内容

自动更正会影响其他表格的制作，所以在制作其他表格前，需要将其删除。方法为：在"自动更正"对话框的"替换"文本框中输入"001"，找到该更正选项，单击"删除"按钮，将其删除。

STEP 4　查看自动更正效果

①返回"Excel选项"对话框，单击"确定"按钮，返回 Excel 工作界面，在工作表的 F3 单元格中输入"001"；②按【Enter】键，Excel 将自动更正为"美白洁面乳"。

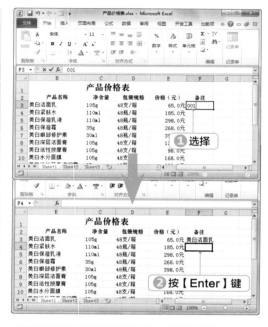

4. 设置数据验证规则

　　数据的验证规则是指设置数据有效性，可对单元格或单元格区域输入的数据从内容到范围进行限制。对于符合条件的数据，允许输入；不符合条件的数据，则禁止输入，防止输入无效数据。下面在"产品价格表.xlsx"工作簿设置手机的验证规则，其具体操作步骤如下。

STEP 1　设置数据验证

①在工作表中选择 E3:E20 单元格区域；②在【数据】/【数据工具】组中单击"数据有效性"按钮。

操作解谜

了解数据验证规则

　　数据有效性功能可以在尚未输入数据时预先设置，使用条件验证限制数据输入范围，以保证输入数据的正确性。另外，出错警告和输入信息的内容都是对验证内容进行提示，一个是错误的提示，另一个是正确的提示，两者的设置方法几乎相同。

拉列表中选择"警告"选项；❸在"错误信息"
文本框中输入"价格超出正确范围"；❹单击"确
定"按钮。

STEP 2 设置验证条件

❶打开"数据有效性"对话框的"设置"选项卡，
在"有效性条件"栏的"允许"下拉列表中选择"小
数"选项；❷在"数据"下拉列表中选择"介于"
选项；❸在"最小值"数值框中输入"50.0"；
❹在"最大值"数值框中输入"400.0"。

STEP 4 查看效果

❶返回 Excel 工作界面，在工作表中选择 E5
单元格；❷输入"402.0"，按【Enter】键；
❸打开提示框，提示"价格超出正确范围"，
单击"取消"按钮即可。

STEP 3 设置出错警告

❶单击"出错警告"选项卡；❷在"样式"下

5.2.3 美化 Excel 表格

　　用 Excel 制作的表格有时需要打印出来交上级部门审阅，不仅要内容
翔实，而且需要页面美观。因此需要对表格进行美化操作，对单元格的样式、
表格的主题和样式等进行设置，使表格的版面美观、图文并茂、数据清晰。

微课：美化 Excel 表格

1. 套用内置样式

　　表格样式是指一组特定单元格格式的组合，
使用表格样式可以快速对应用相同样式的单元
格进行格式化，从而提高工作效率并使工作表
格式规范统一。下面为"产品价格表.xlsx"工
作簿应用样式，其具体操作步骤如下。

STEP 1 选择表格样式

❶在工作表中选择 A2:F20 单元格区域；❷在
【开始】/【样式】组中单击"套用表格格式"
按钮；❸在打开的列表的列表框中选择"中等
深浅"栏的"表样式中等深浅 4"选项。

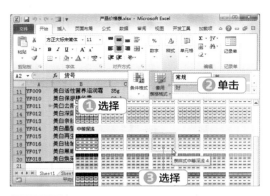

STEP 2　确认表格区域

①打开"套用表格式"对话框，在"表数据的来源"文本框中确认表格的区域，单击选中"表包含标题"复选框；②单击"确定"按钮。

STEP 3　查看套用表格样式后效果

返回到 Excel 工作界面，即可套用样式的效果。

2. 设置表格主题

Excel 2010 为用户提供了多种分割的表格

主题，用户可以直接套用主题（包括了整个表格的字体格式、表格的底纹颜色、文本效果等）来快速改变表格的风格样式，也可以对主题颜色、字体和效果进行自定义修改。下面在"产品价格表 .xlsx"工作簿中应用表格主题，其具体操作步骤如下。

STEP 1　选择主题样式

①在工作表中选择 A2:F20 单元格区域；②在【页面布局】/【主题】组中单击"主题"按钮；③在打开的列表的"内置"栏中选择"气流"选项。

STEP 2　修改主题颜色

①在【主题】组中单击"颜色"按钮；②在打开的列表的"内置"栏中选择"夏至"选项。

STEP 3　查看设置表格主题颜色

返回 Excel 工作界面，即可看到选择的表格的颜色、字体都发生了变化。

第2部分

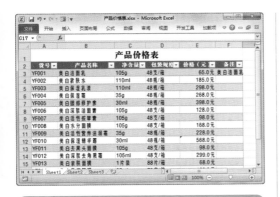

3. 应用单元格样式

Excel 2010 不仅能为表格设置整体样式，而且可以为单元格或单元格区域应用样式。下面在 "产品价格表 .xlsx" 工作簿中应用单元格样式，其具体操作步骤如下。

STEP 1　打开 "样式" 对话框

❶选择 A1 单元格；❷在【开始】/【样式】组中单击 "单元格样式" 按钮；❸在打开的列表中选择 "新建单元格样式" 选项。

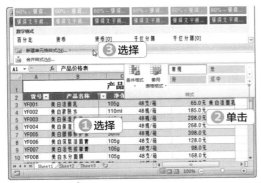

技巧秒杀

去掉表格标题行中的下拉按钮

为表格区域套用表格样式后，默认将在表格标题字段中添加 "筛选" 样式，也就是显示下拉按钮。如果要删除这些下拉按钮，只需要在打开的 "套用表格式" 对话框中撤销选中 "表包含标题" 复选框。

STEP 2　新建单元格样式

❶打开 "样式" 对话框，在 "样式名" 文本框

中输入 "新标题"；❷单击 "格式" 按钮。

STEP 3　设置单元格格式

❶打开 "设置单元格格式" 对话框，单击 "字体" 选项卡；❷在 "字体" 下拉列表框中选择 "微软雅黑" 选项；❸在 "字号" 下拉列表框中选择 "26" 选项；❹单击 "确定" 按钮。

STEP 4　应用单元格格式

返回 "样式" 对话框，单击 "确定" 按钮，返回 Excel 工作界面，再次单击 "单元格样式" 按钮，在打开的列表的 "自定义" 栏中选择 "新标题" 选项，为单元格应用样式。

4. 突出显示单元格

在编辑数据表格的过程中，有时候需要将某些特定区域中的特定数据用特定的颜色突出显示，以便于观看。下面就在"产品价格表.xlsx"工作簿中设置突出显示的单元格数据，其具体操作步骤如下。

STEP 1　打开"新建格式规则"对话框

①在工作表中选择 E3:E20 单元格区域，在【开始】/【样式】组中单击"条件格式"按钮；②在打开的列表中选择"突出显示单元格规则"选项；③在打开的列表中选择"其他规则"选项。

STEP 2　新建格式规则

①打开"新建格式规则"对话框，在"选择规则类型"列表框中选择"只为包含以下内容的单元格设置格式"选项；②在"编辑规则说明"栏的第 1 个列表框中选择"单元格值"选项；③在第 2 个列表框中选择"大于"选项；④在右侧的文本框中输入"200"；⑤单击"格式"按钮。

STEP 3　设置单元格填充

①打开"设置单元格格式"对话框，单击"填充"选项卡；②单击"填充效果"按钮。

STEP 4　设置渐变填充

①打开"填充效果"对话框，在"底纹样式"栏中单击选中"中心辐射"单选项；②单击"确定"按钮。

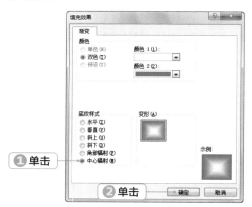

STEP 5　设置其他突出显示

①返回"设置单元格格式"对话框，单击"确定"按钮，返回"新建格式规则"对话框，单击"确定"按钮，返回 Excel 工作界面，在选择的单元格区域中，即可看到突出显示单元格的效果，在【样式】组中单击"条件格式"按钮；②在打开的列表中选择"突出显示单元格规则"选项；③在打开的列表中选择"小于"选项。

第2部分

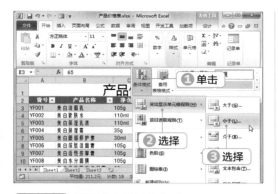

STEP 6 设置突出显示的格式

❶打开"小于"对话框，在左侧的文本框中输入"100"；❷在右侧的"设置为"下拉列表框中选择"绿填充色深绿色文本"选项；❸单击"确定"按钮。

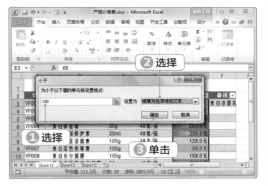

STEP 7 查看突出显示单元格效果

返回到 Excel 工作界面，即可看到突出显示单元格的效果。

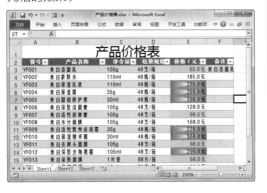

5. 添加边框

　　Excel 中的单元格是为了方便存放数据而设计的，在打印时并不会将单元格打印出来。如果要将单元格和数据一起打印出来，可为单元格设置边框样式，同时让单元格或单元格区域变得更加美观。下面在"产品价格表 .xlsx"工作簿中设置表格边框，其具体操作步骤如下。

STEP 1 设置其他边框

❶在工作表中选择 A1:F20 单元格区域；❷在【开始】/【字体】组中单击"其他边框"按钮右侧的下拉按钮；❸在打开的列表中选择"其他边框"选项。

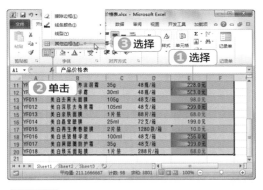

STEP 2 设置边框颜色

❶打开"设置单元格格式"对话框的"边框"选项卡，在"线条"栏中单击"颜色"下拉列表框右侧的下拉按钮；❷在打开列表的"标准色"栏中选择"深红"选项。

129

STEP 3 设置边框样式

❶在"线条"栏的"样式"列表框中选择右侧最下方的一个线条样式；❷在"预置"栏中单击"外边框"按钮；❸继续在"线条"栏的"样式"列表框中选择左侧第二种线条样式；❹在"预置"栏中单击"内部"按钮；❺单击"确定"按钮。

STEP 4 查看设置边框后的效果

返回 Excel 工作界面，即可看到设置了边框的表格效果。

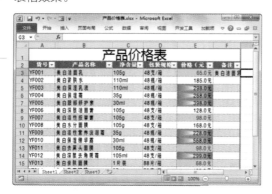

6. 设置表格背景

在 Excel 中还可以为工作表设置背景，背景可以是纯色或图片，一般情况下工作表背景不会被打印出来，只起到美化工作表的作用。下面在"产品价格表.xlsx"工作簿中设置图片背景，其具体操作步骤如下。

STEP 1 设置背景

在【页面布局】/【页面设置】组中单击"背景"按钮。

STEP 2 选择背景图片

❶打开"工作表背景"对话框，选择图片位置；❷选择"商务背景.jpg"图片；❸单击"插入"按钮。

技巧秒杀

删除背景图片

如果要在 Excel 表格中删除插入的背景图片，需要在【页面布局】/【页面设置】组中单击"删除背景"按钮。

STEP 3 查看设置背景后的效果

返回 Excel 工作界面，即可看到设置了背景的表格效果。

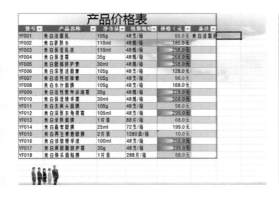

产品价格表

设置纯色背景

在Excel工作界面的行号和列标的交界处，单击"全部选择"按钮，选中整个表格，在【开始】/【字体】组中单击"填充颜色"按钮右侧的下拉按钮，在打开的下拉列表中选择一种颜色可设置纯色背景。

新手加油站 ——制作 Excel 表格技巧

1. 在单元格中输入特殊数据

特殊数据与普通数据不同的是，特殊数据不能通过按键盘直接输入，需要进行设置或简单处理才能正确输入。如输入以 0 开头的数据、输入以 0 结尾的小数以及输入长数据。

（1）输入以 0 开头的数据

默认情况下，在 Excel 中输入以"0"开始的数据，在单元格中不能正确显示，如输入"0101"，显示为"101"，此时可以通过相应的设置避免出现类似的情况，使以"0"开头的数据完全显示出来。其方法为：首先选择要输入如"0101"类型数字的单元格，在【开始】/【数字】组中单击"功能扩展"按钮，打开"设置单元格格式"对话框中的"数字"选项卡，在"分类"列表框中选择"文本"选项，然后单击"确定"按钮。再次输入如"0101"类型的数字时就会在单元格中正常显示了，不过当选择该单元格时则会出现一个黄色图标，单击该图标，在打开的下拉列表中选择"忽略错误"选项，可取消显示该图标。如果在打开的下拉列表中选择"替换为数字"选项，当输入"0101"类型数字时，在单元格中将以默认数字格式"101"显示。

（2）输入以 0 结尾的小数

与输入以 0 开头的数据类似，默认情况下，输入以"0"结尾的小数，在单元格中不能正确显示，如输入"100.00"，显示为"100"，此时可以通过相应的设置避免出现类似的情况，使以"0"结尾的小数正确显示。其方法为：首先选择要输入如"100.00"类型数字的单元格，在【开始】/【数字】组中单击"功能扩展"按钮，打开"设置单元格格式"对话框中的"数字"选项卡，在"分类"列表框中选择"数值"选项，然后在"小数位数"数值框中输入显示小数位数的个数，再单击"确定"按钮确认设置即可。再次输入如"100.00"类型的数字时将会在单元格中正常显示。

（3）输入长数据

在 Excel 中能够正常显示 11 位数字，当超过 11 位时，输入完成后，在单元格中显示的数据为科学计数法方式。如输入身份证号码"110125365487951236"，将显示为"1.10125E+17"，避免此类问题出现的方法为：在工作表中选择需要输入身份证号码的单元格或单元格区域，并单击鼠标右键，在弹出的快捷菜单中选择【设置单元格格式】命令，打开"设置单元格格式"对话框的"数字"选项卡，在"分类"列表框中选择"文本"选项，然后单击"确定"按钮。

2. 自定义数据显示格式的规则

在"设置单元格格式"对话框的"数字"选项卡中选择"自定义"选项，在"类型"列表框中显示了 Excel 内置的数字格式的代码，用户可在"类型"文本框中自定义数字显示格式。实际上，自定义数字格式代码并没有想象中那么复杂和困难，只要掌握了它的规则，就很容易通过格式代码来创建自定义数字格式。

自定义格式代码可以为 4 种类型的数值指定不同的格式，即正数、负数、零值和文本。在代码中，用分号"；"来分隔不同的区段，每个区段的代码作用于不同类型的数值。完整格式代码的组成结构为："大于条件值"格式；"小于条件值"格式；"等于条件值"格式；文本格式。

在没有特别指定条件值的时候，默认的条件值为 0，因此，格式代码的组成结构也可视作正数格式、负数格式、零值格式和文本格式。即当输入正数时显示设置的正数格式；当输入负数时，显示设置的负数格式；当输入"0"时，显示设置的零值格式；输入文本时，则显示设置的文本格式。

下面将通过一段代码对数字的格式组成规则进行分析和讲解。

_ * #,##0.00_;_ * #,##0.00_;_ * "-"??_;_@_

其中，"_"表示用一个字符位置的空格来进行占位；"*"表示重复显示标志，*"空格"表示数字前空位用重复显示"空格"来填充，直至填充满整个单元格；"#,##0.0000"表示数字显示格式；"??"表示用空白来显示数字前后的 0 值，即单元格为 0 值时，显示为"两个空白"；"@"表示输入文本。通过分析可得到结果：当输入正数，如 1111，则显示为 1,111.00；当输入负数，如-1111，则显示为 1,1111.00；当输入 0，则显示为 -；当输入字符，如 abc，则显示为 abc（前后各空一个空格位置）。

3. 利用【Shift】键快速移动整行或整列数据

在工作表中移动行列数据时，大多数用户采用的方法是先插入一个空白列，再剪切要移动的数据，最后将其粘贴到空白列处。该方法不仅操作不方便，而且还容易出错。利用【Shift】键即可快速移动行列数据。下面以移动整列为例，其方法为：选择需要移动的整列，将鼠标光标移至该列某一侧的边缘处，鼠标光标将变成形状，按住【Shift】键不放，拖动鼠标至要移至的目标位置，光标处将显示"A:A"字样，表示插入为 A 列，先松开鼠标，再释放【Shift】键，便可完成该列数据的移动。用同样的方法还可进行某一行数据的移动操作。

4. 定义单元格区域的名称

进行复制的计算或引用时，通常可以对需要的单元格定义名称，然后再使用，这样可以减少错误率。定义单元格名称可通过"新建名称"对话框来实现。其方法为：按住【Ctrl】键，选择需要定义名称的单元格区域，在【公式】/【定义的名称】组中单击"定义名称"按钮，打开"新建名称"对话框，在"名称"文本框中输入要定义的名称，单击"确定"按钮关闭对话框，之后在应用时即可直接使用定义的名称来选择单元格区域。

5. 绘制斜线表头

Excel 中一般将表格的第一个单元格作为表头。有时需要为第一个单元格绘制一个斜线表头，以表示该单元格行和列中所表达的不同内容。其方法为：选择 A1 单元格，单击鼠标右键，在弹出的快捷菜单中选择【设置单元格格式】命令，在打开的"设置单元格格式"对话框中单击"对齐"选项卡，在"垂直对齐"下拉列表中选择"靠上"选项，在"文本控制"栏中单击选中"自动换行"复选框，单击"边框"选项卡，在"预置"栏中选择"外边框"选项，在"边框"栏中单击"向右倾斜斜线"按钮，单击"确定"按钮关闭对话框。双击 A1 单元格，进入编辑状态，输入文本如"项目"和"月份"，将鼠标光标定位到"项"字前面，连续按空格键，使这 4 个字向后移动，由于该单元格文本控制设置成了自动换行，所以当月份两字超过单元格时，将自动换到下一行。

 高手竞技场——*制作 Excel 表格练习*

---

1. 制作"客户资料管理表"工作簿

新建一个"客户资料管理表 .xlsx"工作簿，对表格进行编辑，要求如下。

● 新建工作簿，对工作表进行命名。
● 在表格中输入数据，并编辑数据，包括快速填充数据、调整列宽和行高、合并单元格等。
● 美化单元格，设置单元格的样式，设置边框，为表格添加背景图片。

客户资料管理表

公司名称	公司性质	主要负责人姓名	电话	注册资金（万元）	与本公司第一次合作时间	合同金额（万元）
春来到饭店	私营	李先生	8967****	¥20	二〇〇〇年六月一日	¥10
花满楼酒楼	私营	姚女士	8875****	¥50	二〇〇〇年七月一日	¥15
有间酒家	私营	刘经理	8777****	¥150	二〇〇〇年八月一日	¥20
哞哞小肥牛	私营	王小姐	8988****	¥100	二〇〇〇年九月一日	¥10
松柏餐厅	私营	蒋先生	8662****	¥50	二〇〇〇年十月一日	¥20
吃八方餐厅	私营	胡先生	8875****	¥50	二〇〇〇年十一月一日	¥30
吃到饱饭庄	私营	万女士	8966****	¥100	二〇〇〇年十二月一日	¥10
婼莉嘉餐厅	私营	袁经理	8325****	¥50	二〇〇一年一月一日	¥15
蒙托亚酒店	私营	吴小姐	8663****	¥100	二〇〇一年二月一日	¥20
木鱼石菜馆	私营	杜先生	8456****	¥200	二〇〇一年三月一日	¥30
庄聚资大饭店	私营	郑经理	8880****	¥100	二〇〇一年四月一日	¥50
龙吐珠酒店	股份公司	师小姐	8881****	¥50	二〇〇一年五月一日	¥10
蓝色生死恋主题餐厅	股份公司	陈经理	8898****	¥100	二〇〇一年六月一日	¥20
杏仁饭店	股份公司	王经理	8878****	¥200	二〇〇一年七月一日	¥10
楠佑路西餐厅	股份公司	柳小姐	8884****	¥100	二〇〇一年八月一日	¥60

2. 制作"材料领用明细表"工作簿

新建一个"材料领用明细表 .xlsx"工作簿，对表格进行编辑，要求如下。

● 新建工作簿，输入表格数据，合并单元格，调整行高和列宽。

● 为表格应用单元格格式，并设置边框和单元格底纹（注意：这里设置单元格底纹有两种方法，一种是设置单元格样式；另一种是设置单元格的填充颜色）。

● 设置突出显示单元格。

材料领用明细表

领料单号	材料号	材料名称及规格	领用部门						合计	领料人	签批人
			生产一车间		生产二车间		生产三车间				
			颜色	数量	颜色	数量	颜色	数量			
YF-L0610	C-001	棉布100%，130g/m²，2*2罗纹	白色	30	粉色	33	浅黄色	37	100	李波	柳林
YF-L0611	C-002	全棉100%，160g/m²，1*1罗纹	粉色	50	浅绿色	40	酸橙色	47	137	李波	柳林
YF-L0612	C-003	羊毛10%，涤纶90%，140g/m²，起毛布1-4	鲜绿色	46	蓝色	71	白色	64	181	刘松	柳林
YF-L0613	C-004	全棉100%，190g/m²，提花布1-1	红色	40	紫罗兰	36	青色	55	131	刘松	柳林
YF-L0614	C-005	棉100%，170g/m²，提花空气层	玫瑰红	80	白色	44	粉色	20	144	刘松	柳林
YF-L0615	C-006	棉100%，180g/m²，安纶双面布	淡紫色	77	淡蓝色	56	青绿色	39	172	李波	柳林
YF-L0616	C-007	棉100%，160g/m²，抽条棉毛	天蓝色	32	橙色	43	水绿色	64	139	李波	柳林

Excel 应用

第6章

计算 Excel 数据

/ 本章导读

数据计算是 Excel 的强大功能之一，本章将对数据计算的两种方式，即公式和函数的应用进行介绍，以方便表格数据的计算。

2016年5月份工资表

姓名	应领工资				应扣工资			工资	个人所得税	税后工资
	基本工资	提成	奖金	小计	迟到	事假	小计			
夏敏	¥2,400	¥3,600	¥600	¥6,600	¥50		¥50	¥6,550	¥200.00	¥6,350.00
黄晓民	¥1,600	¥2,800	¥400	¥4,800		¥50	¥50	¥4,750	¥37.50	¥4,712.50
周泰	¥1,200	¥4,500	¥800	¥6,500			¥0	¥6,500	¥195.00	¥6,305.00
黄锐	¥1,200	¥6,500	¥1,400	¥9,100	¥200	¥100	¥300	¥8,800	¥240.00	¥8,560.00
宋惠明	¥1,200	¥3,200	¥500	¥4,900			¥0	¥4,900	¥42.00	¥4,858.00
郭庆华	¥1,200	¥2,610	¥400	¥4,210	¥50		¥50	¥4,160	¥19.80	¥4,140.20
刘金国	¥1,200	¥1,580	¥200	¥2,980		¥100	¥100	¥2,880	¥0.00	¥2,880.00
马俊良	¥1,200	¥1,000	¥100	¥2,300	¥150		¥150	¥2,150	¥0.00	¥2,150.00
周恒	¥1,200	¥890		¥2,090			¥0	¥2,090	¥0.00	¥2,090.00
孙承斌	¥1,200			¥1,200		¥50	¥50	¥1,150	¥0.00	¥1,150.00
罗长明	¥800			¥800	¥300		¥300	¥500	¥0.00	¥500.00
毛睿康	¥800			¥800			¥0	¥800	¥0.00	¥800.00

年度绩效考核表

		嘉奖	奖级	记大功	记功	无	记过	记大过	撤职
基数：		9	8	7	6	5	-3	-4	-5

备注：年度考核的绩效总分根据"各季度总分＋奖惩记录"来评定，总分为120分。
优良评定标准为：>=105为优，>=100为良，其余为差。
年终奖金发放标准为"优等为3500元，良为2500元，差为2000元"。

员工编号	姓名	考勤考评	工作能力	工作表现	奖惩记录	绩效总分	优良评定	年终奖金(元)	核定人
1101	刘松	29.52	32.64	33.79	5.00	100.94	良	2500	杨乐乐
1102	李波	28.85	33.23	33.71	6.00	101.79	良	2500	杨乐乐
1103	王慧	29.41	33.59	36.15	3.00	102.14	良	2500	杨乐乐
1104	蒋伟	29.50	33.67	33.14	2.00	98.31	差	2000	杨乐乐
1105	杜泽平	29.35	35.96	33.70	1.00	100.01	良	2500	杨乐乐
1106	蔡云帆	29.68	35.18	34.95	6.00	105.81	优	3500	杨乐乐
1107	侯向明	29.60	31.99	33.55	7.00	102.14	良	2500	杨乐乐
1108	魏丽	29.18	33.79	32.71	-2.00	93.68	差	2000	杨乐乐
1109	袁晓东	29.53	34.25	34.17	5.00	102.94	良	2500	杨乐乐
1110	程旭	29.53	34.71	33.65	6.00	102.08	良	2500	杨乐乐
1111	朱建东	29.37	34.15	35.05	2.00	100.57	良	2500	杨乐乐
1112	郭永新	29.18	35.90	33.95	6.00	105.03	优	3500	杨乐乐
1113	任建树	29.20	33.81	35.08	5.00	103.09	良	2500	杨乐乐
1114	曹慧佳	28.98	35.31	34.00	5.00	103.28	良	2500	杨乐乐
1115	胡珀	29.30	33.94	34.08	6.00	103.32	良	2500	杨乐乐
1116	姚妮	29.61	34.40	33.00	5.00	102.00	良	2500	杨乐乐

6.1 计算"工资表"中的数据

工资表又称工作结算表，通常会在工资正式发放前的 1 ～ 3 天发放到员工手中，员工可以就工资表中出现的问题向上级反映。在工资表中，要根据工资卡、考勤记录、产量记录及代扣款项等资料等进行数据的计算。工资表通常都是利用 Excel 进行制作的，主要涉及的知识点包括公式的基本操作与调试，以及单元格中数据的引用。

6.1.1 输入与编辑公式

Excel 2010 中的公式是一种对工作表中的数值进行计算的等式，它可以帮助用户快速完成各种复杂的数据运算。在 Excel 表格中对数据进行计算，应该首先输入公式，如果对公式不满意，还需要对其进行编辑或修改。

微课：输入与编辑公式

1. 输入公式

在 Excel 中，输入计算公式进行数据计算时需要遵循一个特定的次序或语法：最前面是等号"="，然后才是计算公式。公式中可以包含运算符、常量数值、单元格引用、单元格区域引用和函数等。下面在"工资表 .xlsx"工作簿中输入公式，其具体操作步骤如下。

STEP 1 在单元格中输入

❶打开"工作表 .xlsx"工作簿，选择 J4 单元格；❷输入符号"="，编辑栏中会同步显示输入的"="，依次输入要计算的公式内容"1200+200+441+200+300+200−202.56−50"，编辑栏中同步显示输入内容。

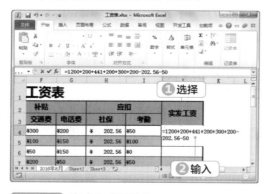

STEP 2 完成公式的输入

按【Enter】键，Excel 对公式进行计算，并在

单元格中显示计算结果。

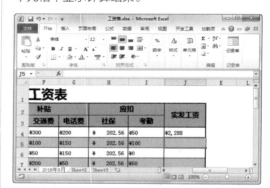

技巧秒杀

在编辑栏中输入公式

选择显示计算结果的单元格，将鼠标光标定位到编辑栏，输入公式即可。

2. 复制公式

在 Excel 表格中计算数据时，通常公式的组成结构是一定的，只是计算的数据不同，通过复制公式然后直接修改的方法，能够节省计算数据的时间。下面在"工资表 .xlsx"工作簿中复制公式，其具体操作步骤如下。

STEP 1 复制公式

❶在 J4 单元格中单击鼠标右键；❷在弹出的

第 2 部分

快捷菜单中选择【复制】命令。

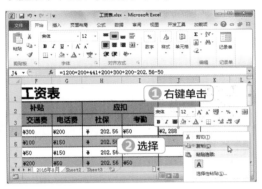

复制公式和普通复制的区别

　　如果在"粘贴选项"栏中选择【粘贴】命令；或通过【Ctrl+C】、【Ctrl+V】组合键来复制公式，不但能复制公式，而且会将源单元格中的格式复制到目标单元格中。

STEP 2　选择粘贴选项

❶在 J5 单元格中单击鼠标右键；❷在弹出的快捷菜单的"粘贴选项"栏中选择【公式】命令。

3. 修改公式

　　编辑公式在对公式进行修改时用得比较频繁，但是方法很简单，输入公式后，如果发现输入错误或情况发生改变时，就需要修改公式。修改时，只需要选中要修改的部分，输入后确认所需内容即可，其修改方法与在单元格或编辑栏中修改数据相似。下面在"工资表"工作簿中修改公式，其具体操作步骤如下。

STEP 1　选择修改部分

选择 J5 单元格，在编辑栏中选择"200"数据。

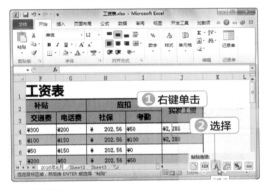

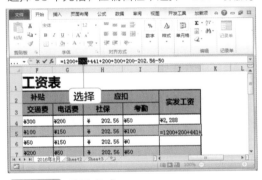

STEP 3　粘贴公式

将公式复制到 J5 单元格中，显示的是公式的计算结果，双击单元格即可看到公式（或者选择该单元格，在编辑栏中也可以看到公式）。

STEP 2　修改公式

根据第 5 行的数据，在编辑栏中修改其他数据。

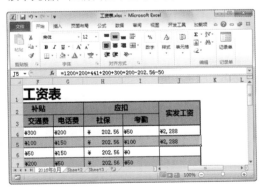

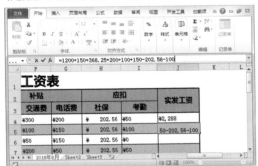

STEP 3 完成公式的修改

修改完成后，按【Enter】键，J5 单元格中将显示新公式的计算结果。

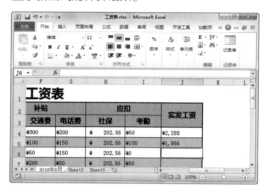

4. 显示公式

默认情况下，单元格将显示公式的计算结果，当要查看工作表中包含的公式时，需先单击某个单元格，再在编辑栏中查看，如果在工作表中要查看多个公式，可以通过设置只显示公式而不显示计算结果的方式查看。下面设置显示或隐藏"工资表"工作簿中的公式，其具体操作步骤如下。

STEP 1 显示公式

在【公式】/【公式审核】组中单击"显示公式"

按钮，显示单元格中的公式。

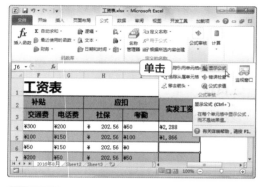

STEP 2 隐藏公式

在【公式审核】组中再次单击"显示公式"按钮，表格中所有显示公式的单元格中将显示结果。

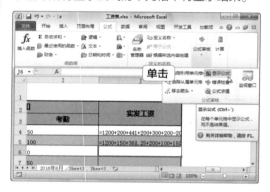

6.1.2 | 引用单元格

引用单元格的作用在于标识工作表中的单元格或单元格区域，并通过引用单元格来标识公式中所使用的数据地址，这样在创建公式时就可以直接通过引用单元格的方法来快速创建公式并实现计算，提高计算数据的效率。

微课：引用单元格

1. 在公式中引用单元格来计算数据

在 Excel 中利用公式来计算数据时，最常用的方法是直接引用单元格。下面在"工资表 .xlsx"工作簿中引用单元格，其具体操作步骤如下。

STEP 1 删除公式

在工作表中选择 J4:J5 单元格区域，按【Delete】键，删除其中的公式。

技巧秒杀

单击引用单元格

在输入公式过程中，单击选择单元格，可在公式中自动输入引用单元格的地址，通过该种方式引用单元格可以减少公式中引用错误的发生。

STEP 2 输入公式

在 J4 单元格中输入"=B4+C4+D4+E4+F4+G4-H4-I4"。

STEP 3 计算结果

按【Enter】键即可得出计算结果。

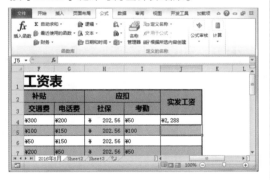

2. 相对引用单元格

在默认情况下复制与填充公式时，公式中的单元格地址会随着存放计算结果的单元格位置不同而不同，这就是使用的相对引用。将公

式复制到其他单元格时，单元格中公式的引用位置会做相应的变化，但引用的单元格与包含公式的单元格的相对位置不变。下面就在"工资表 .xlsx"工作簿中通过相对引用来复制公式，其具体操作步骤如下。

STEP 1 复制公式

❶在 J4 单元格中单击鼠标右键；❷在弹出的快捷菜单中选择【复制】命令。

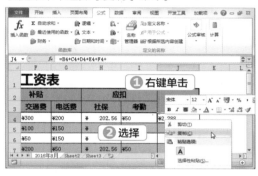

STEP 2 粘贴公式

❶在 J5 单元格中单击鼠标右键；❷在弹出的快捷菜单的"粘贴选项"栏中选择【公式】命令，将 J4 单元格中的公式复制到 J5 单元格中，由于这里是相对引用单元格，所以公式中引用的单元格是第 5 行中的单元格。

STEP 3 通过控制柄复制公式

将鼠标光标移动到 J5 单元格右下角的填充柄上，按住鼠标左键不放并拖动至 J21 单元格，释放鼠标即可通过填充方式复制公式到 J6:J21单元格区域中，计算出其他员工的实发工资。

STEP 4　设置填充选项

❶单击"自动填充选项"按钮；❷在打开的列表中单击选中"不带格式填充"单选项。

STEP 5　查看自动填充公式效果

在 J6:J21 单元格区域内，将自动填充公式，并计算出结果。

3. 绝对引用单元格

　　绝对引用是指引用单元格的绝对地址，被引用单元格与引用单元格之间的关系是绝对的。

将公式复制到其他单元格时，行和列的应用不会变。绝对引用的方法是在行号和列标前分别添加一个"$"符号，下面就在"工资表.xlsx"工作簿中通过绝对应用来计算数据，其具体操作步骤如下。

STEP 1　删除多余数据

❶选择 E4:E21 单元格区域，按【Delete】键；❷在【开始】/【对齐方式】组中单击"合并后居中"按钮。

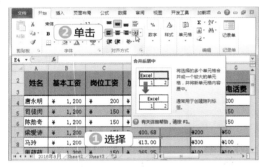

STEP 2　输入数据

在合并后的 E4 单元格中输入"200"，按【Enter】键。

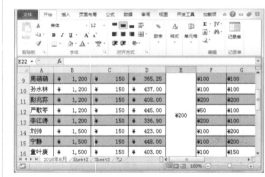

技巧秒杀

快速将相对引用转换为绝对引用

在公式的单元格地址前或后按【F4】键，即可快速将相对引用转换为绝对引用。

STEP 3　设置绝对引用

❶选择 J4 单元格；❷在编辑栏中选择"E4"

第2部分

文本，重新输入"$E$4"。

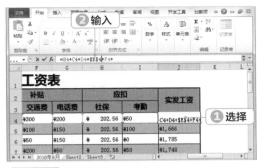

STEP 4　复制公式

❶按【Enter】键计算结果，将鼠标光标移动到 J4 单元格右下角的填充柄上，按住鼠标左键不放并拖动至 J21 单元格，释放鼠标即可通过填充方式快速复制公式到 J6:J21 单元格区域中；❷单击"自动填充选项"按钮；❸在打开的列表中单击选中"不带格式填充"单选项。

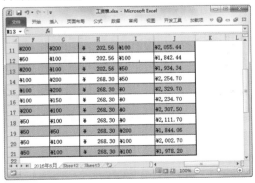

STEP 5　查看复制公式效果

在 J6:J21 单元格区域内，将自动填充公式，并计算出结果。

　操作解谜

混合引用

混合引用是指公式中既有绝对引用又有相对引用，如公式" = A 5 + $ B $ 2 *C1"就是混合引用。在混合引用中，绝对应用部分将会保持绝对引用的性质，而相对引用部分也会保持相对引用的性质。

4. 引用不同工作表中的单元格

有时需要调用不同工作表中的数据，这时就需要引用其他工作表中的单元格。下面在"工资表 .xlsx"工作簿中引用不同工作表中的单元格，其具体操作步骤如下。

STEP 1　选择单元格

❶选择 J4 单元格；❷在编辑栏中公式最后输入"+"符号。

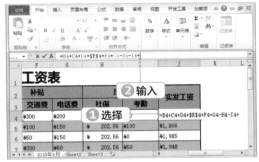

STEP 2　在不同的工作表中引用单元格

❶单击"Sheet2"工作表标签；❷在该工作表中选择 I3 单元格。

第 **6** 章　计算 Excel 数据

STEP 3 设置绝对引用

按【Enter】键返回"工资表.xlsx"工作表，将鼠标定位到编辑栏的"I3"文本处，按【F4】键，将该引用转换为绝对引用。

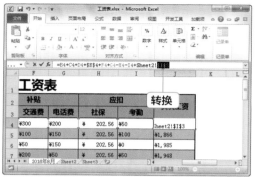

操作解谜

引用不同工作表中单元格的格式

在同一工作簿的另一张工作表中引用单元格数据，只需在单元格地址前加上工作表的名称和感叹号"！"，其格式为：工作表名称！单元格地址。

STEP 4 复制公式

❶按【Enter】计算结果，将鼠标光标移动到J4单元格右下角的填充柄上，按住鼠标左键不放并拖动至J21单元格，释放鼠标即可通过填充方式快速复制公式到J6:J21单元格区域中；❷单击"自动填充选项"按钮；❸在打开的列表中单击选中"不带格式填充"单选项。

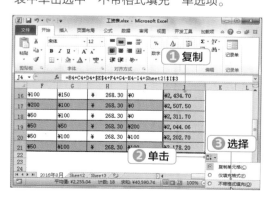

STEP 5 查看复制公式效果

在J6:J21单元格区域内，将自动填充公式，并计算出结果。

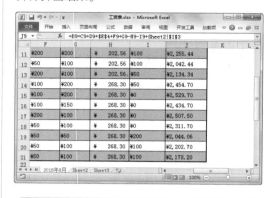

5. 引用定义了名称的单元格

默认情况下，单元格是以行号和列标定义单元格名称的，用户可以根据实际使用情况，对单元格名称重新命名，然后在公式或函数中使用，简化输入过程，并且让数据的计算更加直观。下面就在"固定奖金表.xlsx"工作簿中引用定义了名称的单元格，其具体操作步骤如下。

STEP 1 选择单元格区域

❶打开"固定奖金表.xlsx"工作簿，在"Sheet1"工作表中选择B3:B20单元格区域；❷在其上单击鼠标右键；❸在弹出的快捷菜单中选择【定义名称】命令。

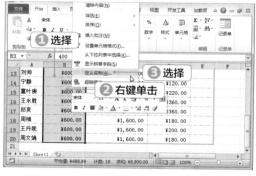

STEP 2 定义名称

❶打开"新建名称"对话框，在"名称"文本框中输入"固定奖金"；❷单击"确定"按钮。

作年限奖金 + 其他津贴"。

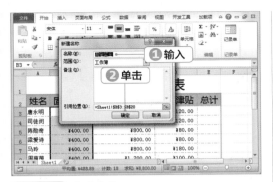

STEP 3　定义名称

❶选择 C3:C20 单元格区域，用同样的方法打开"新建名称"对话框，在"名称"文本框中输入"工作年限奖金"；❷单击"确定"按钮。

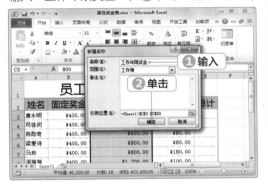

STEP 4　定义名称

❶选择 D3:D20 单元格区域，用同样的方法打开"新建名称"对话框，在"名称"文本框中输入"其他津贴"；❷单击"确定"按钮。

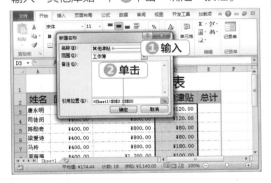

STEP 5　输入公式

❶选择 E3 单元格；❷输入"= 固定奖金 + 工

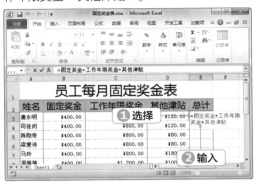

STEP 6　计算结果

按【Enter】键得出计算结果。

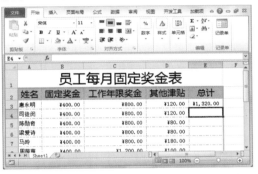

STEP 7　复制公式

❶将鼠标光标移动到 E3 单元格右下角的填充柄上，按住鼠标左键不放并拖动至 E20 单元格，释放鼠标即可通过填充方式快速复制公式到 E4:E20 单元格区域中；❷单击"自动填充选项"按钮；❸在打开的列表中单击选中"不带格式填充"单选项。

第2部分

STEP 8　查看填充公式效果

在 E4:E20 单元格区域内，将自动填充公式，并计算出结果。

技巧秒杀

取消单元格的自定义名称

要删除自定义的单元格名称，需在【公式】/【定义的名称】组中单击"名称管理器"按钮，打开"名称管理器"对话框，在列表框中选择名称选项，然后单击"删除"按钮可删除选择的单元格名称。

6. 利用数组公式引用单元格区域

　　数组公式是 Excel 中提供的数据批量计算公式，用于快速对分布与计算规律相同的数据进行计算。利用数组公式来引用单元格区域并计算数据的方法比引用定义了名称的单元格并计算数据的方法更加简单。下面就在"固定奖金表 .xlsx"工作簿中利用数组公式来引用单元格区域，其具体操作步骤如下。

STEP 1　选择单元格区域

在"固定奖金表"工作簿中选择 E3:E20 单元格区域。

STEP 2　输入数组公式

❶按【Delete】键；❷将鼠标光标定位到编辑栏中，输入"=B3:B20+C3:C20+D3:D20"。

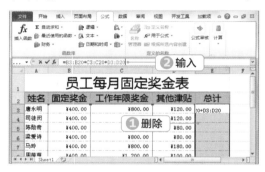

STEP 3　查看填充数组公式效果

按【Ctrl+Shift+Enter】组合键，即可在 E3:E20 单元格区域内自动填充数组公式，并计算出结果。

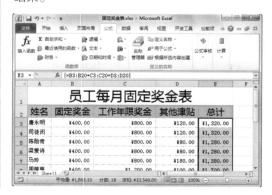

操作解谜

定义单元格名称和引用数组的注意事项

进行这两种操作时，要准确选择单元格区域，特别是计算数据区域，不能包含文本内容，否则将无法得出正确的结果。

7. 引用不同工作簿中的单元格

Excel 可以引用不同工作表中的单元格，当然也能引用不同工作簿中的单元格。下面就在"工资表 .xlsx"工作簿中引用"固定奖金表 .xlsx"工作簿中的单元格，其具体操作步骤如下。

STEP 1 选择单元格

❶在"工资表"工作簿中选择 J4 单元格；❷将鼠标光标定位到编辑栏中，在公式最后输入"+"。

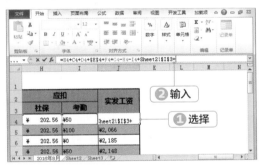

STEP 2 引用不同工作簿中的单元格

打开"固定奖金表 .xlsx"工作簿，在"Sheet1"工作表中选择 E3 单元格，在编辑栏中即可看到公式中引用了该工作簿的单元格。

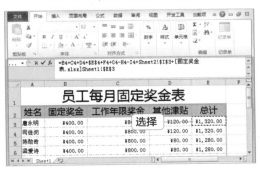

STEP 3 转换为相对引用

在编辑栏中，删除"$"符号，将绝对引用"$E$3"转换为相对引用"E3"。

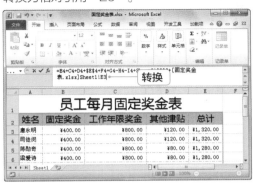

STEP 4 计算结果

按【Enter】键即可返回"工资表"，在 J4 单元格中得出结果。

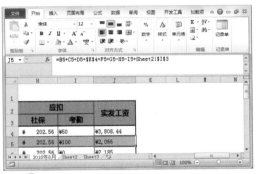

操作解谜

引用不同工作簿中单元格的格式

若打开了引用数据的工作簿，则引用格式为：=[工作簿名称]工作表名称！单元格地址。若关闭了引用数据的工作簿，则引用格式为：'工作簿存储地址[工作簿名称]工作表名称'！单元格地址。

STEP 5 复制公式

❶将鼠标光标移动到 J4 单元格右下角的填充柄上，按住鼠标左键不放并拖动至 J21 单元格，释放鼠标即可通过填充方式快速复制公式到 J5:J21 单元格区域中；❷单击"自动填充选项"

按钮；❸在打开的列表中单击选中"不带格式填充"单选项。

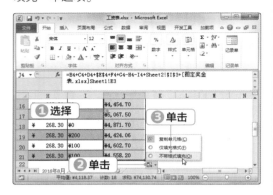

在 J5:J21 单元格区域内，将自动填充公式，并计算出结果。

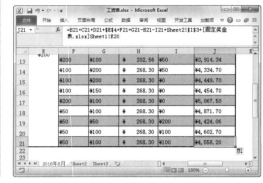

6.1.3　调试公式

公式作为 Excel 数据处理的核心，在使用过程中出错的概率也非常大，那么如何才能有效避免输入的公式报错呢？这就需要对公式进行调试，使公式能够按照预想的方式计算出数据的结果。相关的操作包括检查公式、审核公式和实时监视公式等。

微课：调试公式

1. 检查公式

在 Excel 中，要查询公式错误的原因可以使用"错误检查"功能，该功能可以根据设定的规则对输入的公式自动进行检查。下面在"工资表 .xlsx"工作簿中设置"错误检查"功能并检查公式，其具体操作步骤如下。

STEP 1　打开"Excel 选项"对话框
打开"工资表 .xlsx"工作簿，单击"文件"按钮，在打开的列表中选择"选项"选项。

STEP 2　设置"错误检查"功能
❶打开"Excel 选项"对话框，在左侧的列表框中选择"公式"选项；❷在右侧列表框的"错误检查规则"栏中单击选中相应的复选框，设置"错误检查"功能，通常保持默认设置，单击"确定"按钮。

STEP 3　检查错误
❶选择 J4 单元格；❷在【公式】/【公式审核】组中单击"错误检查"按钮。

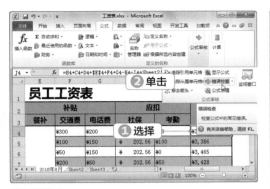

STEP 4 查看公式错误检查效果

打开提示框，提示完成了整个工作表的错误检查，表示没有检查到公式错误，单击"确定"按钮。

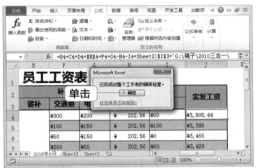

 操作解谜

检查到公式错误怎么办？

一旦在选择的单元格中检测到公式错误，将打开"错误检查"对话框，并显示公式错误的位置以及错误的原因，单击"在编辑栏中编辑"按钮，返回Excel工作界面，在编辑栏中重新输入正确的公式，然后单击"错误检查"对话框中的"下一个"按钮，系统会自动检查表格中的下一个错误。如果表格中没有公式错误，将会打开提示对话框，提示已经完成对整个工作表的错误检查。

2. 审核公式

在公式中引用单元格进行计算时，为了降低使用公式时发生错误的概率，可以利用 Excel 提供的公式审核功能对公式的正确性进行审核。对公式的审核包括两个方面，一是检查公式所引用的单元格是否正确，二是检查指定单元格被哪些公式所引用。下面就在"工资表 .xlsx"工作簿中审核公式，其具体操作步骤如下。

STEP 1 追踪引用单元格

❶打开"工资表 .xlsx"工作簿，选择 J4 单元格；❷在【公式】/【公式审核】组中单击"追踪引用单元格"按钮。

STEP 2 查看追踪效果

此时 Excel 便会自动追踪 J4 单元格中所显示值的数据来源，并用蓝色箭头将相关单元格标注出来（如果引用了其他工作表或工作簿的数据，将在目标单元格左上角显示一个表格图标）。

STEP 3 追踪从属单元格

❶选择 E4 单元格；❷在【公式审核】组中单

击"追踪从属单元格"按钮。

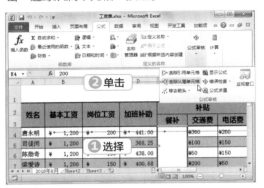

STEP 4　查看追踪结果

此时单元格中将显示蓝色箭头，箭头所指向的
单元格即为引用了该单元格的公式所在单元格。

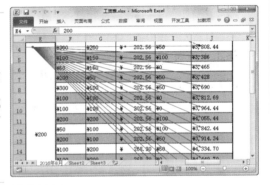

STEP 5　完成审核

审核完所有的公式后，在【公式审核】组中单
击"移去箭头"按钮，删除显示的审核箭头，
完成整个公式审核操作。

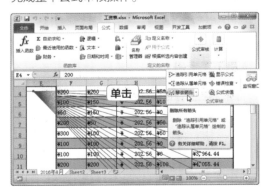

3. 实时监控公式

在 Excel 中，还可以使用"监视窗口"功
能对公式进行监视，锁定某个单元格中的公式，
显示出被监视单元格的实际情况。下面在"工
资表 .xlsx"工作簿中设置实时监控公式，其具
体操作步骤如下。

STEP 1　打开监视窗口

打开"工资表 .xlsx"工作簿，在【公式】/【公
式审核】组中单击"监视窗口"按钮。

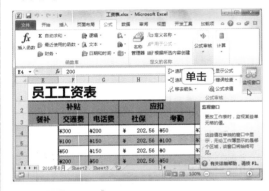

STEP 2　移动监视窗口

打开"监视窗口"任务窗格，将鼠标光标移动
到其标题栏中，按住鼠标左键不放，将其拖动
到 Excel 工作界面中，其自动排列到 Excel 功
能区的下方，单击"添加监视"按钮。

STEP 3　设置监视的单元格

❶打开"添加监视点"对话框，在"选择您想
监视其值的单元格"文本框中输入需要监视的
单元格地址；❷单击"添加"按钮。

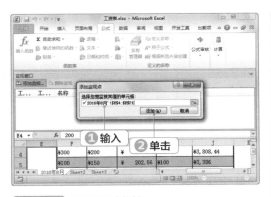

STEP 4 进行实时监控

即便该单元格不在当前窗口，也可以在窗格中

查看单元格的公式信息，这样可避免反复切换
工作簿或工作表的烦琐操作。

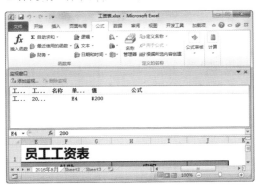

6.2 编辑 "新晋员工资料" 工作簿

云帆集团人力资源部需要对新晋员工各方面的技能进行评测，并统计这些员工本月的工资情况，主要通过编辑 "新晋员工资料" 工作簿进行，涉及的操作主要是 Excel 函数的使用。Excel 函数是一些预先定义好的公式，常被称作 "特殊公式"，可进行复杂的运算，快速地计算出数据结果。每个函数都有特定的功能与用途，对应唯一的名称且不区分大写小。

6.2.1 函数的基本操作

在 Excel 中使用函数计算数据时，需要掌握的函数基本操作主要有输入函数、自动求和、编辑函数、嵌套函数，以及定义与使用名称等，大部分操作与使用公式的操作基本相似。下面就介绍函数基本操作的相关知识。

微课：函数的基本操作

1. 输入函数

与输入公式一样，在工作表中使用函数也可以在单元格或编辑栏中直接输入；除此之外，还可以通过插入函数的方法来输入并设置函数参数。对于初学者，最好采用插入函数的方式输入，这样比较容易设置函数的参数。下面在 "新晋员工资料 .xlsx" 工作簿的 "工资表" 工作表中输入函数，其具体操作步骤如下。

STEP 1 选择单元格

❶打开 "新晋员工资料 .xlsx" 工作簿，单击 "工资表" 工作表；❷选择 E4 单元格；❸在编辑栏中单击 "插入函数" 按钮。

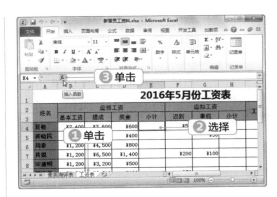

STEP 2 选择函数

❶打开 "插入函数" 对话框，在 "选择函数" 列表框中选择 "SUM" 选项；❷单击 "确定" 按钮。

STEP 3 打开"函数参数"对话框

打开"函数参数"对话框，在"Number1"文本框中单击右侧的区域选择按钮。

STEP 6 查看计算结果

返回 Excel 工作界面，即可在 E4 单元格中看到输入函数后的计算结果。

STEP 4 设置函数参数

❶"函数参数"对话框将自动折叠，在"工资表"工作表中选择 B4:D4 单元格区域；❷在折叠的"函数参数"对话框中单击右侧的区域选择按钮。

2. 复制函数

复制函数的操作与复制公式相似。下面在"工资表"工作表中复制函数，其具体操作步骤如下。

STEP 1 选择单元格

将鼠标光标移动到 E4 单元格右下角，变成黑色十字形状，将其向下拖动。

STEP 5 完成函数参数设置

展开"函数参数"对话框，单击"确定"按钮。

STEP 2 复制函数

❶拖动到 E15 单元格释放鼠标，即可通过填充方式快速复制函数到 E5:E15 单元格区域中；❷单击"自动填充选项"按钮；❸在打开的列表中单击选中"不带格式填充"单选项。

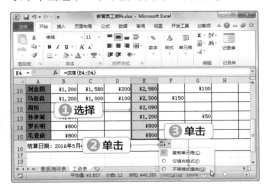

STEP 3 查看填充函数效果

在 E5:E15 单元格区域内，将自动填充函数，并计算出结果。

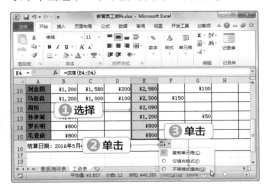

3. 自动求和

　　自动求和是应用函数的功能，其操作方便，但只能对同一行或同一列中的数字进行求和，不能跨行、跨列或行列交错求和。下面在"工资表"工作表中自动求和，其具体操作步骤如下。

STEP 1 自动求和

❶在"工资表"工作表中选择 H4 单元格；❷在【公式】/【函数库】组中单击"自动求和"按钮右侧的下拉按钮；❸在打开的列表中选择"求

和"选项。

STEP 2 设置求和参数

Excel 将自动插入函数并设置函数参数，按【Enter】键。

STEP 3 复制函数

❶在 H4 单元格中计算结果，将函数复制到 H5:H15 单元格区域；❷单击"自动填充选项"按钮；❸在打开的列表中单击选中"不带格式填充"单选项。

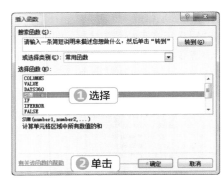

STEP 4 查看填充函数效果

在 H5:H15 单元格区域内，将自动填充函数，并计算出结果。

4. 嵌套函数

嵌套函数是函数使用时最常见的一种操作，它是指某个函数或公式以函数参数的形式参与计算的情况。在使用嵌套函数时应该注意返回值类型需要符合外部函数的参数类型。下面在"工资表"工作表中通过嵌套函数计算数据，其具体操作步骤如下。

STEP 1 选择单元格

❶在"工资表"工作表中选择 I4 单元格；❷在编辑栏中单击"插入函数"按钮。

STEP 2 选择函数

❶打开"插入函数"对话框，在"选择函数"列表框中选择"SUM"选项；❷单击"确定"按钮。

STEP 3 嵌套函数

❶打开"函数参数"对话框，在"Number1"文本框中输入"SUM(B4:D4)–SUM(F4:G4)"；❷单击"确定"按钮。

STEP 4 计算结果

在 I4 单元格中即可看到计算的结果。

技巧秒杀

尽量少用嵌套函数

嵌套函数会增加函数复杂程度，在本例中，I列的函数设置为SUM（E-H），会得到同样的结果，但函数却很简单。

第2部分

STEP 5 复制函数

❶将函数复制到 I5:I15 单元格区域；❷单击"自动填充选项"按钮；❸在打开的列表中单击选中"不带格式填充"单选项。

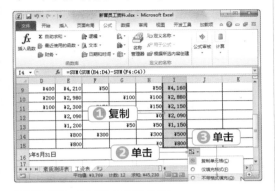

STEP 6 查看填充函数效果

在 I5:I15 单元格区域内，将自动填充函数，并计算出结果。

5. 定义与使用名称

定义与使用名称的操作与在公式中引用定义了名称的单元格相似，定义名称可以简化函数参数，提高函数的使用效率。下面就在"新晋员工资料 .xlsx"工作簿的"素质测评表"工作表中定义与使用名称，其具体操作步骤如下。

STEP 1 选择单元格区域

❶在"新晋员工资料 .xlsx"工作簿中单击"素质测评表"工作表标签切换到该工作表；❷选择 C4:C15 单元格区域；❸在【公式】/【定义的名称】组中单击"定义名称"按钮。

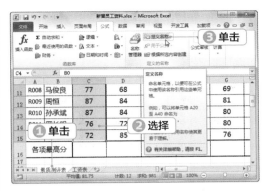

STEP 2 定义名称

❶打开"新建名称"对话框，在"名称"文本框中输入"企业文化"；❷单击"确定"按钮。

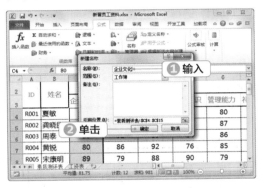

STEP 3 定义其他单元格名称

用同样的方法将 D4:D15、E4:E15、F4:F15、G4:G15、H4:H15 单元格区域分别定义为"规章制度""电脑应用""办公知识""管理能力""礼仪素质"。在【定义的名称】组中单击"名称管理器"按钮。

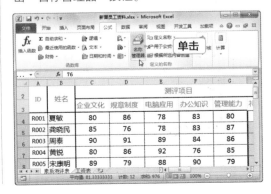

STEP 4 查看定义的名称

打开"名称管理器"对话框，在其中即可看到定义名称的相关内容，单击"关闭"按钮。

STEP 5 选择单元格

❶选择 I4 单元格；❷在编辑栏中单击"插入函数"按钮。

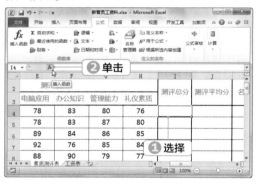

STEP 6 选择函数

❶打开"插入函数"对话框，在"选择函数"列表框中选择"SUM"选项；❷单击"确定"按钮。

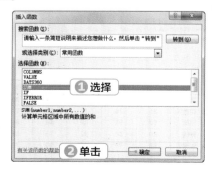

STEP 7 设置函数参数

❶打开"函数参数"对话框，在"Number1"文本框中输入"企业文化＋规章制度＋电脑应用＋办公知识＋管理能力＋礼仪素质"；❷单击"确定"按钮。

STEP 8 查看计算结果

在选择的单元格中显示出计算的结果。

操作解谜

定义名称的注意事项

名称中第一个字符必须是字母、文字或小数点；定义的名称最多可以包含255个字符，但不允许有空格；名称不能使用类似单元格引用地址的格式以及Excel中的一些固定词汇，如C\$10、H3:C8、函数名和宏名等。

STEP 9 复制函数

❶将鼠标光标移动到 I4 单元格右下角的填充柄上，按住鼠标左键不放并拖动至 I15 单元格，释放鼠标即可通过填充方式快速复制公式到 I5:I15 单元格区域中；❷单击"自动填充选项"按钮；❸在打开的列表中单击选中"不带格式

填充"单选项。

计算出结果。

STEP 10 查看填充函数效果

在 I5:I15 单元格区域内，将自动填充函数，并

6.2.2 常用函数

Excel 中提供了多种函数类别，如财务函数、逻辑函数、文本函数、日期和时间函数、查找与引用函数、数字和三角函数等，但在日常办公中比较常用的包括求和函数 SUM、平均值函数 AVERAGE、最大 / 小值函数 MAX/MIN、排名函数 RANK 以及条件函数 IF 等。

微课：常用函数

1. 平均值函数 AVERAGE

平均值函数用于计算参与的所有参数的平均值，相当于使用公式将若干个单元格数据相加后再除以单元格个数。下面在"新晋员工资料 .xlsx"工作簿的"素质测评表"中利用平均值函数计算数据，其具体操作步骤如下。

操作解谜

平均值函数的语法结构及其参数

AVERAGE(number1,[number2],...)，number1,number2···为 1～255 个需要计算平均值的数值参数。

STEP 1 选择单元格

❶在"素质测评表"工作表中选择 J4 单元格；❷在【公式】/【函数库】组中单击"插入函数"按钮。

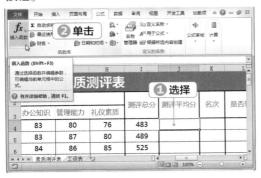

STEP 2 选择函数

❶打开"插入函数"对话框，在"选择函数"列表框中选择"AVERAGE"选项；❷单击"确定"按钮。

STEP 3　打开"函数参数"对话框

打开"函数参数"对话框，在"Number1"文本框中单击右侧的区域选择按钮。

STEP 4　设置函数参数

❶"函数参数"对话框将自动折叠，在"素质测评表"工作表中选择 C4:H4 单元格区域；❷在折叠的"函数参数"对话框中单击右侧的区域选择按钮。

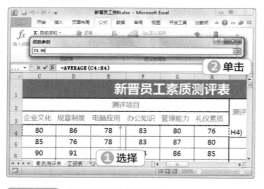

STEP 5　完成函数参数设置

展开"函数参数"对话框，单击"确定"按钮。

STEP 6　查看求平均值效果

返回 Excel 工作界面，即可在 J4 单元格中看到利用平均值函数得出的计算结果。

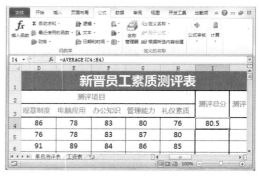

STEP 7　复制函数

❶将函数复制到 J5:J15 单元格区域；❷单击"自动填充选项"按钮；❸在打开的列表中单击选中"不带格式填充"单选项。

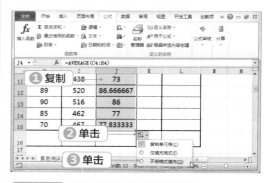

STEP 8　查看填充平均值函数效果

在 J5:J15 单元格区域内，将自动填充平均值函数，并计算出结果。

2. 最大函数 MAX 和最小函数 MIN

最大值函数用于返回一组数据中的最大值，

最小值函数用于返回一组数据中的最小值。下面在"素质测评表"工作表中使用最大值函数，其具体操作步骤如下。

STEP 1　选择单元格

❶在"素质测评表"工作表中选择 C16 单元格；❷在【公式】/【函数库】组中单击"插入函数"按钮。

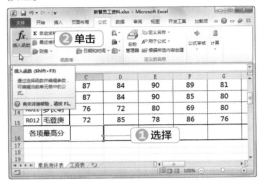

STEP 2　选择函数

❶打开"插入函数"对话框，在"选择函数"列表框中选择"MAX"选项；❷单击"确定"按钮。

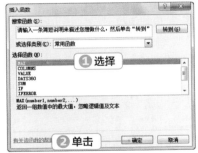

操作解谜

最大 / 小值函数的语法结构及其参数

　　MAX/MIN(number1,[number2],…)，number1,number2…为1～255个需要计算最大值/最小值的数值参数。

STEP 3　设置函数参数

❶打开"函数参数"对话框，在"Number1"文本框中输入"企业文化"；❷单击"确定"按钮。

STEP 4　查看求最大值效果

返回 Excel 工作界面，即可在 C16 单元格中看到利用最大值函数得出的结果。用同样的方法在 D16:H16 单元格区域分别得出"规章制度""电脑应用""办公知识""管理能力""礼仪素质"的最大值。

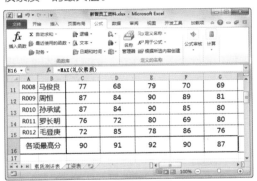

操作解谜

本例不能使用复制函数的操作

　　本例中如果复制C16单元格中的函数到D16:H16单元格区域，结果都一样，因为这里参数是定义了名称的单元格，复制的函数将保持C16单元格的参数。如果在C16单元格中输入的函数为"MAX（C4:C15）"，则可以使用复制函数的方式为D16:H16单元格区域计算结果。

3. 排名函数 RANK.EQ

　　排名函数用于分析与比较一列数据，并根据数据大小返回数值的排列名次，在商务办公的数据统计中经常使用。下面在"素质测评表"工作表中使用排名函数，其具体操作步骤如下。

第 **6** 章　计算 Excel 数据

STEP 1 选择单元格

❶在"素质测评表"工作表中选择 K4 单元格；❷在【公式】/【函数库】组中单击"插入函数"按钮。

STEP 2 选择函数

❶打开"插入函数"对话框，在"或选择类别"下拉列表框中选择"统计"选项；❷在"选择函数"列表框中选择"RANK.EQ"选项；❸单击"确定"按钮。

操作解谜

排名函数的语法结构及其参数

RANK.AVG(number,ref,order)：number 指需要找到排位的数字。ref指数字列表数组或对数字列表的引用。order指排位的方式，为0（零）或省略，对数字的排位是基于参数ref按照降序排列的列表；不为零，对数字的排位是基于ref按照升序排列的列表。

STEP 3 设置函数参数

❶打开"函数参数"对话框，在"Number"

文本框中输入"I4"；❷在"Ref"文本框中输入"$I$4:$I$15"；❸单击"确定"按钮。

STEP 4 查看排名效果

返回 Excel 工作界面，即可在 K4 单元格中看到利用排名函数得出的排名结果。

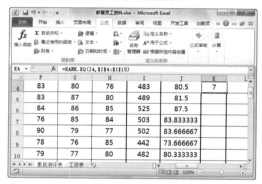

STEP 5 复制函数

❶将函数复制到 K5:K15 单元格区域；❷单击"自动填充选项"按钮；❸在打开的列表中单击选中"不带格式填充"单选项。

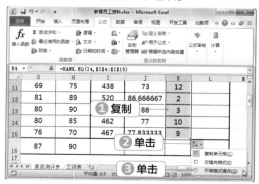

STEP 6 查看填充排名函数效果

在K5:K15单元格区域内将自动填充排名函数，并得出各单元格的排名结果。

新晋员工素质测评表

测评项目				测评总分	测评平均分	名次	是否转正
应用	办公知识	管理能力	礼仪素质				
78	83	80	76	483	80.5	7	
78	83	87	80	489	81.5	6	
89	84	86	85	525	87.5	1	
92	76	85	84	503	83.833333	4	
88	90	79	77	502	83.666667	5	
50	78	76	85	442	73.666667	11	
82	79	77	80	482	80.333333	8	
79	70	69	75	438	73	12	
90	89	81	89	520	86.666667	2	
90	85	80	90	516	86	3	
80	69	80	85	462	77	10	
78	86	76	70	467	77.833333	9	
92	90	87	90				

4. 条件函数 IF

条件函数 IF 用于判断数据表中的某个数据是否满足指定条件，如果满足则返回特定值，不满足则返回其他值。下面在"素质测评表"工作表中，以测评总分 480 分作为标准，通过逻辑函数 IF 来判断各个员工是否符合转正规定，480（包括 480）分以上的"转正"，480 分以下的"辞退"，其具体操作步骤如下。

STEP 1 选择单元格

❶在"素质测评表"工作表中选择 L4 单元格；❷在【公式】/【函数库】组中单击"插入函数"按钮。

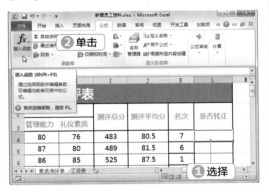

STEP 2 选择函数

❶打开"插入函数"对话框，在"或选择类别"下拉列表框中选择"常用函数"选项；❷在"选择函数"列表框中选择"IF"选项；❸单击"确定"按钮。

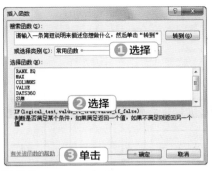

STEP 3 设置函数参数

❶打开"函数参数"对话框，在"Logical_test"文本框中输入"I4>=480"；❷在"Value_if_true"文本框中输入"转正"；❸在"Value_if_false"文本框中输入"辞退"；❹单击"确定"按钮。

操作解谜

条件函数的语法结构及其参数

IF(logical_test,[value_if_true],[value_if_false])，其中 logical_test 表示计算结果为 true 或 false 的任意值或表达式；value_if_true 表示 logical_test 为 true 时要返回的值，可以是任意数据；value_if_false 表示 logical_test 为 false 时要返回的值，也可以是任意数据。在本例中，"I4>=480"是判断的条件，"转正"表示如果 I4 单元格中的数据大于等于 480，在 L4 单元格中将显示"转正"，"辞退"表示如果 I4 单元格中的数据不大于等于 480，在 L4 单元格中将显示"辞退"。

STEP 4 查看判断结果

返回 Excel 工作界面，即可在 L4 单元格中看到利用条件函数得出的结果。

STEP 5　复制函数

❶将函数复制到 L5:L15 单元格区域；❷单击"自动填充选项"按钮；❸在打开的列表中单击选中"不带格式填充"单选项。

STEP 6　查看填充条件函数效果

在L5:L15单元格区域内,将自动填充条件函数,并得出的结果。

新晋员工素质测评表

测评项目				测评总分	测评平均分	名次	是否转正
应用	办公知识	管理能力	礼仪素质				
78	83	80	76	483	80.5	7	转正
78	83	87	80	489	81.5	6	转正
89	84	86	85	525	87.5	1	转正
92	76	85	84	503	83.833333	4	转正
88	90	79	77	502	83.666667	5	转正
60	78	76	85	442	73.666667	11	辞退
82	79	77	80	482	80.333333	8	转正
79	70	69	75	438	73	12	辞退
90	89	81	89	520	86.666667	2	转正
90	85	80	80	516	86	3	转正
80	69	80	85	462	77	10	辞退
78	86	76	70	467	77.833333	9	辞退
92	96	87	90				

5. 求和函数 SUM

　　求和函数用于计算两个或两个以上单元格的数值之和，是 Excel 数据表中使用最频繁的函数。下面在"工资表"工作表中使用求和函数，其具体操作步骤如下。

STEP 1　选择单元格

❶在"工资表"工作表中选择 J4 单元格；❷在【公式】/【函数库】组中单击"插入函数"按钮。

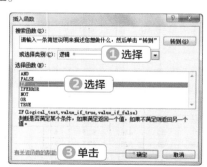

STEP 2　选择函数

❶打开"插入函数"对话框，在"或选择类别"下拉列表框中选择"逻辑"选项；❷在"选择函数"列表框中选择"IF"选项；❸单击"确定"按钮。

STEP 3　设置函数参数

❶打开"函数参数"对话框，在"Logical_test"文本框中输入"I4-3500<0"；❷在"Value_if_true"文本框中输入"0"；❸在"Value_if_false"文本框中输入"IF(I4-

3500<1500,0.03*(I4-3500)-0,IF(I4-3500<4500,0.1*(I4-3500)-105,IF(I4-3500<9000,0.2*(I4-3500)-555,IF(I4-3500<35000,0.25*(I4-3500)-1005)))）"；

❹单击"确定"按钮。

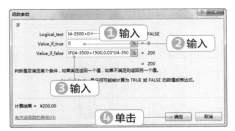

操作解谜

个人所得税税率

　　本例的个人所得税税率计算依据如下：2011年6月30日，十一届全国人大常委会第二十一次会议表决通过了个税法修正案将个税起征点由现行的2000元提高到3500元，适用超额累进税率为3%至45%，自2011年9月1日起实施。就个人所得税而言，免征额一般是3500元，超过3500元的则根据超出额的多少按下面的现行工资、薪金所得适用的个税税率进行计算。具体内容如表6-1所示。

表 6-1　个人所得税税率表

级数	全月应纳税所得额	税率/%	速算扣除数/元
1	不超过 1,500 元	3	0
2	超过 1,500 元至 4,500 元的部分	10	105
3	超过 4,500 元至 9,000 元的部分	20	555
4	超过 9,000 元至 35,000 元的部分	25	1,005
5	超过 35,000 元至 55,000 元的部分	30	2,755
6	超过 55,000 元至 80,000 元的部分	35	5,505
7	超过 80,000 元的部分	40	13,505

STEP 4　查看计算结果

返回 Excel 工作界面，即可在 J4 单元格中看到利用 IF 函数得出的个人所得税金额。

STEP 5　复制函数

❶将函数复制到 J5:J15 单元格区域；❷单击"自动填充选项"按钮；❸在打开的列表中单击选中"不带格式填充"单选项。

STEP 6　选择单元格

❶在 J5:J15 单元格区域即可看到计算好的个人所得税金额，选择 K4 单元格；❷在【函数库】组中单击"插入函数"按钮。

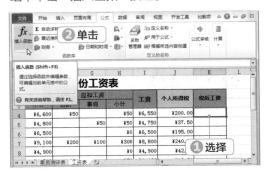

STEP 7 选择函数

❶打开"插入函数"对话框，在"或选择类别"下拉列表框中选择"常用函数"选项；❷在"选择函数"列表框中选择"SUM"选项；❸单击"确定"按钮。

STEP 8 设置函数参数

❶打开"函数参数"对话框，在"Number1"文本框中输入"I4-J4"；❷单击"确定"按钮。

STEP 9 查看求和结果

返回 Excel 工作界面，即可在 K4 单元格中看到利用求和函数得出的结果。

STEP 10 复制函数

❶将函数复制到 K5:K15 单元格区域；❷单击"自动填充选项"按钮；❸在打开的列表中单击选中"不带格式填充"单选项。

STEP 11 查看填充求和函数效果

在 K5:K15 单元格区域内，将自动填充求和函数。

2016年5月份工资表

工资		应扣工资			工资	个人所得税	税后工资
奖金	小计	迟到	事假	小计			
¥600	¥6,600	¥50		¥50	¥6,550	¥200.00	¥6,350.00
¥400	¥4,800		¥50	¥50	¥4,750	¥37.50	¥4,712.50
¥800	¥6,500			¥0	¥6,500	¥195.00	¥6,305.00
¥1,400	¥9,100	¥200	¥100	¥300	¥8,800	¥240.00	¥8,560.00
¥500	¥4,900			¥0	¥4,900	¥42.00	¥4,858.00
¥400	¥4,210	¥50		¥50	¥4,160	¥19.80	¥4,140.20
¥200	¥2,980		¥100	¥100	¥2,880	¥0.00	¥2,880.00
¥100	¥2,300	¥150		¥150	¥2,150	¥0.00	¥2,150.00
	¥2,090			¥0	¥2,090	¥0.00	¥2,090.00
	¥1,200		¥50	¥50	¥1,150	¥0.00	¥1,150.00
	¥800	¥300		¥300	¥500	¥0.00	¥500.00
	¥800			¥0	¥800	¥0.00	¥800.00

 操作解谜

求和函数的语法结构及其参数

SUM(number1,[number2],...)，number1,number2...为1～255个需要求和的数值参数。"=SUM(A1:A3)"表示计算A1:A3单元格区域中所有数字的和；"=SUM(B3,D3,F3)"表示计算B3、D3、F3单元格中的数字之和；"=SUM(2,3)"表示计算"2+3"的和；"=SUM(A4-I5)"表示计算A4当中的数值减去I5单元格中的数值的结果。

新手加油站 ——计算 Excel 数据技巧

1. 计算员工的工龄

当得知员工的入职日期后，使用 YEAR 和 TODAY 函数可以计算出员工的工龄。其方法为：选择 F2 单元格，在编辑栏中输入公式"=YEAR(TODAY())-YEAR(D2)"，按【Enter】键返回日期值，向下复制 F2 单元格中的公式，选择"工龄"列函数返回的日期值，选择【开始】/【样式】组，单击"单元格样式"按钮，在打开的下拉列表中选择"常规"选项，即可根据入职日期返回员工工龄。

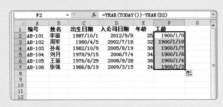 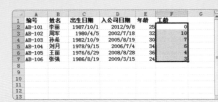

2. 对单元格中的数值进行四舍五入

表格中的数据常包含多位小数，这样不仅不便于数据的浏览，还会影响表格的美观。下面讲解对单元格中的数据进行四舍五入的方法。其方法为选择需要进行四舍五入的单元格，在【公式】/【函数库】组中单击"插入函数"按钮 f_x，打开"插入函数"对话框，在"或选择类别"下拉列表框中选择"数学与三角函数"选项，在"选择函数"列表框中选择"ROUND"选项（该函数有 number 和 num-digits 两个参数，number 是要进行四舍五入的数值或用公式计算的结果，num-digits 是希望得到的数值的小数位数）。单击"确定"按钮，在打开的"函数参数"对话框中进行相关设置，单击"确定"按钮，即可对所选单元格中的数据进行四舍五入。

3. 认识使用公式的常见错误值

在单元格中输入错误的公式不仅会导致出现错误值，而且还会产生某些意外结果，如在需要输入数字的公式中输入文本、删除公式引用的单元格或者使用了宽度不足以显示结果的单元格等。进行这些操作时单元格将显示一个错误值，如 ####、#VALUE! 等。下面介绍产生这些错误值的原因及其解决方法。

● 出现错误值 ####：如果单元格中所含的数字、日期或时间超过单元格宽度或者单元格的日期时间产生了一个负值，就会出现 #### 错误。解决的方法是增加单元格列宽、应用不同的数字格式、保证日期与时间公式的正确性。

● 出现错误值 #VALUE!：当使用的参数或操作数类型错误，或者当公式自动更正功能不能更正公式，如公式需要数字或逻辑值（如 true 或 false）时，却输入了文本，将产生 #VALUE! 错误。解决方法是确认公式或函数所需的运算符或参数是否正确，公式引用的单元格中是否包含有效的数值。如 A1 单元格包含一个数字，B1 单元格包含文本"单位"，则公式 =A1+B1 将产生 #VALUE! 错误。

- 出现错误值 #N/A：当在公式中没有可用数值时，将产生错误值 #N/A。如果工作表中某些单元格暂没有数值，可以在单元格中输入 #N/A，公式在引用这些单元格时，将不进行数值计算，而是返回 #N/A。

- 出现错误值 #REF!：当单元格引用无效时将产生错误值 #REF!，产生的原因是删除了其他公式所引用的单元格，或将已移动的单元格粘贴到其他公式所引用的单元格中，解决的方法是更改公式；在删除或粘贴单元格之后恢复工作表中的单元格。

- 出现错误值 #NUM!：通常公式或函数中使用无效数字值时，出现这种错误。产生的原因是在需要数字参数的函数中使用了无法接受的参数，解决的方法是确保函数中使用的参数是数字。例如，即使需要输入的值是 $2,000，也应在公式中输入 2000。

4. 返回指定内容

返回指定内容的函数是 INDEX，主要包括数组形式和引用形式两种形式。

（1）数组形式

INDEX 函数的数组形式用于返回列表或数组中的指定值，语法结构为：INDEX(array,row_num,column_num)。INDEX 函数的数组形式包含 3 个参数，其中，array 表示单元格区域或数组常量；row_num 表示数组中的行序号；column_num 表示数组中的列序号。下图所示为 INDEX 函数的数组形式的应用效果。

	A	B	C
1	苹果	菠萝	1
2	香蕉	桃子	2
3			
4	函数	结果	含义
5	=INDEX(A1:A2,2)	香蕉	因为只有一列，返回第2行的值
6	=INDEX(A1:B2,2,2)	桃子	返回第2行第2列的值
7	=INDEX(A1:B2,3,1)	#REF!	因为只有两行，返回错误值
8	=INDEX({2,8,3;2,5,6},2,2)	5	返回第2行第2列的值
9	=INDEX({2,8,3;2,5,6},0,2)	{8,5}	返回数组中第2列的值

以数组形式输入 INDEX 函数时，如果数组有多行，将 "column_num" 参数设置为 "0"，则返回的是数组中的整行；如果数组有多列，并将 "row_num" 参数设为 "0"，则返回的是数组中的整列；如果数组有多行和多列，将 "row_num" 和 "column_num" 参数均设置为 "0"，则返回的是整个数组的对应数值。

（2）引用形式

INDEX 函数的引用形式也用于返回列表和数组中的指定值，但通常返回的是引用，其语法结构为：INDEX(reference,row_num,column_num,area_num)。INDEX 函数的引用形式中包含了 4 个参数，reference 表示对一个或多个单元格区域的引用；row_num 表示引用中的行序号；column_rum 表示引用中的列序号；area_num 表示当 "reference" 有多个引用区域时，用于指定从其中某个引用区域返回指定值。该参数如果省略，则默认为第 1 个引用区域。

在该函数中，如果 "reference" 参数需要将几个引用指定为一个参数时，必须用括号括起来，第一个区域序号为 1，第二个为 2，以此类推。如函数 "=INDEX((A1:C6,A5:C11),1,2,2)" 中，参数 "reference" 由两个区域组成，就等于 "(A1:C6, A5:C11)"，而参数 "area_num" 的值为 2，指第二个区域（A5:C11），然后求该区域第一行第二列的值，最终返回的将是 B5 单元格的值。下图所示为 INDEX 函数的引用形式的应用效果。

	A	B	C
1	苹果	菠萝	1
2	香蕉	桃子	2
3			
4	函数	结果	含义
5	=INDEX(A1:B2,1,2)	菠萝	返回区域中第1行第2列中的数据
6	=INDEX((A1:B2,B1:C2),2,2,1)	桃子	返回第1个区域中第2行第2列中的数据
7	=INDEX((A1:B2,C2),2,0,1)	{"香蕉";"桃子"}	以数组形式返回第1个引用区域的第2行的值

5. 返回列标和行号

COLUMN 函数、ROW 函数分别用于返回引用的列标、行号，其语法结构分别为 COLUMN(reference) 和 ROW(reference)。在这两个函数中都有一个共同的参数"reference"，该参数表示需要得到其列标、行号的单元格，在使用该函数时，"reference"参数可以引用单元格，但是不能引用多个区域，当引用的是单元格区域时，将返回引用区域第 1 个单元格的列标。如下图所示为两个函数的应用效果。

	A	B	C
1	函数	结果	含义
2	=COLUMN(B7)	2	单元格B7位于第2列
3	=COLUMN(A5)	1	单元格A5位于第1列
4			
5	=ROW()	5	函数所在行的行号
6	=ROW(C11)	11	引用C11单元格所在行的行号

如果在 A1 单元格中输入函数"=COLUMN(A1:C1)"，按【Enter】键后，再选择 A3:C3 单元格区域并按【F2】键，接着再按【Ctrl+Shift+Enter】组合键，可以在 A3:C3 单元格区域中一次返回 A1:C1 单元格区域的列号。

6. 统计数量

COUNTIF 函数用于计算区域中满足给定条件的单元格的个数。其语法结构为 COUNTIF(range,criteria)，range 是一个或多个要计数的单元格，其中包括数字或名称、数组或包含数字的引用，空值和文本值将被忽略；criteria 是指确定哪些单元格将被计算在内的条件，其形式可以为数字、表达式、单元格引用或文本，如条件可以表示为"45""">45"或"B4"等。

 高手竞技场——*计算 Excel 数据练习*

---

1. 编辑"员工培训成绩表"工作簿

打开"员工培训成绩表 .xlsx"工作簿，计算其中的数据，要求如下。

● 利用 SUM 函数计算总成绩。
● 利用 AVERAGE 函数计算平均成绩。
● 利用 RANK.EQ 函数对成绩进行排名。

- 利用 IF 函数评定水平等级。

员工培训成绩表

编号	姓名	所属部门	办公软件	财务知识	法律知识	英语口语	职业素养	人力管理	总成绩	平均成绩	排名	等级
CM001	蔡云帆	行政部	60	85	88	70	80	82	465	77.5	11	一般
CM002	方艳莒	行政部	62	60	61	50	63	61	357	59.5	13	差
CM003	谷城	行政部	99	92	94	90	91	89	555	92.5	3	优
CM004	胡蜀飞	研发部	60	54	55	58	75	55	357	59.5	13	差
CM005	蒋京华	研发部	92	90	89	96	99	92	558	93	1	优
CM006	李哲明	研发部	83	89	96	89	75	90	522	87	5	良
CM007	龙泽苑	研发部	83	89	96	89	75	90	522	87	5	良
CM008	詹姆斯	研发部	70	72	60	95	84	90	471	78.5	9	一般
CM009	刘畅	财务部	60	85	88	70	80	82	465	77.5	11	一般
CM010	姚凝香	财务部	99	92	94	90	91	89	555	92.5	3	优
CM011	汤家桥	财务部	87	84	95	87	78	85	516	86	7	良
CM012	唐萌梦	市场部	70	72	60	95	84	90	471	78.5	9	一般
CM013	赵飞	市场部	60	54	55	58	75	55	357	59.5	13	差
CM014	夏侯铭	市场部	92	90	89	96	99	92	558	93	1	优
CM015	周玲	市场部	87	84	95	87	78	85	516	86	7	良
CM016	周宇	市场部	62	60	61	50	63	61	357	59.5	13	差

2. 编辑"年度绩效考核表"工作簿

打开"年度绩效考核表 .xlsx"工作簿，计算其中的数据，要求如下。

- 在工作簿中新建工作表，并创建一个新的表格。
- 使用函数计算员工的各项绩效分数：在表格中输入员工的编号和姓名，然后使用 AVERAGE、INDEX 和 ROW 函数从其他工作表中引用员工假勤考评、工作能力和工作表现的值并计算出年终时各项的分数，最后再使用 SUM 函数计算员工的绩效总分。
- 使用函数评定员工等级：根据绩效总分的值与 IF 函数来计算员工的绩效等级，并根据绩效等级来评定员工的年终奖金。

年度绩效考核表

	嘉奖	晋级	记大功	记功	无	记过	记大过	降级
基数：	9	8	7	6	5	-3	-4	-5

备注：年度考核的绩效总分根据"各季度总分＋奖惩记录"来评定，总分为120分。
优良评定标准为">=105为优，>=100为良，其余为差"。
年终奖金发放标准为"优等为3500元，良为2500元，差为2000元"。

员工编号	姓名	假勤考评	工作能力	工作表现	奖惩记录	绩效总分	优良评定	年终奖金（元）	核定人
1101	刘松	29.52	32.64	33.79	5.00	100.94	良	2500	杨乐乐
1102	李波	28.85	33.23	33.71	6.00	101.79	良	2500	杨乐乐
1103	王慧	29.41	33.59	36.15	3.00	102.14	良	2500	杨乐乐
1104	蒋伟	29.50	33.67	33.14	2.00	98.31	差	2000	杨乐乐
1105	杜泽平	29.35	35.96	33.70	1.00	100.01	良	2500	杨乐乐
1106	蔡云帆	29.68	35.18	34.95	6.00	105.81	优	3500	杨乐乐
1107	侯向明	29.60	31.99	33.55	7.00	102.14	良	2500	杨乐乐
1108	魏丽	29.18	33.79	32.71	-2.00	93.68	差	2000	杨乐乐
1109	袁晓东	29.53	34.25	34.17	5.00	102.94	良	2500	杨乐乐
1110	程旭	29.26	33.17	33.65	6.00	102.08	良	2500	杨乐乐
1111	朱建兵	29.37	34.15	33.05	2.00	100.57	良	2500	杨乐乐
1112	郭永新	29.18	35.90	33.95	6.00	105.03	优	3500	杨乐乐
1113	任建刚	29.20	33.81	35.08	5.00	103.09	良	2500	杨乐乐
1114	黄慧佳	28.98	35.31	34.00	5.00	103.28	良	2500	杨乐乐
1115	胡珀	29.30	33.94	34.08	6.00	103.32	良	2500	杨乐乐
1116	姚妮	29.61	34.40	33.00	5.00	102.00	良	2500	杨乐乐

第2部分

第 7 章

处理 Excel 数据

/本章导读

计算 Excel 2010 表格中的数据后，还应对其进行适当管理与分析，以便用户更好地查看其中的数据。如对数据的大小进行排序、筛选出用户需要查看的部分数据内容、分类汇总显示各项数据，以及假设运算数据。

7.1 处理"业务人员提成表"中的数据

　　某公司小刘每个月都要制作本部门的"业务人员提成表"，然后交由部门经理审核，提成表通常是各种数据的集合，主要涉及数据的计算和分析。制作该表格的目的是对其中的各种数据进行分类排序，既有利于上级领导查阅，也能非常方便地筛选出其中某项目的领先者和落后者，方便下个月部门计划的制定。

7.1.1 数据排序

　　排序是比较基本的数据处理方法，用于将表格中杂乱的数据按一定的条件进行排序，该功能能在浏览数据量较多的表格时非常实用，如在销售表中按销售额的高低进行排序等，以便更加直观地查看、理解并快速查找需要的数据。

微课：数据排序

1. 简单排序

　　简单排序是根据数据表中的相关数据或字段名，将表格数据按照升序（从低到高）和降序（从高到低）的方式进行排列，是处理数据时最常用的排序方式。下面对"业务人员提成表.xlsx"工作簿中的商品名称进行降序排列，其具体操作步骤如下。

STEP 1　设置排序

❶打开"业务人员提成表.xlsx"工作簿，在 B 列中选择任意一个单元格，这里选择 B4 单元格；❷在【数据】/【排序和筛选】组中单击"降序"按钮。

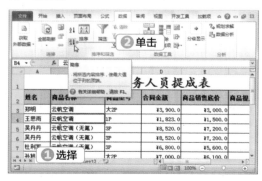

STEP 2　查看排序效果

表格中的所有数据将以"商品名称"所在列的数据为标准，将商品名称按 Z~A 的拼音首字母

的先后顺序进行排列，由此可将相同商品名称汇总到一起显示。

2. 删除重复值

　　重复值是指工作表中某一行中的所有值与另一行中的所有值完全匹配的值，用户可逐一查找数据表中的重复数据，然后按【Delete】键将其删除。不过，此方法仅适用于数据记录较少的工作表，对于数据量庞大的工作表而言，则可采用 Excel 2010 提供的删除重复项功能快速完成此操作。下面在"业务人员提成表.xlsx"工作簿中删除重复值，其具体操作步骤如下。

STEP 1　删除重复项

❶在表格中选择任意一个单元格，这里选择 C3 单元格；❷在【数据】/【数据工具】组中单击"删除重复项"按钮。

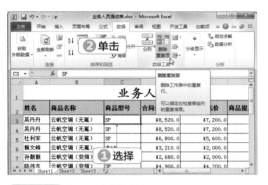

STEP 2　设置删除条件

❶打开"删除重复项"对话框,单击"全选"按钮,保持"列"列表框中的复选框的选中状态;❷单击"确定"按钮。

STEP 3　确认删除

打开提示对话框,显示删除重复值的相关信息,确认无误后单击"确定"按钮。

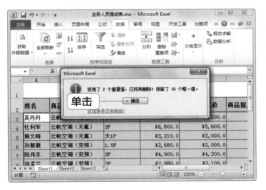

STEP 4　查看删除重复值的效果

此时数据表中只保留了 16 条记录,其中所有

数据都重复的 2 条记录已成功删除,其他有某一项数据相同的都保留了下来。

3. 多重排序

在对数据表中的某一字段进行排序时,出现一些记录含有相同数据而无法正确排序的情况,此时就需要另设其他条件来对含有相同数据的记录进行排序。下面对"业务人员提成表 .xlsx"工作簿进行多重排序,其具体操作步骤如下。

STEP 1　数据排序

❶在表格中选择任意一个单元格,这里选择B3 单元格;❷在【数据】/【排序和筛选】组中单击"排序"按钮。

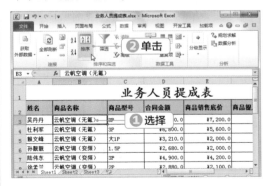

STEP 2　设置主要关键字

❶打开"排序"对话框,在"主要关键字"下拉列表中选择"商品名称"选项;❷在"排序依据"下拉列表中选择"数值"选项;❸在"次序"下拉列表中选择"升序"选项。

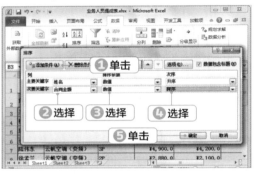

STEP 3　设置次要关键字

❶单击"添加条件"按钮；❷在"次要关键字"下拉列表中选择"合同金额"选项；❸在"排序依据"下拉列表中选择"数值"选项；❹在"次序"下拉列表中选择"降序"选项；❺单击"确定"按钮。

STEP 4　查看多重排序效果

此时即可对数据表先按照"商品名称"序列升序排序，对于"商品名称"列中重复的数据，则按照"合同金额"序列进行降序排序。

		业务人员提成表			
姓名	商品名称	商品型号	合同金额	商品销售底价	商品提
陈鸣明	云帆空调	2P	¥3,690.0	¥3,000.0	
杜利军	云帆空调（无氟）	3P	¥6,800.0	¥5,600.0	
韩雨芹	云帆空调（变频）	2P	¥2,880.0	¥2,100.0	
候文峰	云帆空调（无氟）	大1P	¥3,210.0	¥2,100.0	
候文峰	云帆空调（变频）	1.5P	¥3,050.0	¥2,600.0	
李亚萍	云帆空调（变频）	1.5P	¥3,050.0	¥2,600.0	
陆伟东	云帆空调（变频）	3P	¥4,900.0	¥4,200.0	
吕苗苗	云帆空调	3P	¥6,880.0	¥5,200.0	
吕苗苗	云帆空调	1P	¥2,000.0	¥1,200.0	
钱缓峰	云帆空调	2P	¥4,500.0	¥3,900.0	

数字和字母排序

在Excel 2010中，除了可以对数字进行排序外，还可以对字母或文本进行排序，对于字母，升序是从A到Z排列；对于数字，升序是按数值从小到大排列，降序则相反。

4. 自定义排序

若需要将数据按照除升序和降序以外的其他次序进行排列，那么就需要设置自定义排序。下面将"业务人员提成表.xlsx"工作簿按照"商品型号"序列排序，次序为"1P→大1P→1.5P→2P→大2P→3P"，其具体操作步骤如下。

STEP 1　打开"Excel 选项"对话框

打开"业务人员提成表.xlsx"工作簿，单击"文件"按钮，在打开的列表中选择"选项"选项。

技巧秒杀

随机排序

进行数据分析时，有时并不会按照固定的规则来进行排序，而是希望对数据进行随机排序，然后再抽取其中的数据进行分析。在Excel中则可使用RAND函数来轻松实现随机排序的功能。RAND函数主要用于随机生成0~1之间的随机数，其语法结构为=RAND( )。

STEP 2　设置 Excel 选项

❶打开"Excel 选项"对话框，在左侧的列表

框中选择"高级"选项；❷在"常规"栏中单击"编辑自定义列表"按钮。

❶打开"自定义序列"对话框，在"输入序列"列表框中输入"1P, 大 1P,1.5P,2P, 大 2P,3P"；❷单击"添加"按钮。

STEP 4 自定义序列

序列被添加到左侧的"自定义序列"列表框中，单击"确定"按钮。

STEP 5 数据排序

❶在表格中选择任意一个单元格；❷在【数据】/

【排序和筛选】组中单击"排序"按钮。

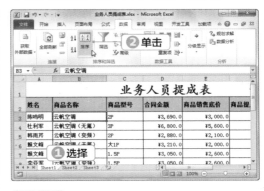

STEP 6 设置主要关键字

❶打开"排序"对话框，在"主要关键字"下拉列表中选择"（列 C）"选项；❷在"次序"下拉列表中选择"自定义序列"选项。

STEP 7 选择序列

❶打开"自定义序列"对话框，在"自定义序列"列表框中选择"1P, 大 1P,1.5P,2P, 大 2P,3P"选项；❷单击"确定"按钮。

STEP 8　删除条件

❶返回"排序"对话框，在下面的列表框中选择"次要关键字"选项；❷单击"删除条件"按钮。

STEP 9　完成自定义排序

单击"确定"按钮，完成自定义排序。

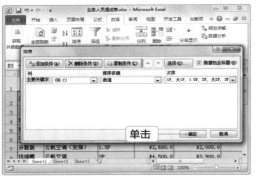

STEP 10　剪切行

❶单击第 18 行行号；❷在其上单击鼠标右键；❸在弹出的快捷菜单中选择【剪切】命令。

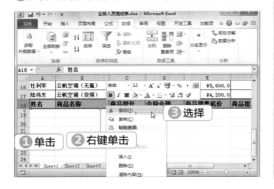

STEP 11　粘贴行

❶单击第 2 行行号；❷在其上单击鼠标右键；❸在弹出的快捷菜单的"粘贴选项"栏中选择【粘贴】命令。

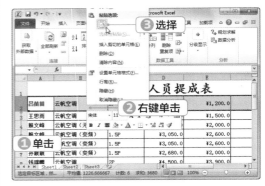

STEP 12　查看自定义排序效果

在 Excel 工作界面中即可看到自定义排序后的效果。

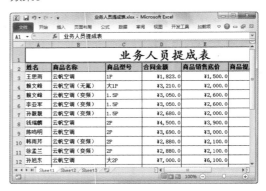

　操作解谜

自定义序列的注意事项

　　输入自定义序列时，各个字段之间必须使用逗号或分号隔开（英文符号），也可以换行输入。对数据进行排序时，如果打开提示框"要求合并单元格都具有相同大小"，则表示当前数据表中包含合并后的单元格，此时需要用户手动选择规则的排序区域，然后再进行排序操作。

7.1.2 | 数据筛选

微课：数据筛选

在工作中，有时需要从数据繁多的工作簿中查找符合某一个或某几个条件的数据，这时可使用 Excel 的筛选功能，轻松地筛选出符合条件的数据。筛选功能主要有"自动筛选""自定义筛选"和"高级筛选"3 种方式，下面分别进行介绍。

1. 自动筛选

自动筛选数据就是根据用户设定的筛选条件，自动将表格中符合条件的数据显示出来。下面在"业务人员提成表 .xlsx"工作簿中筛选出"云帆空调（变频）"的销售情况，其具体操作步骤如下。

STEP 1 选择单元格

❶选择数据表中的任意单元格；❷在【数据】/【排序和筛选】组中单击"筛选"按钮。

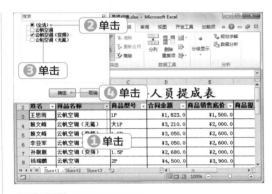

技巧秒杀

退出筛选状态

若要取消已设置的数据筛选状态，显示表格中的全部数据，只需在工作表的【排序与筛选】组中再次单击"筛选"按钮。

STEP 2 设置筛选条件

❶所有列标题单元格的右侧自动显示"筛选"按钮，单击"商品名称"单元格中的"筛选"按钮；❷在打开的列表中撤销选中"全选"复选框；❸单击选中"云帆空调（变频）"复选框；❹单击"确定"按钮。

STEP 3 查看筛选结果

Excel 表格中只显示商品名称为"云帆空调（变频）"的数据信息，其他数据将全部隐藏。

2. 自定义筛选

与数据排序类似，如果自动筛选方式不能满足需要，此时可自定义筛选条件。自定义筛选一般用于筛选数值型数据，通过设定筛选条件可将符合条件的数据筛选出来。下面就在"业务人员提成表 .xlsx"工作簿中筛选出"合同金额"大于"3000"的数据记录，其具体操作步骤如下。

STEP 1 　清除以前的筛选

在【数据】/【排序和筛选】组中单击"清除"按钮，清除对"商品名称"的筛选操作。

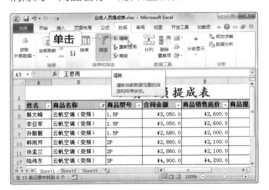

STEP 2 　自定义筛选

❶单击"合同金额"单元格中的"筛选"按钮；❷在打开的列表中选择"数字筛选"选项；❸在打开的子列表中选择"大于"选项。

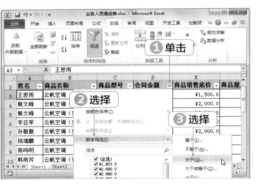

技巧秒杀

设置自定义筛选

在"自定义自动筛选方式"对话框左侧的下拉列表框中只能执行选择操作，而右侧的下拉列表框可直接输入数据，在输入筛选条件时，可使用通配符替代字符或字符串，如用"？"代表任意单个字符，用"*"代表任意多个字符。

STEP 3 　设置筛选条件

❶打开"自定义自动筛选方式"对话框，在

"大于"下拉列表框右侧的下拉列表框中输入"3000"；❷单击"确定"按钮。

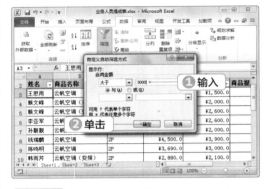

STEP 4 　查看自定义筛选效果

此时即可在数据表中显示出"合同金额"大于"3000"的数据信息，其他数据将自动隐藏。

	姓名	商品名称	商品型号	合同金额	商品销售底价	商品提
4	赖文峰	云帆空调（无氟）	大1P	¥3,210.0	¥2,000.0	
5	赖文峰	云帆空调（变频）	1.5P	¥3,050.0	¥2,600.0	
6	李亚军	云帆空调（变频）	1.5P	¥3,050.0	¥2,600.0	
8	钱瑞麟	云帆空调	2P	¥4,500.0	¥3,900.0	
9	陈鸣明	云帆空调	2P	¥3,690.0	¥3,000.0	
12	孙旭东	云帆空调	大2P	¥7,000.0	¥6,100.0	
13	郑明	云帆空调	大2P	¥3,900.0	¥3,000.0	
14	吴丹丹	云帆空调（无氟）	3P	¥8,520.0	¥7,200.0	
15	吕苗苗	云帆空调	3P	¥6,880.0	¥5,200.0	
16	杜利军	云帆空调（无氟）	3P	¥6,800.0	¥5,600.0	
17	陆伟东	云帆空调（变频）	3P	¥4,900.0	¥4,200.0	
18						

3. 高级筛选

　　由于自动筛选是根据 Excel 提供的条件进行筛选数据，若要根据自己设置的筛选条件对数据进行筛选，则需使用高级筛选功能。高级筛选功能可以筛选出同时满足两个或两个以上约束条件的记录。下面就在"业务人员提成表.xlsx"工作簿中筛选出"合同金额"大于"3000"，并且"商品提成"小于"600"的员工，其具体操作步骤如下。

STEP 1 　退出以前的筛选状态

在【数据】/【排序和筛选】组中单击"筛选"按钮，退出数据表的筛选状态。

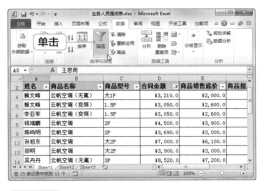

STEP 2　设置筛选条件

在 B20:C21 单元格区域中分别输入"合同金额，商品提成（差价的 60%），>3000，<600"。

STEP 3　选择数据筛选区域

❶选择 A2:F17 单元格区域；❷在【排序和筛选】组中单击"高级"按钮。

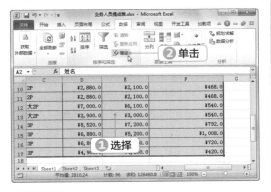

STEP 4　设置高级筛选

❶打开"高级筛选"对话框，将鼠标光标定位

到"条件区域"文本框中；❷选择 B20:C21 单元格区域；❸单击"确定"按钮。

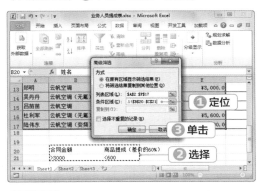

STEP 5　查看高级筛选效果

此时即可在原数据表中显示出符合筛选条件的数据记录。

操作解谜

设置高级筛选

　　使用高级筛选前，必须先设置条件区域，且条件区域的项目应与表格项目一致，否则不能筛选出结果。在"高级筛选"对话框中单击选中"在原有区域显示筛选结果"单选项可在原有区域中显示筛选结果；单击选中"将筛选结果复制到其他位置"单选项，可在"复制到"参数框中设置存放筛选结果的单元格区域；单击选中"选择不重复的记录"复选框，当有多行满足条件时将只显示或复制唯一行，排除重复的行。

第 **7** 章　处理 Excel 数据

175

7.2 处理"销售数据汇总表"中的数据

云帆集团需要统计 2016 年四大销售区域的主要销售数据，并根据数据分发奖金。但拿到的表格中只有简单的数据统计，需要对这些数据进行条件格式的设置，清晰地展示各地区的各种产品的销售情况，并对这些数据按照不同地区或不同类型进行分类汇总，以及根据销售数据来判断奖金的分发情况。

7.2.1 设置条件格式

条件格式用于将数据表中满足指定条件的数据以特定的格式显示出来，从而便于直观查看与区分数据。特定的格式包括数据条、色阶、图标集和迷你图等，主要为了实现数据的可视化效果。下面就介绍设置数据条件格式的相关操作。

微课：设置条件格式

第 2 部分

1. 添加数据条

数据条的功能就是为 Excel 表格中的数据插入底纹颜色，这种底纹颜色能够根据数值大小自动调整长度。数据条有两种默认的底纹颜色类型，分别是"渐变填充"和"实心填充"。下面在"销售数据汇总表.xlsx"工作簿中添加数据条，其具体操作步骤如下。

STEP 1 添加数据条

❶打开"销售数据汇总表.xlsx"工作簿，选择 A3:F12 单元格区域；❷在【开始】/【样式】组中单击"条件格式"按钮；❸在打开的列表中选择"数据条"选项；❹在打开子列表的"渐变填充"栏中选择"橙色数据条"选项。

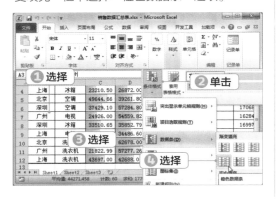

STEP 2 查看数据条效果

返回 Excel 工作界面，即可看到选择的区域中出现了橙色的数据条。

2. 插入迷你图

迷你图就是在工作表的单元格中插入的一个微型图表，可以提供数据的直观表示，并反映一系列数值的趋势，如季节性增加或减少、经济周期的变化等，或者突出显示数据系列的最大值和最小值。下面在"销售数据汇总表.xlsx"工作簿中插入迷你图，其具体操作步骤如下。

STEP 1 选择迷你图样式

❶选择 G3 单元格；❷在【插入】/【迷你图】组中单击"折线图"按钮。

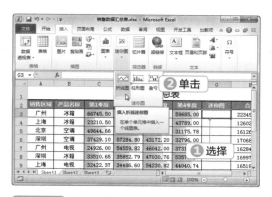

STEP 2　选择数据

❶打开"创建迷你图"对话框,在"选择所需的数据"栏的"数据范围"文本框中输入"C3:F3";❷单击"确定"按钮。

STEP 3　复制迷你图

❶通过拖动鼠标的方法将 G3 单元格中的迷你图快速复制到 G4:G12 单元格区域中;❷单击"自动填充选项"按钮;❸在打开的列表中单击选中"不带格式填充"单选项。

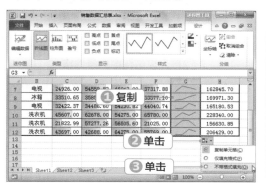

STEP 4　显示高低点

❶选择 G3:G12 单元格区域;❷在【迷你图工具 设计】/【显示】组中单击选中"高点"复选框;❸单击选中"低点"复选框;❹在【样式】组中单击"其他"按钮。

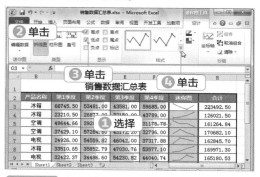

STEP 5　设置迷你图样式

在打开的列表中选择"迷你图样式强调文字颜色6,深色 25%"选项。

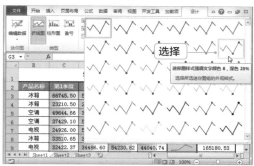

STEP 6　查看设置迷你图样式后的效果

返回 Excel 工作界面,看到设置迷你图样式后的效果。

3. 添加图标

使用图标集可以对数据进行注释，并可以按大小将数据分为 3 ~ 5 个类别，每个图标代表一个数据范围。图标集中的"图标"是以不同的形状或颜色来表示数据的大小，用户可以根据数据进行选择。下面在"销售数据汇总表.xlsx"工作簿中添加图标，其具体操作步骤如下。

STEP 1 选择图标样式

❶选择 H3:H12 单元格区域；❷在【开始】/【样式】组中单击"条件格式"按钮；❸在打开的列表中选择"图标集"选项；❹在打开的子列表的"等级"栏中选择"5 个框"选项。

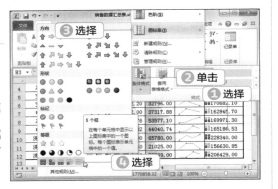

STEP 2 查看添加图标集后的效果

在 H3:H12 单元格区域内，将自动添加方框图标，并根据数值大小显示不同样式。

4. 添加色阶

使用色阶样式主要通过颜色对比直观地显示数据，并帮助用户了解数据分布和变化，通常

使用双色刻度来设置条件格式。它使用两种颜色的深浅程度来比较某个区域的单元格，颜色的深浅表示值的高低。下面在"销售数据汇总表.xlsx"工作簿中添加色阶，其具体操作步骤如下。

STEP 1 选择色阶样式

❶选择 H3:H12 单元格区域；❷在【开始】/【样式】组中单击"条件格式"按钮；❸在打开的列表中选择"色阶"选项；❹在打开的子列表中选择"红 – 黄 – 绿色阶"选项。

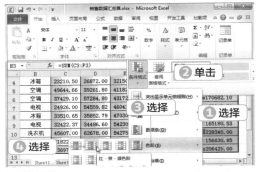

STEP 2 查看添加色阶后的效果

在 H3:H12 单元格区域内将自动添加底纹颜色，并根据数值大小显示不同颜色。

技巧秒杀

删除单元格区域中的条件格式

选择设置了条件格式的单元格区域，在【开始】/【样式】组中单击"条件格式"按钮，在打开的列表中选择"清除规则"选项，在打开的子列表中选择"清除所选单元格的规则"选项。

7.2.2 分类汇总

分类汇总顾名思义可分为两个部分，即分类和汇总，即以某一列字段为分类项目，然后对表格中其他数据列中的数据进行汇总，以便使表格的结构更清晰，使用户能更好地掌握表格中重要的信息。下面将主要介绍分类汇总的创建和显示操作。

微课：分类汇总

1. 创建分类汇总

分类汇总是按照表格数据中的分类字段进行汇总，同时，还需要设置分类的汇总方式和汇总项。当然要使用分类汇总，首先需要创建分类汇总。下面在"销售数据汇总表.xlsx"工作簿中创建分类汇总，其具体操作步骤如下。

STEP 1　数据排序

❶选择 A2:H12 单元格区域；❷在【数据】/【排序和筛选】组中单击"排序"按钮。

操作解谜

分类汇总前为什么要对数据进行排序

分类汇总分为两个步骤：先分类，再汇总。分类就是把数据按一定条件进行排序，让相同数据排列在一起。进行汇总的时候才可以把同类数据进行求和、求平均或计数之类的汇总处理。如果不进行排序，直接进行分类汇总，汇总的结果就会很凌乱。

STEP 2　设置排序

❶打开"排序"对话框，在"主要关键字"下拉列表框中选择"销售区域"选项；❷在"次序"下拉列表框中选择"升序"选项；❸单击"确定"按钮。

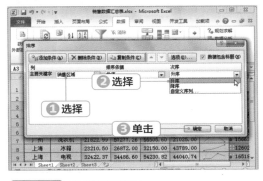

STEP 3　分类汇总数据

返回工作表，可以看到表格中的数据按照销售区域进行升序排序的结果，继续保持选择A2:G12 单元格区域，在【数据】/【分级显示】组中单击"分类汇总"按钮。

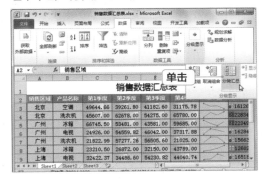

STEP 4　设置分类汇总

❶打开"分类汇总"对话框，在"分类字段"下拉列表框中选择"销售区域"选项；❷在"汇总方式"下拉列表框中选择"求和"选项；❸在"选定汇总项"列表框中单击选中"第1季度""第 2 季度""第 3 季度""第 4 季度"和"合计"复选框；❹单击"确定"按钮。

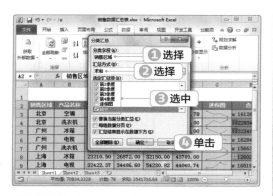

STEP 5 查看分类汇总效果

返回 Excel 工作界面，工作表中的数据将按照销售区域汇总各季度和合计的产品销量进行汇总显示。

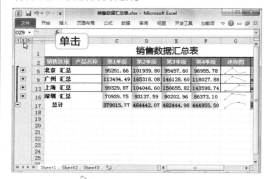

将隐藏汇总的部分数据。

显示或隐藏明细数据

在【数据】/【分级显示】组中单击"显示明细数据"或"隐藏明细数据"按钮也可显示或隐藏单个分类汇总的明细行。

STEP 2 隐藏全部数据

在分类汇总数据表格的左上角单击"1"按钮，隐藏汇总的全部数据，只显示总计的汇总数据。

技巧秒杀

显示或隐藏明细数据

在进行分类汇总后，汇总数据的左侧会显示汇总的树状结构，单击"-"按钮，将隐藏该字段的数据；单击"+"按钮，将显示该字段的数据。

2. 显示与隐藏分类汇总

当在表格中创建了分类汇总后，为了查看某部分数据，可将分类汇总后暂时不需要的数据隐藏起来，减小界面的占用空间。下面在"销售数据汇总表.xlsx"工作簿中隐藏与显示分类汇总，其具体操作步骤如下。

STEP 1 隐藏部分数据

在分类汇总数据表格的左上角，单击"2"按钮，

 操作解谜

删除分类汇总

在"分类汇总"对话框中单击选中"每组数据分页"复选框可按每个分类汇总自动分页；单击选中"汇总结果显示在数据下方"复选框可指定汇总行位于明细行的下面；单击"全部删除"按钮可删除已创建好的分类汇总。

7.2.3 假设运算

当需要分析大量且较为复杂的数据时，可运用 Excel 的假设运算功能对数据进行分析，从而大大减轻工作难度。Excel 的假设运算功能可通过模拟预算表、方案管理器和单变量求解 3 种方法实现。下面将分别对 Excel 中所涉及的假设运算功能进行介绍。

微课：假设运算

1. 单变量求解

在工作中有时会需要根据已知的公式结果来推算各个条件，如根据已知的月还款额来计算银行的年利率，这时便可使用"单变量求解"功能解决问题。下面在"销售数据汇总表 .xlsx"工作簿中根据规定的奖金比率 0.2%，求销售总额应该达到多少，才能拿到 1600 的奖金，其具体操作步骤如下。

STEP 1　输入公式

❶ 在 A20:A22 单元格区域中分别输入"销售总额""奖金比率"和"奖金"；❷ 在 B20:B21 单元格区域中分别输入"770858.32"和"0.20%"；❸ 在 B22 单元格中输入"=B20*B21"。

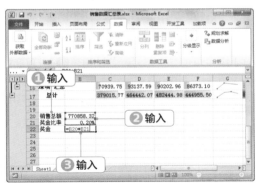

STEP 2　选择单变量求解

❶按【Enter】键计算出该销售总额的奖金，在【数据】/【数据工具】组中单击"模拟分析"按钮；❷在打开的列表中选择"单变量求解"选项。

STEP 3　设置目标单元格

打开"单变量求解"对话框，单击 B22 单元格。

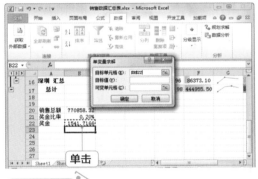

技巧秒杀

单变量求解的数据引用

在利用单变量求解分析数据时，需输入公式引用数据，而不能直接输入数值，否则将不能查看数据的变动情况。

STEP 4　设置目标值和可变单元格

❶在"目标值"文本框中输入"1600"；❷将鼠标光标定位到"可变单元格"文本框中；❸单击 B20 单元格；❹单击"确定"按钮。

STEP 5 单变量求解

打开"单变量求解状态"对话框，Excel 将根据设置进行单变量求解，得出结果后，单击"确定"按钮。

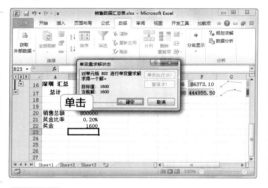

STEP 6 查看单变量求解结果

返回 Excel 工作界面，即可看到单变量求解的结果。

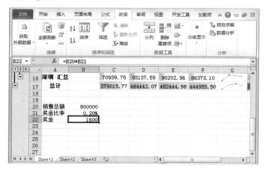

2. 单变量模拟运算表

单变量模拟运算表是指计算中只有一个变

量，通过模拟运算表功能便可快速计算结果。下面在"销售数据汇总表.xlsx"工作簿中根据不同区域的不同奖金比率，来计算各区域的销售总额，其具体操作步骤如下。

STEP 1 输入公式

❶ 在 A25:A28 单元格区域中分别输入"北京""上海""广州"和"深圳"；❷ 在 B24:B28 单元格区域中分别输入"奖金比率"、"0.2%""0.3%""0.15%"和"0.16%"；❸ 在 C25 单元格中输入"=INT(1600/B21)"。

STEP 2 使用模拟运算表

❶ 按【Enter】键计算出该销售总额，选择B25:C28 单元格区域；❷ 在【数据】/【数据工具】组中单击"模拟分析"按钮；❸ 在打开的列表中选择"模拟运算表"选项。

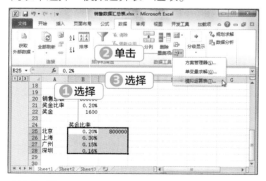

STEP 3 设置引用的单元格

❶ 打开"模拟运算表"对话框，将鼠标光标定位到"输入引用列的单元格"文本框中；❷ 单

击 B21 单元格；❸ 单击"确定"按钮。

STEP 4 查看单变量模拟运算表的计算结果

返回 Excel 工作界面，即可看到利用单变量模拟运算表的计算结果。

3. 双变量模拟运算表

　　双变量模拟运算表是指计算中存在两个变量，即同时分析两个因素最终结果的影响。下面在"销售数据汇总表 .xlsx"工作簿中将奖金分为 80、125 和 295 三档，根据每个区域的不同奖金比率，来计算销售总额，其具体操作步骤如下。

STEP 1 输入公式

❶ 在 D21:D24 单元格区域中分别输入"北京""上海""广州"和"深圳"；❷ 在 F20:H20 单元格区域中分别输入"80""125"和"295"；❸ 在 E19:E24 单元格区域中分别输入"奖金比例""0.2%""0.3%""0.15%"和"0.16%"；❹ 在 E20 单元格中输入

"=INT(B22/B21)"。

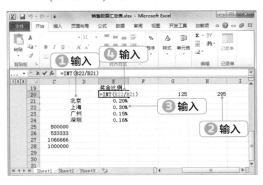

STEP 2 选择模拟运算表

❶ 按【Enter】键计算出该销售总额，选择 E20:H24 单元格区域；❷ 在【数据】/【数据工具】组中单击"模拟分析"按钮；❸ 在打开的列表中选择"模拟运算表"选项。

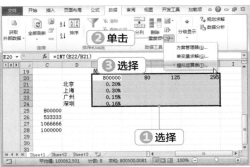

STEP 3 设置引用的单元格

❶ 打开"模拟运算表"对话框，在"输入引用行的单元格"文本框中输入"$B$22"；❷ 在"输入引用列的单元格"文本框中输入"$B$21"；❸ 单击"确定"按钮。

STEP 4 查看利用双变量模拟运算表计算结果

返回 Excel 工作界面，即可看到利用双变量模拟运算表的计算结果。

技巧秒杀

INT函数的用法

INT(number)：将数字向下舍入到最接近的整数，如=INT(8.9)，表示将 8.9 向下舍入到最接近的整数 (8)；=INT(−8.9)，表示将 −8.9 向下舍入到最接近的整数 (−9)。

4. 创建方案

Excel 的假设分析功能提供"方案管理器"，可以利用它运用不同的方案进行假设分析，在不同因素下比较最适合的方案。下面在"销售数据汇总表 .xlsx"工作簿中根据区域的销售情况，得出较好、一般和较差 3 种方案，每种方案下的销售额和销售成本的增长率不同，其具体操作步骤如下。

STEP 1 输入公式

①在工作簿中单击"Sheet2"标签；②在"Sheet2"工作表中选择 G7 单元格；③输入"=SUMPRODUCT(B4:B6,1+G4:G6)−SUMPRODUCT(C4:C6,1+H4:H6)"。

技巧秒杀

SUMPRODUCT函数的用法

SUMPRODUCT(array1,array2,array3, ...)：Array1,array2,array3 ... 为2～30个数组，其相应元素需要进行相乘并求和。

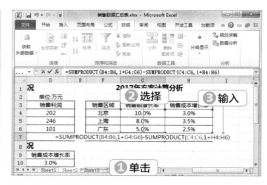

STEP 2 定义名称

①按【Enter】键计算出该总销售利润，选择 G4 单元格；②在【公式】/【定义的名称】组中单击"定义名称"按钮。

STEP 3 新建名称

①打开"新建名称"对话框，在"名称"文本框中输入"北京销售额增长率"；②单击"确定"按钮。

STEP 4 新建名称

①使用同样的方法，为 H4 单元格新建名称"北

京销售成本增长率"，为 G5 单元格新建名称"上海销售额增长率"，为 H5 单元格新建名称"上销售成本增长率"，为 G6 单元格新建名称"广州销售额增长率"，为 H6 单元格新建名称"广州销售成本增长率"，为 G7 单元格新建名称"总销售利润"。然后，在【数据】/【数据工具】组中单击"模拟分析"按钮；❷在打开的列表中选择"方案管理器"选项。

STEP 5　添加方案

打开"方案管理器"对话框，单击"添加"按钮。

技巧秒杀

直接输入可变单元格

在"可变单元格"文本框中输入多个不相邻的单元格，则中间用半角符号的"，"分隔，如果输入是相邻的单元格区域，则可用"："分隔。

STEP 6　输入方案名

❶打开"添加方案"对话框，在"方案名"文本框中输入"方案 A 的销售较好"；❷将鼠标

光标定位到"可变单元格"文本框中；❸单击右侧的折叠按钮。

STEP 7　选择可变单元格

❶在"Sheet2"工作表中选择 G4:H6 单元格区域；❷单击对话框右侧的折叠按钮。

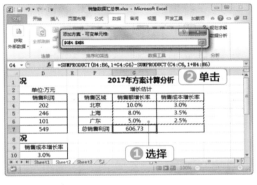

STEP 8　编辑方案

返回"编辑方案"对话框，单击"确定"按钮。

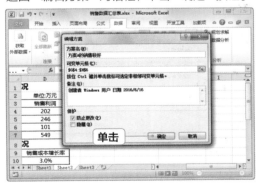

STEP 9　输入方案变量值

❶打开"方案变量值"对话框，在对应的文本

框中输入变量值；❷单击"确定"按钮。

STEP 10 添加方案 B

返回"方案管理器"对话框，单击"添加"按钮。

STEP 11 输入方案名

❶打开"添加方案"对话框，在"方案名"文本框中输入"方案 B 的销售一般"；❷单击"确定"按钮。

STEP 12 输入方案变量值

❶打开"方案变量值"对话框，在对应的文本框中输入变量值；❷单击"确定"按钮。

STEP 13 添加方案 C

返回"方案管理器"对话框，单击"添加"按钮。

STEP 14 输入方案名

❶打开"添加方案"对话框，在"方案名"文本框中输入"方案 C 的销售较差"；❷单击"确定"按钮。

STEP 15 输入方案变量值

❶打开"方案变量值"对话框，在对应的文本框中输入变量值；❷单击"确定"按钮。

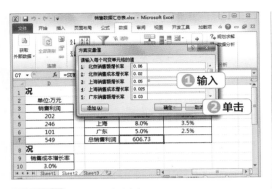

STEP 16　完成方案创建

返回"方案管理器"对话框,单击"关闭"按钮,完成创建方案的操作。

操作解谜

编辑与删除方案

　　在"方案管理器"对话框的"方案"列表框中选择对应的方案,单击"编辑"按钮,打开"编辑方案"对话框,即可对该方案进行编辑。若单击"删除"按钮,即可删除该方案。

5. 显示方案

　　创建方案后,在创建方案的单元格区域,选择不同的方案可显示不同的结果。下面在"销售数据汇总表 .xlsx"工作簿中显示方案 C 销售较差的数据结果,其具体操作步骤如下。

STEP 1　打开方案管理器

❶在【数据】/【数据工具】组中单击"模拟分析"按钮;❷在打开的列表中选择"方案管理器"选项。

STEP 2　显示方案

❶打开"方案管理器"对话框,在"方案"列表框中选择"方案 C 的销售较差"选项;❷单击"显示"按钮;❸单击"关闭"按钮。

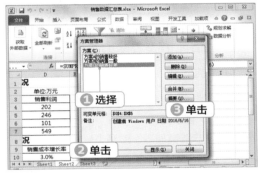

STEP 3　查看显示方案 C 结果

返回 Excel 工作界面,即可在创建方案的 G4:H7 单元格区域中,看到方案 C 的相关增长率数据,并自动在 G7 单元格中计算出总销售利润。

6. 生成方案总结报告

显示方案只能展示一种方案的结果，如果用户想将所有的方案执行结果都显示出来，可以通过创建方案摘要的方式来生成方案总结报告。下面在"销售数据汇总表 .xlsx"工作簿中生成方案总结报告，其具体操作步骤如下。

STEP 1 打开方案管理器

❶在【数据】/【数据工具】组中单击"模拟分析"按钮；❷在打开的列表中选择"方案管理器"选项。

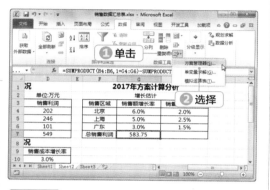

STEP 2 创建摘要

❶打开"方案管理器"对话框，在"方案"列表框中选择"方案 C 销售较差"选项；❷单击"摘要"按钮。

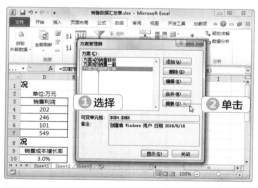

STEP 3 设置方案摘要

❶打开"方案摘要"对话框，在"报表类型"栏中单击选中"方案摘要"单选项；❷在"结

果单元格"文本框中输入"G7"；❸单击"确定"按钮。

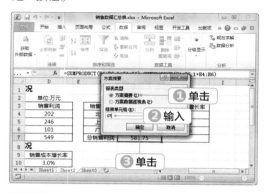

STEP 4 查看生成的方案总结报告

返回 Excel 工作界面，即可看到工作簿中自动生成了一个名为"方案摘要"的工作表，并在表中显示了生成的方案总结报告。

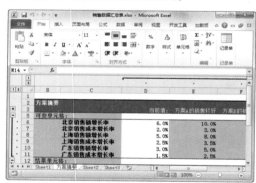

技巧秒杀

保护方案

在"方案编辑器"对话框的"方案"列表框中选择需要保护的方案，单击"编辑"按钮，打开"编辑方案"对话框，在"保护"栏中单击选中"防止更改"复选框。然后在【审阅】/【更改】组中单击"保护工作表"按钮，打开"保护工作表"对话框，在下面的列表框中单击选中"编辑方案"复选框，即可完成保护方案的设置。

第2部分

新手加油站——*处理 Excel 数据技巧*

1. 分列显示数据

在一些特殊情况下需要使用 Excel 的分列功能快速将一列中的数据分列显示，如将日期的月与日分列显示、将姓名的姓与名分列显示等。分列显示数据的具体操作如下。

❶ 在工作表中选择需分列显示数据的单元格区域，然后在【数据】/【数据工具】组单击"分列"按钮。

❷ 在打开的"文本分列向导 – 第 1 步"对话框中选择最合适的文件类型，然后单击"下一步"按钮，若单击选中"分隔符号"单选项，在打开的"文本分列向导 – 第 2 步"对话框中可根据需要设置分列数据所包含的分隔符号；若单击选中"固定宽度"单选项，在打开的对话框中可根据需要建立分列线，完成后单击"下一步"按钮。

❸ 在打开的"文本分列向导 – 第 3 步"对话框中保持默认设置，单击"完成"按钮，返回工作表中可看到分列显示数据后的效果。

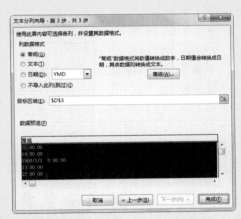

2. 特殊排序

通常在排序时，是按照数据数值大小或文本内容排序，除此之外，可在 Excel 中使用特殊排序方法，如按单元格颜色和字符数量进行排序。

（1）按单元格颜色排序

很多时候，为了突出显示数据，会为单元格填充颜色，因为 Excel 具有在排序时识别单元格或字体颜色的功能，因此在数据的实际排序中可根据单元格颜色进行灵活排序，其方法是：当需要排序的字段中只有一种颜色时，在该字段中选择任意一个填充颜色的单元格，然后单击鼠标右键，在弹出的快捷菜单中选择【排序】/【将所选单元格颜色放在最前面】命令，便可将填充颜色的单元格放置到字段列的最前面；如果表格某字段中设置了多种颜色，在打开的"排序"对话框中将字段表头内容设置为主 / 次关键字，在"排序依据"下拉列表框中选择"单元格颜色"选项，将"单元格颜色"作为排列顺序的依据，再在"次序"下拉列表框中选择单元格的颜色，如将"红色"置于最上方，然后是"橙色"，最后是"黄色"等。

（2）按字符数量进行排序

按照字符数量进行排序是为了满足观看习惯，因为在日常习惯中，在对文本排序时，都是由较少文本开始依次向字符数量多的文本内容进行排列。在制作某些表时，常需要用这种排序方式使数据整齐清晰，如将一份图书推荐单按图书名称字符数量进行升序排列，其方法是：首先输入函数"=LEN（）"，按【Enter】键，返回包含的字符数量，然后选择字符数量列中的单元格，再选择【数据】/【排序和筛选】组，单击"升序"按钮或"降序"按钮，按照字符数量升序或降序排列。

3. 特殊筛选

Excel 中能够通过特殊排序方式按单元格颜色排序，同样可使用特殊筛选功能按字体颜色或单元格颜色筛选数据，以及使用通配符筛选。

（1）按字体颜色或单元格颜色筛选

如果在表格中设置了单元格或字体颜色，通过单元格或字体颜色可快速筛选数据，单击设置过字体颜色或填充过单元格颜色字段右侧的下拉按钮，在打开的下拉列表中选择"按颜色筛选"选项，在其打开的子列表中可选择按单元格颜色筛选或按字体颜色筛选。

（2）使用通配符进行模糊筛选

在某些场合中需要筛选出包含某部分内容的数据项目时，便可使用通配符进行模糊筛选，如下面筛选包含"红"的颜色选项，首先对表格按"价格"进行降序排列，然后选择数据表格，再选择【数据】/【排序和筛选】组，单击"筛选"按钮，然后单击"颜色"单元格旁边的下拉按钮，在打开的下拉列表中选择"文本筛选"/"自定义筛选"选项，打开"自定义自动筛选方式"对话框，在"颜色"栏第一个下拉列表框中选择"等于"选项，在右侧的文本框中输入"红?"，单击"确定"按钮，便可筛选出包含"红"的颜色项目。

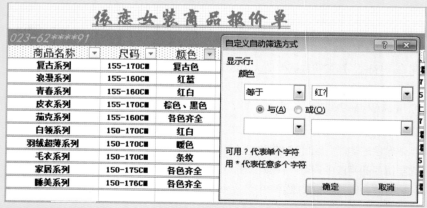

4. 字符串的排序规则

对于由数字、英文大小写字母和中文字符构成的字符串，在比较两个字符串时，应从左侧起始字符开始，对对应位置的字符进行比较，比较的基本原则如下。

- 数字＜字母＜中文，其中，大写字母＜小写字母。
- 字 符 从 小 到 大 的 顺 序 为：0123456789（ 空 格 ）！ "#$%&()*,./:;?@
  [\]^_'{|}-+<=>ABCDEFGHIJKLMNOPQRSTUVWXYZ。例外情况是，如果两个
  文本字符串除了连字符不同外，其余都相同，则带连字符的文本排在后面。
- 通过"排序选项"对话框系统默认的排序次序区分大小写，字母字符的排序次序为，
  aAbBcCdDeEfFgGhHiIjJkKlLmMnNoOpPqQrRsStTuUvVwWxXyYzZ。在逻辑
  值中，FALSE 排在 TRUE 之前。
- 中文字符的排序按中文字符全拼字母的顺序进行比较（例如 jian<jie）。
- 如果某个字符串中对应位置的字符大，则该字符串较大，比较停止。
- 当被比较的两个字符相同时，进入下一个字符的比较，如果某个字符串已经结束，则
  结束的字符串较小（例如 jian<jiang）。

在具体的排序过程中，通常会发现系统排序处理的许多细节，但是确定字符串大小关系
的基本原则如上所述。

高手竞技场 ——处理 Excel 数据练习

1. 编辑"值班记录"工作簿

打开"值班记录 .xlsx"工作簿，在其中添加最新记录并筛选出相应的数据，要求如下。

- 使用记录单添加最新的记录数据。
- 筛选出除"运行情况良好""正常"和"无物资领取"以外的数据。

值班记录表

日期	值班人	部门	开始时间	结束时间	值班时间	值班情况记录	值班负责
2017/3/14	吴作望	物资部	13:00:00	20:00:00	8	更换负荷开关	周俊杰
2017/3/15	郭涛	维护部	22:00:00	6:00:00	8	出现短路已解决	刘苗苗
2017/3/18	刘松	运行部	22:00:00	6:00:00	8	领取开关一个	李俊清
2017/3/20	郭永新	维护部	13:00:00	20:00:00	8	解决短路问题	刘苗苗
2017/3/22	武艺	物资部	9:00:00	17:00:00	8	领取电线一圈	周俊杰

2. 编辑"车辆维修记录表"工作簿

打开"车辆维修记录表 .xlsx"工作簿，在其中对数据进行分类汇总，要求如下。

- 以"品牌"列的数据按升序进行排列，且将其中值相同的数据以"价格"列的数据按升序
  进行排列。
- 用分类汇总对"品牌"列的相同数据以"所属部门"进行计数。

车辆维修记录表

序号	品牌	型号	颜色	价格（万元）	所属部门	维修次数	车牌
1	奥迪	A8	黑	271	行政部	2	A11234
9	奥迪	A6L	黑	62	销售部	0	A4GD24
4	奥迪	A4	白	36	技术部	1	A24F13
	奥迪 计数					3	
14	宝马	750	黑	180	行政部	1	AJU873
6	宝马	X1	红	23	技术部	4	A389QJ
7	宝马	X1	黑	23	销售部	1	A42F6H
	宝马 计数					3	
15	奔驰	S600	黑	210	行政部	4	ASD463
8	奔驰	C300	红	36	销售部	1	A433DC
	奔驰 计数					2	
11	奇瑞	瑞虎5	白	9.98	技术部	1	ACF462
10	奇瑞	A3	黑	9.88	销售部	2	ACF264
12	奇瑞	QQ	黄	4	技术部	1	AER324
13	奇瑞	QQ	红	4	销售部	3	AGF674
	奇瑞 计数					4	
2	中华	H530	白	11.8	办事处	2	A12F4T
3	中华	H530	红	10.8	销售部	4	A23GD6
5	中华	H330	白	7.8	销售部	3	A2R6G3
	中华 计数					3	
	总计数					15	

第2部分

192

第8章

分析 Excel 数据

/ 本章导读

本章将主要介绍图表的基础知识，让用户对图表在表格数据分析中的应用有全面的了解。如图表的分类和应用范围、创建图表的方法、编辑图表的各种操作，以及创建数据透视表和数据透视图，并通过数据透视图、数据透视表对数据进行分析。

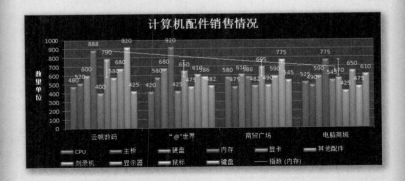

8.1 制作"销售分析"图表

公司销售部需要统计并分析这个月各大电脑商城计算机配件的销售情况，要求进行市场调查并制作"销售分析"图表。图表是 Excel 重要的数据分析工具，它具有很好的视觉效果，使用图表能够将工作表中枯燥的数据显示得更清楚、更易于理解，从而使分析的数据更具有说服力。图表还具有帮助分析数据、查看数据的差异、预测发展趋势等功能。

8.1.1 创建图表

Excel 提供了 10 多种标准类型和多个自定义类型图表，如柱形图、条形图、折线图、饼图、XY 散点图和面积图等。用户可为不同的表格数据创建合适的图表类型。创建图表的操作包括插入图表、修改图表数据、调整图表大小和位置，以及更改图表类型。

微课：创建图表

1. 插入图表

在创建图表之前，首先应制作或打开一个创建图表所需的数据区域存储的表格，然后再选择适合数据的图表类型。下面在"销售分析图表 .xlsx"工作簿中插入图表，其具体操作步骤如下。

STEP 1 选择图表类型

❶选择 A2:F12 单元格区域；❷在【插入】/【图表】组中单击"柱形图"按钮；❸在打开列表的"二维柱形图"栏中选择"簇状柱形图"选项。

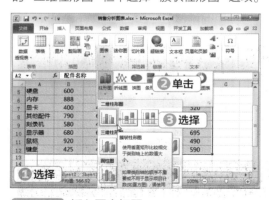

STEP 2 插入图表标题

❶在【图表工具 布局】/【标签】组中，单击"图表标题"按钮；❷在打开的列表中选择"图表

上方"选项。

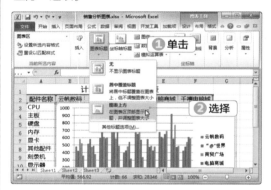

STEP 3 输入图表标题

Excel 在图表上方插入一个标题文本框，在文本框中输入"计算机配件销售情况"。

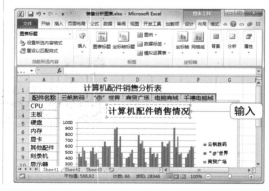

STEP 4 查看图表效果

插入图表的效果如下图所示。

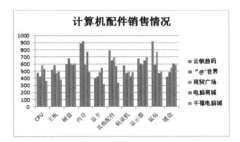

2. 调整图表的位置和大小

图表通常浮于工作表上方，可能会挡住其中的数据，这样不利于数据的查看，这时就可以对图表的位置和大小进行调整。下面在"销售分析图表.xlsx"工作簿中调整图表的位置和大小，其具体操作步骤如下。

STEP 1 调整图表大小

将鼠标光标移至图表右侧的控制点上，按住鼠标左键不放，拖动鼠标调整图表的大小。

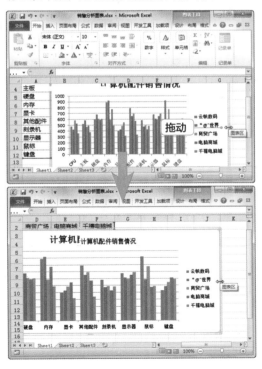

STEP 2 调整图表位置

将鼠标光标移动到图表区的空白位置，待鼠标光标变为十字箭头形状时，按住鼠标左键不放，拖动鼠标移动图表位置。

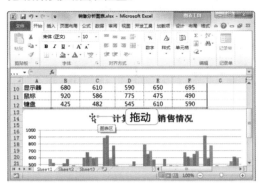

3. 重新选择图表数据源

图表依据数据表所创建，若创建图表时选择的数据区域有误，那么在创建图表后，就需要重新选择图表数据源。下面在"销售分析图表.xlsx"工作簿中将图表区域从 A2:F12 单元格区域修改为 A2:E12 单元格区域，其具体操作步骤如下。

STEP 1 选择数据

❶在工作表中单击插入的图表，选择整个数据区域；❷在【图表工具 设计】/【数据】组中单击"选择数据"按钮。

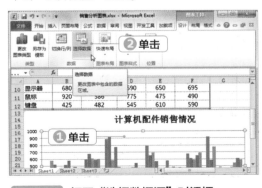

STEP 2 打开"选择数据源"对话框

打开"选择数据源"对话框，单击"图表数据区域"文本框右侧的折叠按钮。

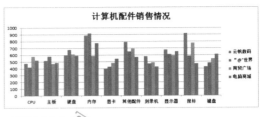

STEP 3 重新选择数据区域

❶在工作表中拖动鼠标选择 A2:E12 单元格区域；❷在折叠后的"选择数据源"对话框中再次单击文本框右侧的折叠按钮。

STEP 4 完成图表数据的修改

打开"选择数据源"对话框，单击"确定"按钮，完成图表数据的修改。

STEP 5 查看修改数据源的图表效果

返回 Excel 工作界面，即可看到修改了数据源的图表。

技巧秒杀

快速修改图表数据系列

在"选择数据源"对话框中的"图例项（系列）"列表框中选择需要修改的数据系列选项，单击对应的按钮，即可快速修改数据系列，如下图所示为快速删除数据系列的操作。

4. 交换图表的行和列

利用表格中的数据创建图表后，图表中的数据与表格中的数据是动态联系的，即修改表格中数据的同时，图表中相应数据系列会随之发生变化；而在修改图表中的数据源时，表格中所选的单元格区域也会发生改变。下面在"销售分析图表 .xlsx"工作簿中交换行和列的数据，其具体操作步骤如下。

STEP 1 选择数据

❶在工作表中单击插入的图表；❷在【图表工具 设计】/【数据】组中单击"选择数据"按钮。

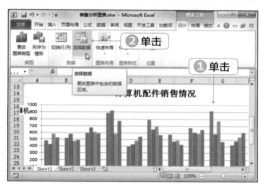

STEP 2 切换行和列

❶打开"选择数据源"对话框，单击"切换行 /列"按钮，在下面左右两个列表框中的内容将交换位置；❷单击"确定"按钮。

STEP 3 查看切换行列的效果

返回 Excel 工作界面，即可看到图表中的数据序列发生了变化。

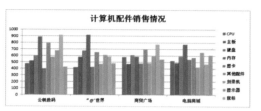

操作解谜

修改图表的数据

修改图表数据的操作都可以在"选择数据源"对话框中进行，在两个列表框中单击"添加""编辑"和"删除"按钮，分别进行修改图表数据的相关操作。

5. 更改图表类型

Excel 中包含了多种不同的图表类型，如果觉得第一次创建的图表无法清晰地表达出数据的含义，则可以更改图表的类型。下面在"销售分析图表 .xlsx"工作簿中更改图表的类型，其具体操作步骤如下。

STEP 1 选择操作

❶在工作表中单击插入的图表；❷在【图表工具 设计】/【类型】组中单击"更改图表类型"按钮。

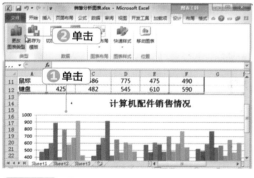

STEP 2 选择图表类型

❶打开"更改图表类型"对话框，在左侧的列表框中选择"柱形图"选项；❷在右侧的窗格中选择"三维簇状柱形图"选项；❸单击"确定"按钮。

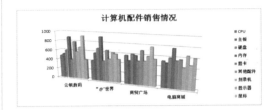

STEP 3 查看更改图表类型效果

返回 Excel 工作界面，即可看到图表从簇状柱形图变成了三维簇状柱形图。

8.1.2 编辑并美化图表

在创建图表后，往往需要对图表，以及其中的数据或元素等进行编辑修改，使图表符合用户的要求，达到满意的效果。图表美化不仅可增强图表的吸引力，而且能清晰地表达出数据的内容，从而帮助阅读者更好地理解数据。

微课：编辑并美化图表

1. 添加坐标轴标题

默认创建的图表不会显示坐标轴标题，用户可自行添加，用以辅助说明坐标轴信息。下面在"销售分析图表.xlsx"工作簿中添加纵坐标轴标题，其具体操作步骤如下。

STEP 1 添加纵坐标轴标题

❶单击插入的图表；❷在【图表工具 布局】/【标签】组中单击"坐标轴标题"按钮；❸在打开的列表中选择"主要纵坐标轴标题"选项；❹在打开的子列表中选择"竖排标题"选项。

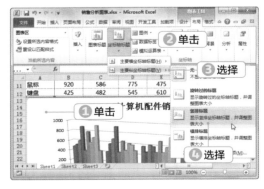

操作解谜

设置坐标轴标题格式

打开坐标轴标题列表后，选择其中的"其他主要横（纵）坐标轴标题选项"选项，即可打开"设置坐标轴标题格式"对话框，设置坐标轴标题的格式。

STEP 2 查看添加坐标轴标题效果

返回 Excel 工作界面，即可在图表中看到添加的纵坐标轴标题。

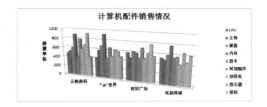

2. 添加数据标签

将数据项的数据在图表中直接显示出来，有利于数据的直观查看。下面就在"销售分析图表 .xlsx"工作簿中添加数据标签，其具体操作步骤如下。

添加数据标签

❶单击插入的图表; ❷在【图表工具 布局】/【标签】组中单击"数据标签"按钮; ❸在打开的列表中选择"其他数据标签选项"选项。

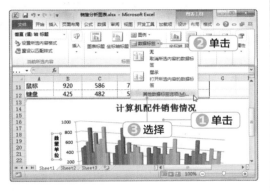

STEP 2 设置数据标签格式

❶打开"设置数据标签格式"对话框，在"标签选项"选项卡的"标签包括"栏中单击选中"值"复选框; ❷单击"关闭"按钮。

STEP 3 查看数据标签效果

单击"关闭"按钮返回 Excel 工作界面，即可在图表中看到添加的数据标签。

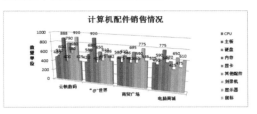

3. 调整图例位置

图例是用一个色块表示图表中各种颜色所代表的含义。下面就在"销售分析图表 .xlsx"工作簿中调整图例位置，其具体操作步骤如下。

STEP 1 设置图例位置

❶单击插入的图表; ❷在【标签】组中单击"图例"按钮; ❸在打开的列表中选择"在底部显示图例"选项。

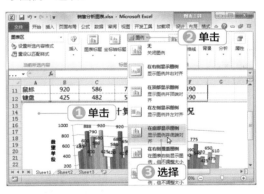

STEP 2 查看调整图例位置的效果

返回 Excel 工作界面，即可在图表下方看到图例。

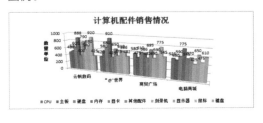

择"簇状柱形图"选项；❸单击"确定"按钮。

4. 添加并设置趋势线

趋势线是以图形的方式表示数据系列的变化趋势并对以后的数据进行预测，如果在实际工作中需要利用图表进行回归分析，就可以在图表中添加趋势线。下面在"销售分析图表.xlsx"工作簿中添加并设置趋势线，其具体操作步骤如下。

STEP 1　更改图表类型

❶在工作表中单击插入的图表；❷在【图表工具 设计】/【类型】组中单击"更改图表类型"按钮。

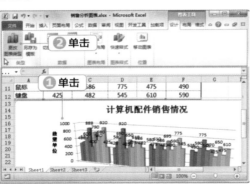

STEP 2　选择图表类型

❶打开"更改图表类型"对话框，在左侧的列表框中选择"柱形图"选项；❷在右侧的窗格中选

STEP 3　添加趋势线

❶在【图表工具 布局】/【分析】组中单击"趋势线"按钮；❷在打开的列表中选择"指数趋势线"选项。

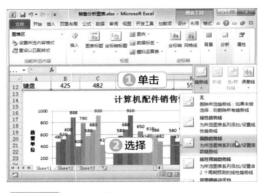

STEP 4　设置趋势线系列

❶打开"添加趋势线"对话框，在"添加基于系列的趋势线"列表框中选择"内存"选项；❷单击"确定"按钮。

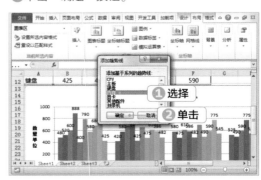

STEP 5 设置趋势线颜色

❶选择添加的趋势线；❷在【图表工具 格式】/【形状样式】组中单击"形状轮廓"按钮右侧的下拉按钮；❸在打开列表的"标准色"栏中选择"红色"选项。

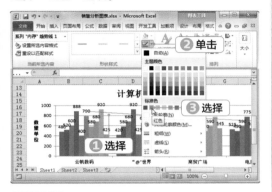

STEP 6 设置趋势线样式

❶在【形状样式】组中单击"形状轮廓"按钮；❷在打开的列表中选择"箭头"选项；❸在打开的子列表中选择"箭头样式 2"选项。

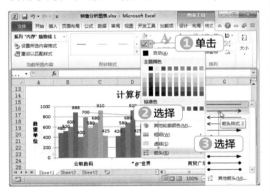

STEP 7 查看添加和设置趋势线的效果

返回 Excel 工作界面，看到添加和设置趋势线的效果。

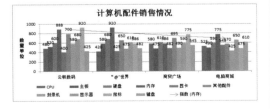

5. 添加并设置误差线

误差线通常用于统计或分析数据，显示潜在的误差或相对于系列中每个数据标志的不确定程度。添加误差线的方法与添加趋势线的方法大同小异，并且添加后的误差线也可以进行格式设置。下面在"销售分析图表 .xlsx"工作簿中添加并设置误差线，其具体操作步骤如下。

STEP 1 添加误差线

❶在图表中单击"其他配件"系列所在的图标；❷在【图表工具 布局】/【分析】组中单击"误差线"按钮；❸在打开的列表中选择"标准偏差误差线"选项。

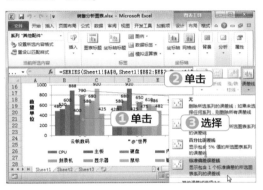

STEP 2 设置误差线样式

❶在图表中选择添加的误差线；❷在【图表工具 格式】/【形状样式】组中单击"形状轮廓"按钮右侧的下拉按钮；❸在打开的列表中选择"粗细"选项；❹在打开的子列表中选择"2.25磅"选项。

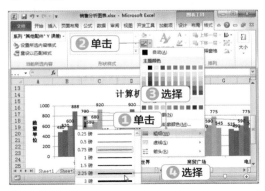

STEP 3　查看添加误差线效果

返回 Excel 工作界面，看到添加和设置误差线的效果。

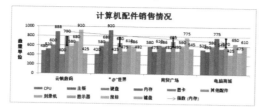

操作解谜

图表的快速布局

在【图表工具 设计】/【图表布局】组中单击"快速布局"按钮，在打开的列表中可以选择一种图表的布局样式，包括标题、图例、数据系列和坐标轴等。但图表布局样式中不包括趋势线和误差线等元素。

6. 设置图表区样式

图表区就是整个图表的背景区域，包括了所有的数据信息以及图表辅助的说明信息。下面在"销售分析图表.xlsx"工作簿中设置图表区的形状样式，其具体操作步骤如下。

STEP 1　设置图表区样式

❶单击插入的图表；❷在【图表工具 格式】/【形状样式】组中单击"形状填充"按钮；❸在打开的列表中选择"渐变"选项；❹在打开子列表的"浅色变体"栏中选择"线性向上"选项。

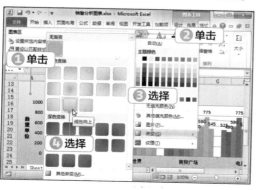

STEP 2　查看设置图表区样式后的效果

返回 Excel 工作界面，适当调整图表的高度，为图表区设置样式的效果如下图所示。

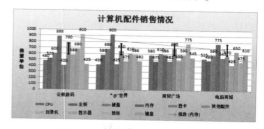

7. 设置绘图区样式

绘图区是图表中描绘图形的区域，其形状是将表格数据形象化转换而来。绘图区包括数据系列、坐标轴和网格线，和设置图表区样式相似，对于绘图区的样式，也可以设置形状填充、形状轮廓和形状效果等。下面在"销售分析图表.xlsx"工作簿中设置图表区的形状样式，其具体操作步骤如下。

STEP 1　设置绘图区样式

❶在图表中单击选择绘图区；❷在【图表工具 格式】/【形状样式】组中单击"形状填充"按钮；❷在打开的列表中选择"纹理"选项；❸在打开的子列表中选择"蓝色面巾纸"选项。

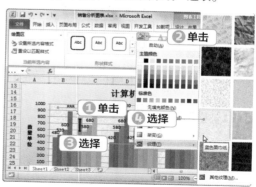

STEP 2　查看设置绘图区样式的效果

返回 Excel 工作界面，即可看到为绘图区设置样式的效果。

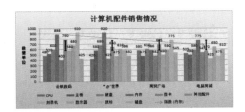

8. 设置数据系列颜色

数据系列是根据用户指定的图表类型以系列的方式显示在图表中的可视化数据，在分类轴上每一个分类都对应着一个或多个数据，并以此构成数据系列。下面在"销售分析图表.xlsx"工作簿中设置数据系列的颜色，其具体操作步骤如下。

STEP 1 设置数据系列颜色

❶在图表中单击内存对应的数据系列；❷在【图表工具 格式】/【形状样式】组中，单击"形状填充"按钮；❸在打开列表的"标准色"栏中选择"绿色"选项。

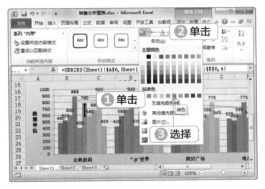

STEP 2 查看设置数据系列颜色效果

返回 Excel 工作界面，看到为数据系列设置颜色的效果。

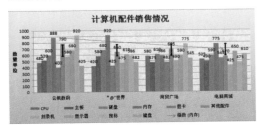

9. 应用图表样式

应用图表样式包括文字样式和形状样式等。应用图表样式后，其他对于图表样式的设置将无法显示。下面在"销售分析图表.xlsx"工作簿中应用图表样式，其具体操作步骤如下。

STEP 1 应用图表样式

❶单击图表；❷在【图表工具 设计】/【图表样式】组中单击"快速样式"按钮；❸在打开的列表中选择"样式 42"选项。

STEP 2 查看应用图表样式效果

返回 Excel 工作界面，即可看到应用图表样式的效果。

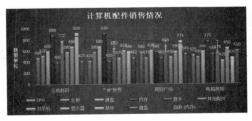

8.2 分析"硬件质量问题反馈"表格

　　云帆科技需要针对最近销售的计算机产品质量进行数据统计和调查，制作产品质量问题分析表，根据客户对产品质量的反馈信息，从赔偿、退货和换货等情况分析质量因素形成的原因，从而针对问题制定相应的管理措施，以控制和提高产品的质量。普通图表并不能很好地表现出数据间的关系。这时，就可以使用数据透视表和数据透视图来显示出工作簿中的数据，便于用户对数据做出精确和详细的分析。

8.2.1 使用数据透视表

　　数据透视表是一种交互式报表，可以按照不同的需要以及不同的关系来提取、组织和分析数据，得到需要的分析结果，它集筛选、排序和分类汇总等功能于一身，是 Excel 重要的分析性报告工具，弥补了在表格中输入大量数据时，使用图表分析显得很拥挤的缺点。

微课：使用数据透视表

1. 创建数据透视表

　　要在 Excel 中创建数据透视表，首先要选择需要创建数据透视表的单元格区域，需要注意的是，创建透视表的表格，数据内容要存在分类，数据透视表进行汇总才有意义。下面在"硬件质量问题反馈 .xlsx"工作簿中创建数据透视表，其具体操作步骤如下。

STEP 1 选择数据区域

❶选择 A2:F15 单元格区域；❷在【插入】/【表格】组中单击"数据透视表"按钮。

STEP 2 设置数据透视表位置

❶打开"创建数据透视表"对话框，在"选择放置数据透视表的位置"栏中单击选中"现有

工作表"单选项；❷返回到 Excel 工作界面，在"Sheet1"工作表中单击 A17 单元格；❸单击"确定"按钮。

操作解谜

数据源中标题与透视表中字段名的关系

　　数据透视表的数据源中的每一列都会成为在数据透视表中使用的字段，字段汇总了数据源中的多行信息。因此数据源中工作表第一行上的各个列都应有名称，通常每一列的列标题将成为数据透视表中的字段名。

STEP 3 设置任务窗格的显示方式

❶系统自动创建一个空白的数据透视表并打开"数据透视表字段列表"任务窗格，单击"工具"

按钮；❷在打开的列表中选择"字段节和区域节并排"选项。

STEP 4　添加字段

在"选择要添加到报表的字段"栏中单击选中"销售区域""质量问题""赔偿人数""退货人数"和"换货人数"复选框。

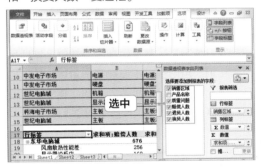

STEP 5　查看创建的数据透视表效果

返回 Excel 工作界面，即可看到选择的区域中出现了创建的数据透视表。

行标签	求和项:赔偿人数	求和项:退货人数	求和项:换货人数
东华电子市场	676	474	1227
风扇散热性能差	256	182	489
显示器没反应	168	156	398
硬盘易损坏	252	136	340
海龙电子市场	250	213	658
风扇散热性能差	250	213	658
科海电子市场	663	619	736
显示器有划痕	205	256	468
主板兼容性不好	458	363	268
世纪电脑城	778	1193	1325
机箱漏电	104	209	261
机箱有划痕	268	360	414
显示器黑屏	160	260	414
主板温度过高	246	364	236
中发电子市场	450	710	670
电源插座接触不良	154	261	236
集成网卡带宽小	140	185	198
硬盘空间太小	156	264	236
总计	2817	3209	4616

2. 隐藏与显示字段列表

字段列表就是"数据透视表字段列表"任

务窗格，在其中可对数据透视表进行各种编辑操作。单击其右上角的"关闭"按钮可将其隐藏。下面在"硬件质量问题反馈 .xlsx"工作簿中隐藏字段列表，其具体操作步骤如下。

STEP 1　打开字段列表

❶选择数据透视表的任意单元格，这里选择A17 单元格；❷在【数据透视表工具 选项】/【显示】组中单击"字段列表"按钮。

STEP 2　隐藏字段列表

返回 Excel 工作界面，看到隐藏了右侧的"数据透视表字段列表"任务窗格。

3. 重命名字段

创建数据透视表后，表格字段前面增加了"求和项："文本内容，这样增加了列宽，为了让表格看起来更加简洁美观，可对字段进行重命名。下面在"硬件质量问题反馈 .xlsx"工作簿中重命名字段，其具体操作步骤如下。

STEP 1　打开"值字段设置"对话框

❶选择 B17 单元格；❷单击鼠标右键；❸在

弹出的快捷菜单中选择【值字段设置】命令。

重命名字段的注意事项

在重命名字段时，名称不能与该字段的源名称一样，否则将无法完成重命名字段的操作，如下图所示。

STEP 2 命名字段

❶打开"值字段设置"对话框，在"自定义名称"文本框中输入"赔偿人数统计"；❷单击"确定"按钮。

4. 设置值字段

默认情况下，数据透视表的数值区域显示为求和项。用户也可根据需要设置值字段，如平均值、最大值、最小值、计数、乘积、偏差和方差等。下面在"硬件质量问题反馈 .xlsx"工作簿中将"退货人数统计"字段的值设置为"最大值"，其具体操作步骤如下。

STEP 3 查看命名字段效果

用同样的方法在 C17 和 D17 单元格中重命名字段。

STEP 1 选择字段单元格

❶在数据透视表中选择需要设置值字段的任意字段单元格，这里选择 C17 单元格；❷在【数据透视表工具 选项】/【活动字段】组中单击"字段设置"按钮。

STEP 2　设置值字段

❶打开"值字段设置"对话框，在"值字段汇总方式"栏的"计算类型"列表框中选择"最大值"选项；❷单击"确定"按钮。

STEP 3　查看设置值字段效果

返回 Excel 工作界面，即可看到"退货人数"字段的值已经变成了统计最大值，字段名称也变成了"最大值"。

5. 设置透视表样式

　　为了使数据透视表的效果更美观，还可以设置数据透视表的布局和样式。下面在"硬件质量问题反馈 .xlsx"工作簿中设置数据透视表的样式，其具体操作步骤如下。

STEP 1　设置布局

❶在数据透视表中选择任意单元格；❷在【数据透视表工具 设计】/【布局】组中单击"报表布局"按钮；❸在打开的列表中选择"以表格形式显示"选项。

STEP 2　设置样式

在【数据透视表样式】组中单击列表框右下角的"其他"按钮。

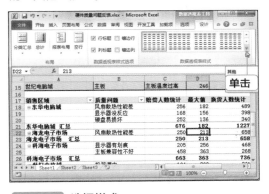

STEP 3　选择样式

在打开列表的"中等深浅"栏中选择"数据透视表样式中等深浅 14"选项。

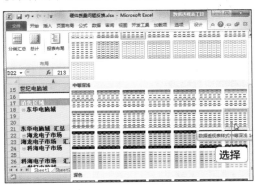

STEP 4　查看设置布局样式的效果

返回 Excel 工作界面，即可看到设置了布局和

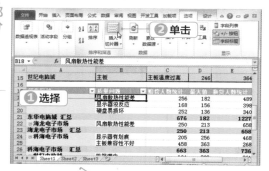

6. 使用切片器

切片器是易于使用的筛选组件，它包含一组按钮，使用户能快速地筛选数据透视表中的数据，而不需要通过下拉列表查找要筛选的项目。下面在"硬件质量问题反馈.xlsx"工作簿中创建并使用切片器，其具体操作步骤如下。

STEP 1　插入切片器

❶在数据透视表中选择任意单元格；❷在【数据透视表工具 选项】/【排序和筛选】组中单击"插入切片器"按钮。

技巧秒杀

清除切片器筛选

选择切片器上的某个筛选项后，在切片器的右侧单击"清除筛选器"按钮，可显示切片器中的所有筛选项，即清除筛选器；若需直接删除切片器，可选择切片器后按【Delete】键。

STEP 2　选择切片字段

❶打开"插入切片器"对话框，单击选中"产

品名称"复选框；❷单击"确定"按钮。

STEP 3　移动切片

创建"产品名称"切片器，将鼠标光标移动到切片器的边框上，按住鼠标左键不放，拖动切片器到数据透视表的左上角后释放鼠标。

STEP 4　设置切片器按钮与大小

❶在【切片器工具 选项】/【按钮】组的"列"数值框中输入"7"；❷在【大小】组的"高度"数值框中输入"2 厘米"；❸在"宽度"数值框中输入"16 厘米"，按【Enter】键。

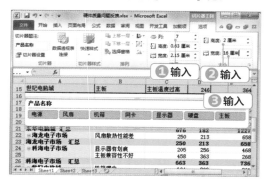

STEP 5 设置切片器样式

❶在【切片器样式】组中单击"快速样式"按钮；
❷在打开列表的"深色"栏中选择"切片器样式深色6"选项。

STEP 6 查看切片器筛选结果

返回 Excel 工作界面，调整切片器的位置，在切片器上单击"显示器"按钮，数据透视表中的数据将只显示与显示器项目相关的数据。

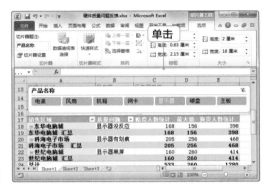

8.2.2 使用数据透视图

数据透视图是数据透视表的图形显示效果，它有助于形象地呈现数据透视表中的汇总数据，方便用户查看、对比和分析数据趋势。数据透视图具有与图表相似的数据系列、分类、数据标记和坐标轴，另外还包含了与数据透视表对应的特殊元素。

微课：使用数据透视图

1. 创建数据透视图

数据透视图和数据透视表密切关联，它是用图表的形式来表示数据透视表，使数据更加直观，透视图和透视表中的字段是相互对应的。如果需更改其中某个数据，则另一个中的相应数据也会随之改变。与创建数据透视表类似，数据源可以是打开的数据透视表，也可以利用外部数据源进行创建。下面在"硬件质量问题反馈.xlsx"工作簿中根据创建好的数据透视表创建透视图，其具体操作步骤如下。

操作解谜

数据透视图的类型

除XY散点图、股价图和气泡图之外，数据透视图的类型与Excel图表类型完全相同。

STEP 1 创建数据透视图

❶在创建好的数据透视表中选择任意单元格；
❷在【数据透视表 选项】/【工具】组中单击"数据透视图"按钮。

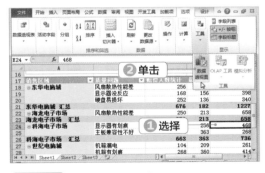

STEP 2 选择透视图样式

❶打开"插入图表"对话框，在左侧的列表框中选择"柱形图"选项；❷在右侧的列表框中选择"簇状柱形图"选项；❸单击"确定"按钮。

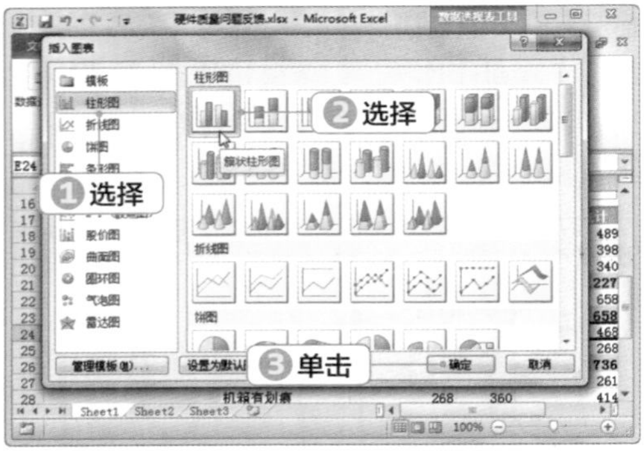

STEP 3 查看数据透视图效果

返回 Excel 工作界面，查看数据透视图效果，调整数据透视图大小。

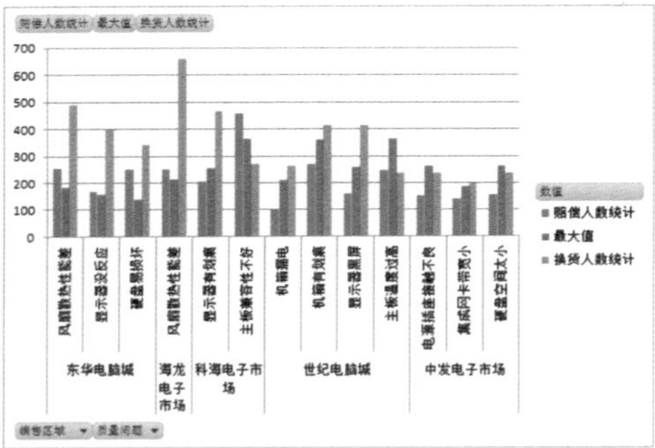

操作解谜

单独创建数据透视图

在没有创建数据透视表的情况下创建数据透视图的方法为：在表格中选择需要创建数据透视图的数据区域，在【插入】/【图表】组中单击“数据透视图”按钮，打开“创建数据透视图”对话框，在“选择放置数据透视图的位置”栏中设置数据透视图的位置，单击“确定”按钮，打开“数据透视图字段”任务窗格，在其中添加字段后，Excel将在设置的位置自动创建数据透视表和数据透视图。

2. 移动数据透视图

在一张工作表中同时显示数据源表格、数据透视表和数据透视图，可能显得比较拥挤，这时可以将数据透视图移动到其他工作表中。下面在“硬件质量问题反馈 .xlsx”工作簿中移动数据透视图，其具体操作步骤如下。

STEP 1 移动图表

①选择创建好的数据透视图；②在【数据透视图工具 设计】/【位置】组中单击“移动图表”按钮。

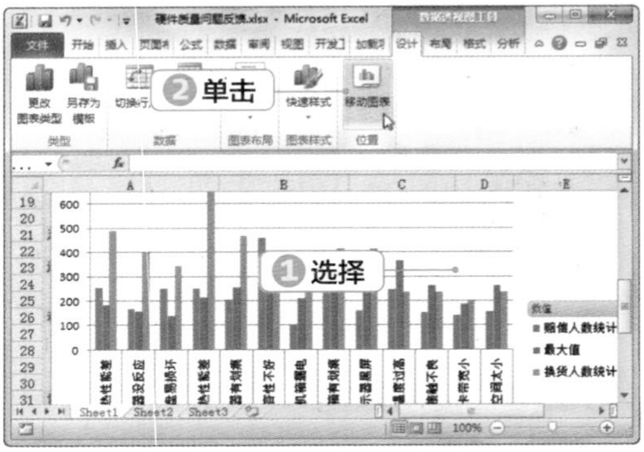

STEP 2 设置图表位置

①打开“移动图表”对话框，单击选中“对象位于”单选项；②在右侧的下拉列表框中选择“Sheet2”选项；③单击“确定”按钮。

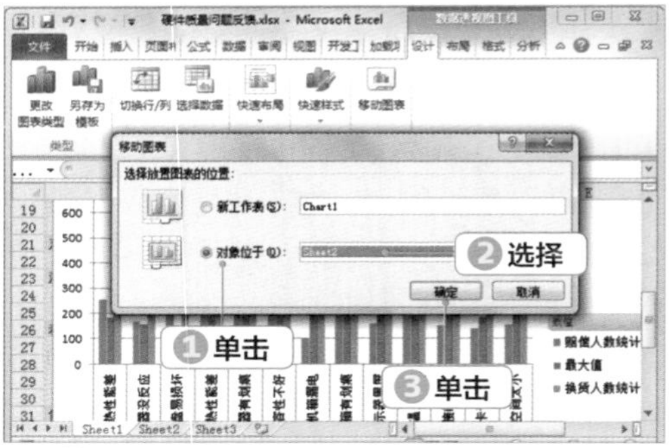

操作解谜

移动数据透视图和数据透视表的区别

两者的操作基本相同，区别是移动数据透视表后，表格的列宽通常会发生变化，需要重新调整。

STEP 3 查看移动数据透视图效果

返回 Excel 工作界面，即可看到创建的数据透视图移动到了"Sheet2"工作表中。

3. 美化透视图

美化透视图的操作与美化 Excel 图表相似，包括设置样式、更改颜色和图表类型、设置布局等。下面在"硬件质量问题反馈 .xlsx"工作簿中美化创建的透视图，其具体操作步骤如下。

STEP 1 设置布局

①选择创建的数据透视图；②在【数据透视图工具 设计】/【图表布局】组中单击"快速布局"按钮；③在打开的列表中选择"布局 2"选项。

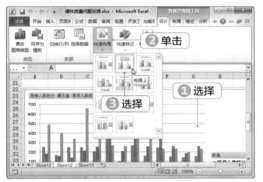

操作解谜

数据透视图和图表的区别

数据透视图除包含与标准图表相同的元素外，还包括字段和项，用户可以添加、旋转或删除字段和项来显示数据的不同视图。

STEP 2 更改透视图类型

在【数据透视图工具 设计】/【类型】组中单击"更改图表类型"按钮。

STEP 3 选择透视图类型

①打开"更改图表类型"对话框，在左侧的列表框中选择"条形图"选项；②在右侧的列表框中选择"簇状条形图"选项；③单击"确定"按钮。

STEP 4 设置图表样式

在【图表样式】组中单击"快速样式"按钮。

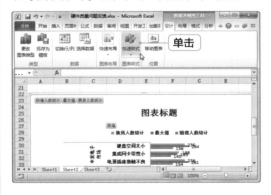

STEP 5 选择图表样式

在打开的列表中选择"样式 18"选项。

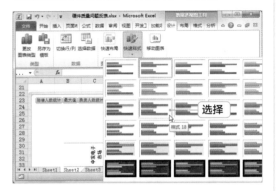

STEP 6 查看美化数据透视图效果

返回 Excel 工作界面，即可看到美化后的数据透视图。

4. 筛选透视图中的数据

与图表相比，数据透视图中多出了几个按钮，这些按钮分别与数据透视表中的字段相对应，被称作字段标题按钮，通过这些按钮可对数据透视图中的数据系列进行筛选，从而观察所需数据。下面在"硬件质量问题反馈.xlsx"工作簿中筛选数据，其具体操作步骤如下。

STEP 1 筛选数据

❶单击数据透视图左侧的"销售区域"按钮；❷在打开列表的列表框中撤销选中"海龙电子市场"和"科海电子市场"复选框；❸单击"确定"按钮。

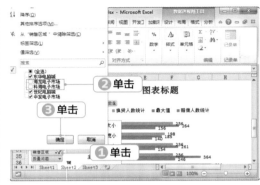

STEP 2 删除字段

❶在数据透视表左上侧的"最大值"按钮上单击鼠标右键；❷在弹出的快捷菜单中选择【删除字段】命令。

STEP 3 查看筛选效果

在数据透视表的标题文本框中输入"硬件质量问题反馈"，完成数据的筛选操作。

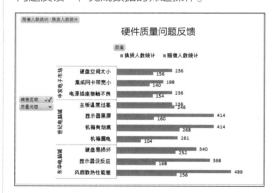

新手加油站 ——分析 Excel 数据技巧

1. 在图表中添加图片

在使用 Excel 生成图表时，如果希望图表变得更加生动、美观，可以使用图片来填充原来的单色数据条。为图表填充图片的具体操作如下。

❶ 打开包含图表的工作表，在图表中需要添加图片的位置（可以是图表区域背景、绘图区背景或图例背景）单击鼠标右键，在弹出的快捷菜单中选择【设置 **** 格式】命令。

❷ 打开"设置****格式"对话框，单击左侧的"填充"选项卡，单击选中"图片或纹理填充"单选项，在打开的列表中单击"文件"按钮，打开"插入图片"对话框，在其中选择一张图片即可插入到图表中。

2. 为图表创建快照

使用 Excel 2010 中的快照功能可为图表添加摄影效果，更能体现图表的立体感和视觉效果，快照图片可以随图表的改变而改变。为图表创建快照的具体操作如下。

❶ 打开素材文件，单击"文件"按钮，在打开的列表中选择"选项"选项，然后在打开的对话框中选择"自定义功能区"选项。

❷ 在"从下列位置选择命令"下拉列表框中选择"不在功能区中的命令"选项，然后在下方的列表框中选择"照相机"选项，单击"新建选项卡"按钮，再依次单击"添加"按钮和"确定"按钮。

❸ 选择图表所在位置的单元格区域，在【新建选项卡】/【新建组】组中单击"照相机"按钮。然后在工作表的任一位置单击，将拍摄的快照粘贴到其中，此时粘贴的对象为一张图片。

❹ 返回单元格区域，修改其中的数据，此时可查看到原图表发生变化，并且快照图片已经随图表内容的改变而改变。

3. 常见图表的应用

Excel 2010 中的图表类型有很多，主要包括柱形图、条形图、饼图、折线图、面积图、XY 散点图、股价图、曲面图、圆环图、气泡图和雷达图，在进行数据处理与分析时，不同的情况下使用的图表也有所不同。

（1）柱形图的应用

柱形图是图表类型中最常用的类型之一，柱形图用来显示一段时间内数据的变化，或描述各项目之间数据的比较，强调的是一段时间内类别数据值的变化。柱形图的子图表有二维、三维、圆柱、圆锥和棱锥这 5 个样式，每种样式里都有簇状、堆积和百分比 3 种类型。

- 二维簇状柱形图：使用垂直矩形比较相交于类别轴上数值的大小，常用于进行多个项目之间数据的对比，能直观表现出每个图例的变化。
- 二维堆积柱形图：使用垂直矩形比较相交于轴上的每个数值占总数值的大小，强调一个类别相交于系列轴上的总数值，表现出每类所占数值大小。
- 二维百分比堆积图：百分比柱形图和堆积柱形图类似。不同之处在于，百分比堆积柱形图用于比较相交于类别轴上的每一数值占总数值的百分比，反映的是比例而非数值。
- 三维堆积柱形图：同样也是比较相交于类别轴上的每个数值占总数值的大小。效果虽然具有三维显示效果，但是显示方式仍然是二维方式。
- 三维圆柱图：三维类型的圆柱图的显示方式非常直观和形象，但当包含的项目较多时容易产生错觉，不利于进行数据比较。建议在项目较少的情况下才使用三维圆柱图。
- 簇状圆锥图：簇状圆锥图的显示方式与含义与二维簇状柱形图相同，只是显示方式为圆锥而已。

（2）条形图的应用

条形图用于描绘各项目之间数据的差异，条形图可以看作是顺时针旋转 90° 的柱形图，主要是强调在特定时间点上分类轴和数值的比较，而不太重视时间的因素。条形图的子图表类型与柱形图的子图表类型基本相似，只是条形图中只有二维样式而没有三维类柱形图。

- 二维簇状条形图：二维簇状条形图可应用于分类标签较长的图表的绘制，以免出现柱形图中对长分类标签的省略情况。二维簇状条形图实际上是二维簇状柱形图横过来。

- 三维簇状条形图：三维簇状条形图和三维样式的柱形图一样，三维、圆柱、圆锥和棱锥样式的条形图其实也只是具有三维效果的二维表现方式。

（3）饼图的应用

饼图主要用于显示每一数值所占总数值的百分比，强调的是比例。饼图有二维和三维两种样式，二维样式中有普通饼图、分离型饼图、复合饼图和复合条饼图，而三维样式中有三维饼图和分离型三维饼图。下面对主要的饼图类型进行简单介绍。

- 普通饼图：普通饼图就是图表类型中的"饼图"选项，用于显示每个数值占总值的大小。如果各个数值可以相加或者仅有一个数据系列且所有数值均为正值，则可以使用本类型的饼图。
- 分离型饼图：用于显示每个数值占总值的大小，同时强调单个数值。由普通饼图改为分离型饼图，饼图各部分将单独分开。
- 复合饼图：复合饼图将用户定义的数值从主饼图中提取并组合到第二个饼图中，使得主饼图中的小扇面更易于查看，使用该饼图后将会出现两个饼图。
- 复合条饼图：复合条饼图将用户定义的数值从主饼图中提取到另一个堆积条形图中，可以提高小百分点可读性，或者强调一组数值。使用该图表可以单独比较某两组或三组数据。
- 三维饼图：三维格式显示每一数值相对于总数值的大小，应用后的效果即对普通饼图增加了三维效果，但显示方式仍然是二维方式。
- 分离型三维饼图：分离型饼图可以以三维格式显示。应用后的效果即对分离型饼图增加了三维效果。

（4）折线图的应用

折线图显示的是一段时间内相关类别数据的变化趋势，它以等时间间隔显示数据的变化趋势，强调的是时间性和变动率，而非变动量，常用于描绘连续的数据。折线图也有二维和三维两种样式，二维折线图包括不带数据点的折线图、堆积折线图、百分比折线图和带数据点的折线图、堆积折线图、百分比折线图；三维折线图就只有一种。

- 折线图：用于显示随时间或有序类别变化的趋势线，该图表适合于有许多数据点且顺序很重要的情况。使用折线图可以看到不同时间内数据之间的差别。
- 堆积折线图：用于显示每个数值所占大小随时间或有序类别变化的趋势线。
- 百分比折线图：用于显示每个数值所占百分比随时间或有序类别变化的趋势线。
- 带数据点的折线图：此类型的折线图为折线图加上了数据点，带数据点的堆积折线图和百分比折线图也大同小异。
- 三维折线图：三维样式的折线图是指在 3 个坐标轴上以三维条带的形式显示数据行或数据列，三维折线图在外观上具有三维图立体效果，但不常使用，因为它不利于观察数据的变化率。

高手竞技场 ——分析 Excel 数据练习

1. 分析"费用统计表"

打开"费用统计表.xlsx"工作簿，为其创建图表，要求如下。

● 在工作表中创建饼图。

● 设置图表样式，美化图表。

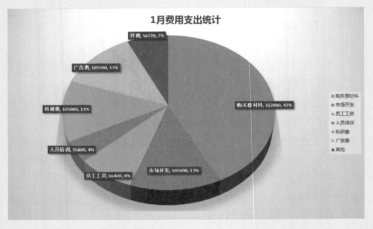

2. 分析"销售数据表"

打开"销售数据表.xlsx"工作簿，为其创建数据透视表和数据透视图，要求如下。

● 在新的工作表中创建数据透视表，并为数据透视表添加切片器。

● 在新的工作表中创建数据透视图，并美化透视图。

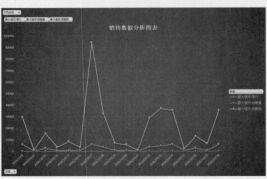

PowerPoint 应用

第9章

编辑幻灯片

/ 本章导读

几乎所有的企业都要制作各种各样的演示文稿，而演示文稿是 PowerPoint 生成的文件，制作演示文稿实际上就是对多张幻灯片进行编辑后再将它们组织到一起。PowerPoint 主要用于创建形象生动、图文并茂的幻灯片，是制作公司简介、会议报告、产品说明、培训计划和教学课件等演示文稿的首选软件，深受广大用户的青睐。

9.1 创建"营销计划"演示文稿

云帆集团市场部需要制作新一年的"营销计划"PPT，用于在下个月集团会议上演示，在各项计划的数据指标制定之前，需要先将"营销计划"的模板演示文稿制作出来。制作演示文稿主要包括演示文稿和幻灯片的一些基本操作，如创建和保存演示文稿，新建、复制、移动、删除幻灯片等，下面就详细介绍这些基础操作。

9.1.1 演示文稿的基本操作

使用 PowerPoint 制作的文件被称为演示文稿，最早的演示文稿扩展名为".ppt"，所以通常把使用 PowerPoint 制作演示文稿称为制作 PPT。下面就详细介绍演示文稿的基本操作。

微课：演示文稿的基本操作

1. 新建并保存空白演示文稿

空白的演示文稿就是只有一张空白幻灯片，即没有任何内容和对象的演示文稿，创建空白演示文稿后，通常需要通过添加幻灯片等操作来完成演示文稿的制作。下面新建一个空白演示文稿，并将其以"营销计划"为名保存到计算机中，其具体操作步骤如下。

STEP 1　启动 PowerPoint

❶在桌面左下角单击"开始"按钮；❷在打开的开始菜单中选择【所有程序】/【Microsoft Office】/【Microsoft PowerPoint 2010】命令。

STEP 2　保存工作簿

进入 PowerPoint 工作界面，新建"演示文稿

1.pptx"的空白演示文稿，在快速访问工具栏中单击"保存"按钮。

STEP 3　设置保存

❶打开"另存为"对话框，先设置文件的保存路径；❷在"文件名"下拉列表框中输入"营销计划"；❸单击"保存"按钮。

STEP 4　查看保存效果

返回 PowerPoint 工作界面，演示文稿的名称已经变为"营销计划 .pptx"。

技巧秒杀

新建空白演示文稿

在系统文件夹空白处单击鼠标右键，在弹出的快捷菜单中选择【新建】/【Microsoft PowerPoint演示文稿】命令，如下图所示，也可新建一个空白演示文稿，对其重命名后，即可双击图标打开。

2. 打开并根据模板创建演示文稿

　　PowerPoint 中的模板有两种来源，一是软件自带的模板，二是通过 Office.com 下载的模板，利用模板创建演示文稿能够节省设置模板样式等操作时间。下面打开刚才创建的"营销计划 .pptx"演示文稿，并根据模板创建新的"营销计划 .pptx"演示文稿替换刚才创建的空白"营销计划 .pptx"演示文稿，其具体操作步骤如下。

STEP 1　打开演示文稿

在计算机中找到需要打开的演示文稿所在的文件夹，双击"营销计划 .pptx"文件。

STEP 2　打开"文件"列表

进入 PowerPoint 工作界面，单击"文件"按钮。

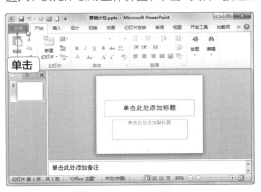

STEP 3　选择模板样式

❶在打开的列表中选择"新建"选项；❷在右侧的"可用的模板和主题"窗格的"Office.com"栏中选择"小型企业"选项。

STEP 4　选择模板

❶在中间的"可用的模板和主题"窗格的"Office.com"栏中选择"销售提案演示文稿"选项；❷在右侧窗格中单击"下载"按钮。

STEP 5　下载模板

PowerPoint 从网上下载模板。

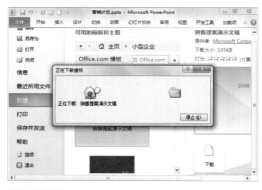

STEP 6　创建演示文稿

PowerPoint 以从网络下载的演示文稿模板为

标准，创建一个新的演示文稿，在该演示文稿的快速访问工具栏中单击"保存"按钮。

STEP 7　保存文件

❶打开"另存为"对话框，设置文件的保存路径与原空白"营销计划 .pptx"演示文稿一样；❷在"文件名"下拉列表框中输入"营销计划 .pptx"；❸单击"保存"按钮。

STEP 8　替换原演示文稿

打开"确认另存为"对话框，要求确认是否替换原演示文稿，单击"是"按钮。

操作解谜

替换文件的注意事项

　　STEP 8的操作要成功，在STEP 6操作前，必须关闭前面打开的空白"营销计划"演示文稿，即打开的演示文稿不能对其进行替换。

STEP 9 查看保存模板演示文稿效果

返回 PowerPoint 工作界面，该演示文稿的名称已经变为"营销计划 .pptx"。

操作解谜

关闭演示文稿

单击PowerPoint工作界面标题栏右上角的"关闭"按钮，关闭当前演示文稿并退出PowerPoint 2010。

3. 定时保存演示文稿

和 Word、Excel 一样，PowerPoint 也具有定时保存的功能。下面为"营销计划 .pptx"演示文稿设置定时保存，其具体操作步骤如下。

STEP 1 打开 "PowerPoint 选项" 对话框

在 PowerPoint 工作界面中单击"文件"按钮，在打开的列表中选择"选项"选项。

STEP 2 设置保存时间

❶打开 "PowerPoint 选项"对话框，在左侧列表框中选择"保存"选项；❷在右侧的"保存演示文稿"栏中单击选中"保存自动恢复信息时间间隔"复选框；❸在右侧的数值框中输入"10"；❹单击"确定"按钮。

操作解谜

保存演示文稿

PowerPoint支持将演示文稿保存为模板等其他格式的文档。其方法是：进行保存时，在"另存为"对话框的"保存类型"下拉列表框中选择一种文档格式。PowerPoint 2010演示文稿格式为".pptx"，不能在PowerPoint 2003及更早的版本中打开，将其保存为"PowerPoint 97－2003演示文稿"格式才能在更早的版本中打开。

9.1.2 幻灯片的基本操作

掌握幻灯片的基本操作是制作演示文稿的基础，因为在 PowerPoint 2010 中几乎所有的操作都是在幻灯片中完成的。与 Excel 中工作表的操作相似，幻灯片的基本操作包括新建幻灯片、选择幻灯片、删除幻灯片、复制和移动幻灯片、隐藏与显示幻灯片以及播放幻灯片等。

微课：幻灯片的基本操作

1. 新建幻灯片

一个演示文稿往往有多张幻灯片，用户可根据实际需要在演示文稿的任意位置新建幻灯片。下面在"营销计划 .pptx"演示文稿中新建一张幻灯片，其具体操作步骤如下。

STEP 1　选择幻灯片版式

❶在"幻灯片"窗格中选择第 2 张幻灯片；❷在【开始】/【幻灯片】组中单击"新建幻灯片"按钮；❸在打开的列表中选择"节标题"选项。

STEP 2　查看新建幻灯片效果

在工作界面可看到新建了一张"节标题"幻灯片。

技巧秒杀

快速新建幻灯片

在"幻灯片"窗格中选择一张幻灯片，按【Enter】键或【Ctrl+M】组合键，将自动在下方快速新建一张与选择的幻灯片相同版式的幻灯片。

2. 删除幻灯片

对于多余的幻灯片，可以将其删除，需要在"幻灯片"窗格进行。下面在"营销计划 .pptx"演示文稿中删除幻灯片，其具体操作步骤如下。

STEP 1　选择操作

❶在"幻灯片"窗格中按住【Ctrl】键，同时选择第 9 张和第 10 张幻灯片；❷在其上单击鼠标右键；❸在弹出的快捷菜单中选择【删除幻灯片】命令。

STEP 2　查看删除幻灯片效果

删除了第 9 张和第 10 张幻灯片，在"幻灯片"窗格中已经减少了两张幻灯片。

3. 复制和移动幻灯片

移动幻灯片就是在制作演示文稿时，根据需要对各幻灯片的顺序进行调整；而复制幻灯片则是在制作演示文稿时，若需要新建的幻灯片与某张已经存在的幻灯片非常相似，可以通过复制该幻灯片后再对其进行编辑，从而节省时间和提高工作效率。下面在"营销计划 .pptx"演示文稿中复制和移动幻灯片，其具体操作步骤如下。

STEP 1　复制幻灯片

❶在"幻灯片"窗格中按住【Ctrl】键，同时选择第 4 张、第 5 张和第 6 张幻灯片；❷在其上单击鼠标右键；❸在弹出的快捷菜单中选择【复制幻灯片】命令。

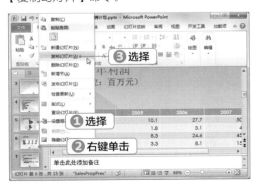

STEP 2　查看复制的幻灯片

在第 6 张幻灯片的下方，直接复制选择的 3 张幻灯片。

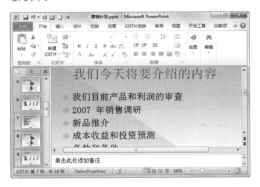

STEP 3　移动幻灯片

将鼠标光标移动到复制的幻灯片上，按住鼠标左键不放，拖动到第 10 张幻灯片下方。

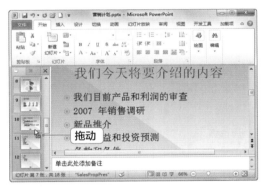

STEP 4　查看移动幻灯片效果

释放鼠标后，即可将复制的幻灯片移动到该位置，并重新对幻灯片编号。

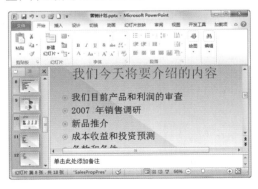

技巧秒杀

快速复制和移动幻灯片

利用Word和Excel中的【复制】、【剪切】和【粘贴】命令，或者【Ctrl+C】、【Ctrl+X】和【Ctrl+V】组合键，同样可以复制和移动幻灯片。

4. 修改幻灯片的版式

版式是幻灯片中各种元素的排列组合方式，PowerPoint 2010 中默认有 11 种版式。下面在"营销计划 .pptx"演示文稿中修改幻灯片的版式，其具体操作步骤如下。

STEP 1 选择版式

❶在"幻灯片"窗格中按住【Ctrl】键，同时选择第 11 和第 12 张幻灯片；❷在【开始】/【幻灯片】组中单击"版式"按钮；❸在打开的列表中选择"内容与标题"选项。

STEP 2 查看修改幻灯片版式效果

两张幻灯片的版式变成了"内容与标题"。

5. 显示和隐藏幻灯片

隐藏幻灯片的作用是在播放演示文稿时，不显示隐藏的幻灯片，当需要时可再次将其显示出来。下面在"营销计划 .pptx"演示文稿中隐藏和显示幻灯片，其具体操作步骤如下。

STEP 1 隐藏幻灯片

❶在"幻灯片"窗格中按住【Ctrl】键，同时选择第 11 张和第 12 张幻灯片；❷在其上单击鼠标右键；❸在弹出的快捷菜单中选择【隐藏幻灯片】命令，可以看到两张幻灯片的编号上有一根斜线，表示幻灯片已经被隐藏，在播放幻灯片时，播放完第 10 张幻灯片后，将直接播放第 13 张幻灯片，不会播放隐藏的第 11 张和第 12 张幻灯片。

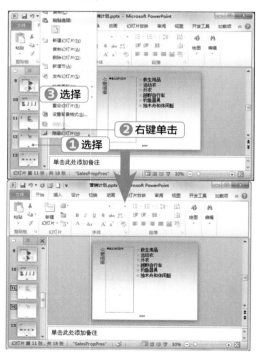

STEP 2 显示幻灯片

❶在"幻灯片"窗格中选择隐藏的第 12 张幻灯片；❷在其上单击鼠标右键；❸在弹出的快捷菜单中选择【隐藏幻灯片】命令，即可去除编号上的斜线，在播放时显示该幻灯片。

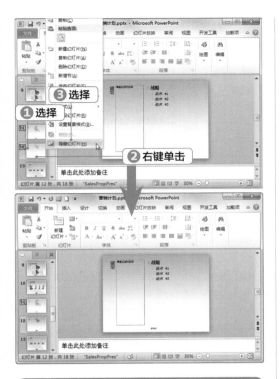

6. 播放幻灯片

制作幻灯片的目的是进行播放，在制作时，可以对任意一张幻灯片进行播放。下面在"营销计划 .pptx"演示文稿中播放幻灯片，其具体操作步骤如下。

STEP 1 选择播放的幻灯片
❶在"幻灯片"窗格中选择第 5 张幻灯片；❷在

状态栏中单击"幻灯片放映"按钮。

STEP 2 查看播放幻灯片效果
PowerPoint 将全屏播放第 5 张幻灯片。

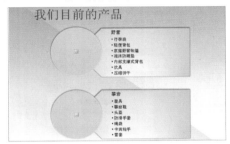

技巧秒杀
退出幻灯片播放状态
播放当前幻灯片时，按【PageDown】键将继续播放其他幻灯片；按【Esc】键，将退出幻灯片播放状态。

9.2 编辑"微信推广计划"演示文稿

云帆集团市场部需要制作一个产品的微信推广计划，并将其制作成 PPT，主要涉及在幻灯片中输入和编辑文本的相关操作，以及修饰文本格式、编辑艺术字等相关操作。

9.2.1 输入与编辑文本

要在幻灯片上表达自己的思想内容，就要在其中输入合适的文本，而编辑效果优秀的文本更加能表现幻灯片的意图和目的。输入与编辑文本主要包括设置文本的输入场所、输入文本和编辑文本格式等操作。

微课：输入与编辑文本

第3部分

1. 移动和删除占位符

在新建的幻灯片中常会出现本身含有"单击此处添加标题""单击此处添加文本"等文字的文本输入框，这种文本输入框就是占位符。占位符其实就是预先设计好样式的文本框，其操作与文本框相似。下面在"微信推广计划 .pptx"演示文稿中移动和删除标题占位符，其具体操作步骤如下。

STEP 1　删除占位符

❶在"幻灯片"窗格中选择第 1 张幻灯片；❷选择副标题占位符，按【 Delete 】键。

STEP 2　移动占位符

单击标题占位符，将鼠标移动到占位符四周的边线上，按住鼠标左键向上拖动。

STEP 3　查看移动占位符效果

拖动到合适的位置释放鼠标后，即可移动标题占位符。

技巧秒杀

旋转占位符

选择占位符，将鼠标光标移动到中间的占位符旋转标记上，按住鼠标左键拖动，即可自由旋转占位符。

2. 设置占位符样式

占位符与文本框相似，也可以设置样式，包括占位符的填充、轮廓和效果。下面在"微信推广计划 .pptx"演示文稿中设置标题占位符的样式，其具体操作步骤如下。

STEP 1　设置填充

❶在"幻灯片"窗格中选择第 1 张幻灯片；❷选择标题占位符；❸在【绘图工具 格式】/【形状样式】组中单击"形状填充"按钮；❹在打开的列表的"标准色"栏中选择"浅绿"选项。

STEP 2 设置轮廓颜色

❶在【形状样式】组中单击"形状轮廓"按钮；❷在打开的列表的"主题颜色"栏中选择"白色，背景 1"选项。

STEP 3 设置轮廓线型

❶在【形状样式】组中单击"形状轮廓"按钮；❷在打开的列表中选择"虚线"选项；❸在打开的子列表中选择"划线 – 点"选项。

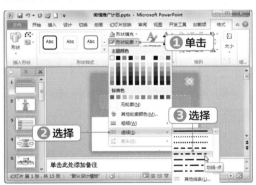

技巧秒杀

快速设置占位符样式

PowerPoint预设了多种形状填充效果，通过选择一种形状样式，可以为占位符或文本框快速填充样式效果。其设置方法为：先选择占位符，然后在【绘图工具 格式】/【形状样式】组的"快速样式"列表框中选择任意一种填充效果。

STEP 4 设置阴影效果

❶在【形状样式】组中单击"形状效果"按钮；❷在打开的列表中选择"阴影"选项；❸在打开子列表的"外部"栏中选择"右下斜偏移"选项。

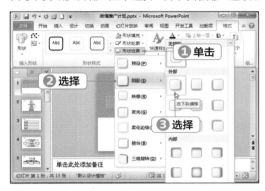

STEP 5 查看设置占位符样式后的效果

返回 PowerPoint 工作界面，即可看到设置了样式的标题占位符。

3. 输入文本

在幻灯片中添加文本最常用的方法是在占位符中输入，除此之外还可在幻灯片的任意位置绘制文本框并在其中输入文本。下面在"微信推广计划 .pptx"演示文稿中输入文本，其具体操作步骤如下。

STEP 1 在标题占位符中输入文本

❶在"幻灯片"窗格中选择第 1 张幻灯片；❷在标题占位符中单击，定位文本插入点；❸输入"微信推广计划"。

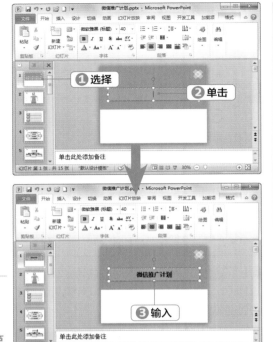

第
3
部
分

STEP 2　在文本框中输入文本

在"幻灯片"窗格中选择第 2 张幻灯片，在其
中的文本框中输入文本（方法与在 Word 文本
框中输入文本的方法相同）。

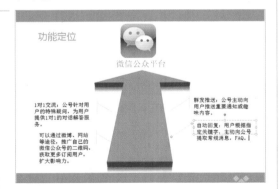

STEP 3　继续在文本框中输入文本

继续选择第 3~14 张幻灯片，在其中的文本框
中输入文本。

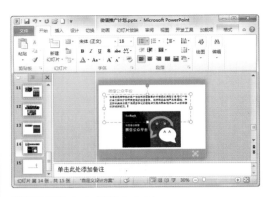

STEP 4　插入横排文本框

❶选择第 15 张幻灯片；❷在【插入】/【文本】
组中，单击"文本框"按钮；❸在打开的列表
中选择"横排文本框"选项。

STEP 5　绘制文本框

将鼠标光标移动到幻灯片中，鼠标光标变为十
字形状，按住鼠标左键拖动绘制一个文本框。

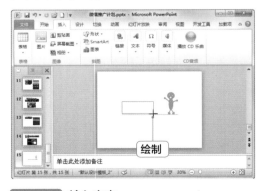

STEP 6　输入文本

在文本框中出现文本插入点，输入"谢谢聆听"。

4. 编辑文本

在幻灯片的制作过程中，对于输入的文本，一般还需要对其进行多种编辑操作，以保证文本内容无误，语句通顺。编辑文本的操作与在 Word 中基本相同。下面在"微信推广计划.pptx"演示文稿中查找和替换文本，其具体操作步骤如下。

STEP 1 打开"查找"对话框

❶选择第 11 张幻灯片；❷在【开始】/【编辑】组中单击"查找"按钮。

STEP 2 设置查找内容

❶打开"查找"对话框，在"查找内容"下拉列表框中输入"威信"；❷单击"查找下一个"按钮；❸ PowerPoint 将自动在该幻灯片中找到输入的内容，并以灰底黑字形式显示，单击"替换"按钮。

STEP 3 替换文本

❶在"替换为"下拉列表框中输入"微信"；❷单击"替换"按钮，将找到的文本替换；❸单击"全部替换"按钮。

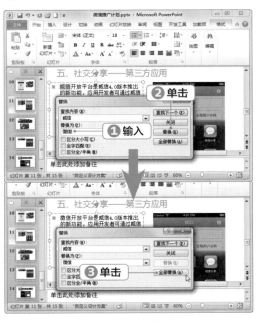

STEP 4 完成替换操作

❶ PowerPoint 将全部替换对应的文本，并打开提示框显示替换结果，单击"确定"按钮；❷返回"替换"对话框，单击"关闭"按钮。

STEP 5 查看替换文本效果

返回 PowerPoint 工作界面，即可看到替换文本的效果。

9.2.2　修饰文本

微课：修饰文本

　　丰富美观的文本能在幻灯片中起到一定的强调作用，这就需要对文本进行修饰。修饰幻灯片中的文本，包括设置文本的格式、插入与编辑艺术字，以及设置项目符号和编号等操作。

1. 设置字体格式

　　设置字体格式包括设置文本的字体、字号、颜色及特殊效果等，与在 Word 中设置字体格式的操作相似。下面在"微信推广计划 .pptx"演示文稿中设置字体格式，其具体操作步骤如下。

STEP 1　设置字体

❶选择第 1 张幻灯片；❷在标题占位符中选择标题文本；❸在【开始】/【字体】组中单击"字体"下拉列表框右侧的下拉按钮；❹在打开的列表框中选择"方正粗倩简体"选项。

技巧秒杀

快速设置占位符或文本框中的字体格式

在幻灯片中，直接选择占位符或文本框，然后设置字体、字号和字体颜色等，占位符或文本框中的文本也将按照设置进行变化。

操作解谜

为什么"字体"下拉列表框中没有"方正粗倩简体"选项

　　这是因为每个人计算机中安装的字体不一样，只有安装了"方正粗倩简体"字体，"字体"下拉列表框中才会有该选项。

STEP 2 设置字体颜色

❶在【字体】组中单击"颜色"按钮右侧的下拉按钮；❷在打开列表的"主题颜色"栏中选择"白色，背景1"选项。

STEP 3 设置字体格式

❶选择第15张幻灯片；❷选择文本框中的文本；❸在【字体】组的"字体"下拉列表框中选择"微软雅黑"选项；❹在"字号"下拉列表框中选择"66"选项；❺单击"加粗"按钮；❻单击"颜色"按钮右侧的下拉按钮；❼在打开的列表中选择"其他颜色"选项。

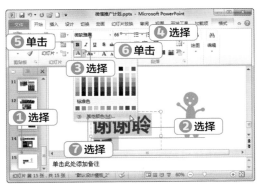

STEP 4 自定义字体颜色

❶打开"颜色"对话框，单击"自定义"选项卡；❷在"颜色模式"下拉列表中选择"RGB"选项；❸在"红色"数值框中输入"153"；❹在"绿色"数值框中输入"204"；❺单击"确定"按钮。

操作解谜

如何知道形状的 RGB 数值

选择对应的形状，在【绘图工具 格式】/【形状样式】组中单击"形状填充"按钮，在打开的列表中选择"其他颜色"选项，打开"颜色"对话框，单击"自定义"选项卡，即可看到该形状颜色的红色、绿色和蓝色对应的数值。

STEP 5 查看自定义字体颜色的效果

返回 PowerPoint 工作界面，即可看到自定义字体颜色的效果，适当调整文本框的位置和大小，最后效果如下图所示。

STEP 6 设置其他幻灯片的字体格式

分别选择第2~14张幻灯片，将每张幻灯片中的标题文本框中的文本设置为"方正粗倩简体"，将其他文本框中的文本设置为"微软雅黑"。

2. 设置艺术字样式

在幻灯片中，可插入不同样式的艺术字，还可设置艺术字的样式，它使文本在幻灯片中更加突出，能给商业演示文稿增加更加丰富的演示效果。下面在"微信推广计划.pptx"演示文稿中为标题文本设置艺术字样式，其具体操作步骤如下。

STEP 1　设置艺术字效果

❶选择第1张幻灯片；❷在标题占位符中选择标题文本；❸在【绘图工具 格式】/【艺术字样式】组中单击"文本效果"按钮；❹在打开的列表中选择"阴影"选项；❺在打开子列表的"外部"栏中选择"右下斜偏移"选项。

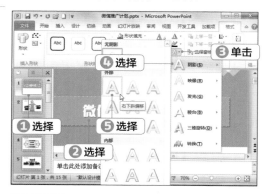

STEP 2　继续设置艺术字效果

❶在【形状样式】组中单击"文本效果"按钮；❷在打开的列表中选择"映像"选项；❸在打开的子列表的"映像变体"栏中选择"紧密映像，

8pt 偏移量"选项。

STEP 3　查看设置艺术字样式后的效果

返回 PowerPoint 工作界面，即可看到设置艺术字样式的效果。

技巧秒杀

利用图片等填充艺术字

在【绘图工具 格式】/【艺术字样式】组中单击"文本填充"按钮，在打开的下拉列表中选择填充样式，可为文本内部填充纯色、渐变色、图片或纹理等效果。

3. 设置项目符号和编号

项目符号与编号可以引导和强调文本，引起观众的注意，并明确文本的逻辑关系。设置项目符号和编号的操作与在 Word 中基本相似。下面在"微信推广计划.pptx"演示文稿中为文本设置项目符号，其具体操作步骤如下。

第3部分

STEP 1 选择文本

❶选择第 6 张幻灯片；❷选择一个文本框中的所有文本；❸在【开始】/【段落】组中单击"项目符号"按钮右侧的下拉按钮；❹在打开的列表中选择"项目符号和编号"选项。

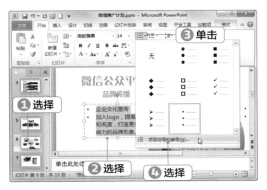

STEP 2 设置项目符号颜色

❶打开"项目符号和编号"对话框，在"项目符号"选项卡中单击"颜色"按钮；❷在打开的列表的"标准色"栏中选择"浅绿"选项。

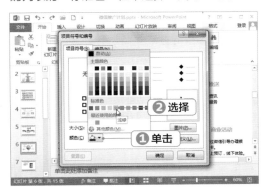

STEP 3 设置项目符号形状

❶在上面的列表框中选择"带填充效果的大方形项目符号"选项；❷单击"确定"按钮。

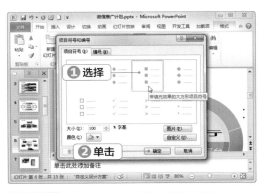

STEP 4 查看设置项目符号后的效果

返回 PowerPoint 工作界面，用同样的方法为其他文本框中的文本设置相同的项目符号，效果如下图所示。

9.3 制作"飓风国际专用"母版和模板

　　飓风国际集团公司需要制作一个专门的演示文稿母版，用于集团的日常 PPT 制作。另外，集团总部需要将一个制作好的工作报告演示文稿制作成集团专用的工作报告模板。这两项任务的主要操作都涉及演示文稿的外观设计，通过设置幻灯片版式、改变幻灯片背景、为幻灯片配色，使幻灯片更加美观，其目的是给予观众更多的视觉享受。

9.3.1 制作母版

母版是存储了演示文稿中所有幻灯片主题或页面格式的幻灯片视图或页面，用它可以制作演示文稿中的统一标志、文本格式、背景、颜色主题以及动画等。制作母版后，可以快速制作出多张版式相同的幻灯片，极大地提高工作效率。

微课：制作母版

1. 页面设置

这里的页面设置是指幻灯片页面的长宽比例，也就是通常所说的页面版式。PowerPoint中默认的幻灯片长宽比例为 4 ∶ 3，但现在演示文稿的放映通常都是通过投影或者大屏显示器进行，这些设备通常显示比例都是 16 ∶ 10 或者 16 ∶ 9 的宽屏。下面新建"飓风国际专用 .pptx"演示文稿，并设置页面，其具体操作步骤如下。

STEP 1　新建演示文稿

新建一个"飓风国际专用 .pptx"演示文稿，在【设计】/【页面设置】组中单击"页面设置"按钮。

操作解谜

页面设置的时间

进行页面设置应该是创建演示文稿后的第一步操作，如果在制作好演示文稿后再进行页面设置，调整幻灯片长宽比例的同时，幻灯片中的图片、形状和文本框等对象也会按比例发生相应的拉伸变化。

STEP 2　设置页面

❶打开"页面设置"对话框，在"幻灯片大小"下拉列表框中选择"全屏显示（16 ∶ 9）"选项；

❷单击"确定"按钮。

2. 设置母版背景

若要为所有幻灯片应用统一的背景，可在幻灯片母版中进行设置，设置的方法与设置单张幻灯片背景的方法类似。下面在"飓风国际专用 .pptx"演示文稿中设置母版的背景，其具体操作步骤如下。

STEP 1　进入母版视图

在【视图】/【母版视图】组中单击"幻灯片母版"按钮，进入母版视图。

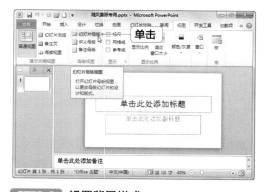

STEP 2　设置背景样式

❶在"幻灯片"窗格中选择第 2 张幻灯片；

第3部分

❷选择幻灯片中的标题和副标题占位符，按【Delete】键将其删除；❸在【幻灯片母版】/【背景】组中单击"背景样式"按钮；❹在打开的列表中选择"设置背景格式"选项。

STEP 3　选择填充颜色

打开"设置背景格式"对话框，在"填充"栏中单击选中"渐变填充"单选项。

STEP 4　设置渐变方向

❶单击"方向"按钮；❷在打开的列表中选择"线性对角－右下到左上"选项。

STEP 5　删除渐变光圈停止点

在"渐变光圈"栏中单击中间的"停止点2"滑块，按【Delete】键将其删除。

STEP 6　设置停止点颜色

❶单击左侧的"停止点1"滑块；❷在"位置"数值框中输入"22%"；❸单击"颜色"按钮；❹在打开的列表中选择"其他颜色"选项；❺打开"颜色"对话框分别在"红色""绿色"和"蓝色"数值框中输入"13""75"和"158"；❻单击"确定"按钮。

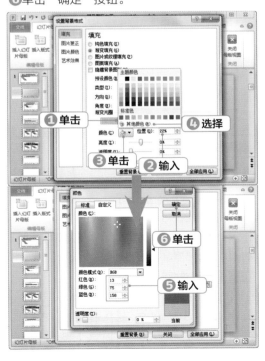

STEP 7 继续设置停止点颜色

❶单击"停止点 2"滑块；❷用同样的方法设置 RGB 颜色为"2""160""199"；❸单击"确定"按钮；❹返回"设置背景格式"对话框，单击"关闭"按钮。

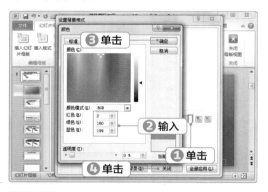

STEP 8 查看设置母版背景后的效果

返回 PowerPoint 工作界面，即可看到设置了母版背景格式的效果。

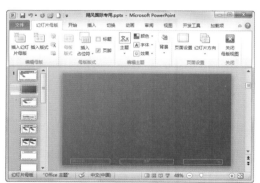

3. 插入图片

对于专业的企业演示文稿，通常都需要插入企业的 Logo 图片。下面在"飓风国际专用 .pptx"演示文稿中插入 Logo 等图片，其具体操作步骤如下。

STEP 1 复制图片

打开图片保存的文件夹，选择需要插入的图片，这里选择"Logo.png""气泡 .png"和"曲线 .png"3 张图片，按【Ctrl+C】组合键。

STEP 2 调整图片位置和大小

按【Ctrl+V】组合键，将复制的图片粘贴到幻灯片中。将鼠标光标移动到图片上，按住鼠标左键不放拖动到目标位置释放即可调整图片位置。选择图片，将鼠标光标移动到图片四周的控制点上拖动，即可调整图片的大小。调整完成后的效果如下图所示。

操作解谜

为什么我复制的图片到幻灯片中有背景

普通图片复制到幻灯片中都是有背景色的，本例中复制的是没有背景色的 PNG 格式的图片，所以没有背景色。插入图片的相关知识将在第 10 章中详细讲解。

4. 设置占位符

课件中各张幻灯片的占位符是固定的，如果要逐一更改占位符格式，既费时又费力，这时就可以在幻灯片母版中预先设置好各占位符的位置、大小、字体和颜色等格式，使幻灯片中的占位符都自动应用该格式。下面在"飓风国际专用 .pptx"演示文稿中设置占位符，其具体操作步骤如下。

STEP 1 显示标题占位符

在【幻灯片母版】/【母版版式】组中单击选中"标题"复选框，显示"标题"占位符。

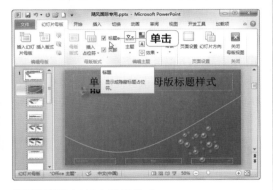

STEP 2 设置占位符格式

❶选择该标题占位符，拖动调整位置；❷设置占位符的文本格式为"方正大黑简体、44、文本左对齐、白色"。

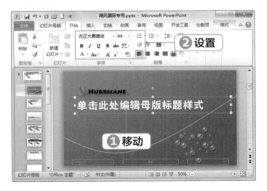

操作解谜

如何设置占位符

设置占位符的大小和位置，以及文本的大小、字体、颜色和段落格式的方法与Word中设置文本框的方法完全相同，这里不再赘述。

STEP 3 插入图片占位符

❶在【幻灯片母版】/【母版版式】组中单击"插入占位符"按钮；❷在打开的列表中选择"图片"选项。

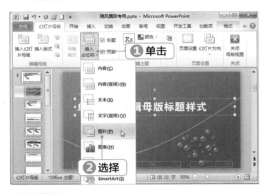

STEP 4 设置图片占位符

❶拖动鼠标绘制图片占位符；❷在【绘图工具 格式】/【插入形状】组中单击"编辑形状"按钮；❸在打开的列表中选择"更改形状"选项；❹在打开的子列表的"基本形状"栏中选择"椭圆"选项；❺在【形状样式】组中单击"形状轮廓"按钮；❻在打开的列表的"主题颜色"栏中选择"白色，背景 1"选项。

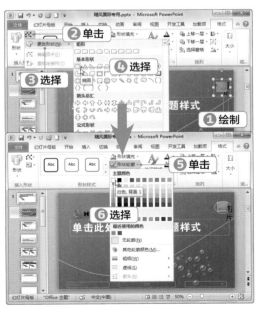

STEP 5 插入文本占位符

❶复制两个图片占位符；❷在【幻灯片母版】/【母版版式】组中单击"插入占位符"按钮；❸在打开的列表中选择"文本"选项。

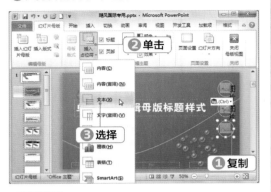

STEP 6 设置文本占位符

❶在第一个图片占位符左侧拖动鼠标绘制文本占位符；❷选择其中的文本，输入"CKL"；❸选择"CKL"文本，设置文本格式为"BankGothic Md BT、28、白色"；❹将该文本占位符复制两个。

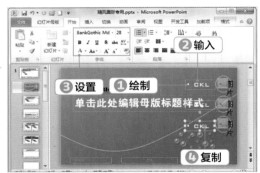

5. 制作母版内容幻灯片

前面制作的幻灯片可以作为演示文稿的标题页或目录页使用。通常在制作母版时，还需要制作一张幻灯片，作为内容页使用。下面在"飓风国际专用.pptx"演示文稿中插入并制作母版的内容幻灯片，其具体操作步骤如下。

STEP 1 添加幻灯片

在【幻灯片母版】/【编辑母版】组中单击"插

入版式"按钮，添加一张幻灯片。

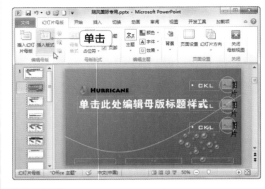

STEP 2 插入图片

删除幻灯片中的标题占位符，将"Logo.png"和"背景.png"图片复制到幻灯片中，调整"Logo.png"图片的大小和位置。

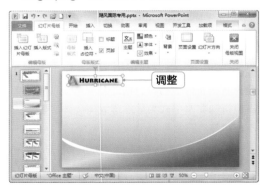

STEP 3 复制占位符

❶选择标题幻灯片；❷选择右侧的图片和文本占位符，按【Ctrl+C】组合键。

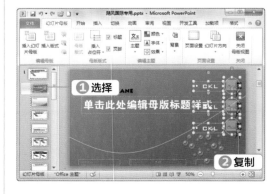

STEP 4 粘贴占位符

❶选择内容幻灯片；❷按【Ctrl+V】组合键，粘贴文本和图片占位符，并调整其位置；❸在【关闭】组中单击"关闭母版视图"按钮退出母版视图，完成母版制作。

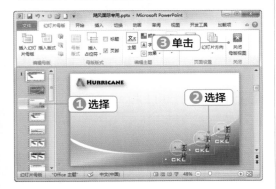

STEP 5 应用母版

❶返回 PowerPoint 主界面，可以看到幻灯片中已经应用了设置好的母版样式，在【开始】/【幻灯片】组中单击"版式"按钮；❷在打开的列表中选择"标题幻灯片"选项，即可为该幻灯片应用标题幻灯片母版。

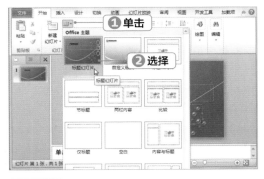

STEP 6 创建内容幻灯片

在"幻灯片"中单击标题幻灯片，按【Enter】键即可根据母版创建一张内容幻灯片。

9.3.2 制作模板

模板是一张幻灯片或一组幻灯片的图案或蓝图，其后缀名为 .potx。模板可以包含版式、主题颜色、主题字体、主题效果和背景样式，甚至还可以包含内容。用户可以通过修改模板中的内容和图片，直接保存为自己的演示文稿。

微课：制作模板

1. 将演示文稿保存为模板

PowerPoint 中自带了很多演示文稿模板，可以直接利用这些模板创建演示文稿。PowerPoint 也支持将制作好的演示文稿保存为模板文件。下面将"工作报告 .pptx"演示文稿保存为模板，其具体操作步骤如下。

STEP 1 保存演示文稿

❶在工作界面中单击"文件"按钮；❷在打开的列表中选择"另存为"选项。

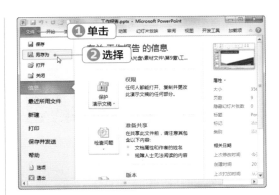

STEP 2 保存为模板

❶打开"另存为"对话框，在"文件名"下拉列表框中输入"飓风国际专用 - 工作计划"；❷在"保存类型"下拉列表框中选择"PowerPoint模板（*.potx）"选项；❸单击"保存"按钮。

2. 应用主题颜色

PowerPoint 2010 提供的主题样式中都有固定的配色方案，但主题样式有限，并不能完全满足演示文稿的制作需求，这时可通过应用主题颜色，快速解决配色问题。下面为"飓风国际专用 - 工作计划 .potx"模板应用主题颜色，其具体操作步骤如下。

STEP 1 设置主题颜色

在【设计】/【主题】组中单击"颜色"按钮。

STEP 2 选择主题颜色

在打开的列表的"内置"栏中选择"波形"选项。

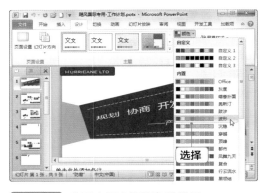

STEP 3 查看应用主题颜色的效果

返回 PowerPoint 工作界面，即可看到应用主题颜色的效果。

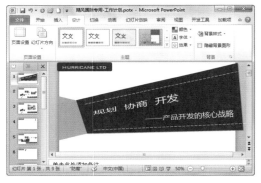

操作解谜

只为当前幻灯片应用主题颜色

选择一种配色方案后，默认该配色方案应用于演示文稿中的所有幻灯片。在【设计】/【主题】组中单击"颜色"按钮，在打开列表的配色方案选项上单击鼠标右键，在弹出的快捷菜单中选择【应用于所选幻灯片】命令，则该配色方案只应用于当前幻灯片。

3. 自定义主题字体

模板的作用就是规范幻灯片中的项目，字体格式也是其中一项，设置主题字体后，整个演示文稿的文字将统一字体。下面为"飓风国

际专用 – 工作计划 .potx"模板自定义主题字体，
其具体操作步骤如下。

STEP 1　新建主题字体

❶在【设计】/【主题】组中单击"字体"按钮；
❷在打开的列表中选择"新建主题字体"选项。

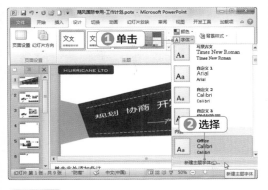

STEP 2　自定义字体

❶打开"新建主题字体"对话框，在"西文"
栏的"标题字体"下拉列表框中选择"微软雅黑"
选项；❷在"正文字体"下拉列表框中选择"微
软雅黑"选项；❸在"中文"栏的"标题字
体"下拉列表框中选择"方正粗宋简体"选项；
❹在"正文字体"下拉列表框中选择"微软雅黑"
选项；❺单击"保存"按钮。

STEP 3　查看自定义字体效果

返回 PowerPoint 工作界面，即可看到幻灯片
中的文本字体发生了变化。

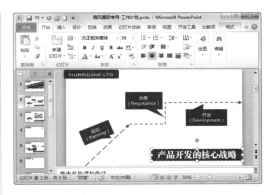

技巧秒杀

在其他演示文稿中应用自定义的字体

自定义字体时，可以在"新建主题字体"
对话框的"名称"文本框中输入这种主题
字体的名称。在其他演示文稿中应用该主
题字体时，只需要在【设计】/【主题】组
中单击"字体"按钮，在打开的列表中选
择"字体"选项，在打开的子列表的"自
定义"栏中选择该主题字体即可。

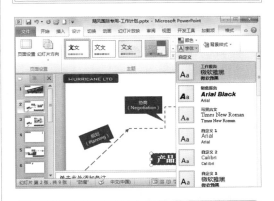

4. 应用背景样式

　　PowerPoint 2010 提供的系统背景比较简
单，直接选择应用即可。下面为"飓风国际专用 –
工作计划 .potx"模板应用背景样式，其具体操
作步骤如下。

STEP 1　选择背景样式

❶在【设计】/【背景】组中单击"背景样式"

按钮；❷在打开的列表中选择"样式9"选项。

灯片应用背景样式。

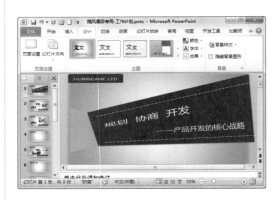

STEP 2 查看应用背景样式效果

返回 PowerPoint 工作界面，即可为所有的幻

新手加油站 ——编辑幻灯片技巧

1. 快速替换演示文稿中的字体

这是一种根据现有字体进行一对一替换的方法，不会影响其他的字体对象，无论演示文稿是否使用了占位符，这种方法都可以调整字体，所以实用性更强。其方法为：在【开始】/【编辑】组中单击"替换"按钮右侧的下拉按钮，在打开的列表中选择"替换字体"选项，打开"替换字体"对话框，在其中选择替换的字体，单击"替换"按钮即可。

2. 美化幻灯片中的文本

演示文稿最初的功能是发言用的提词稿，在实际工作中，通过演示文稿的帮助来完成业务目标才是根本目的。所以，美化文本的根本作用应该是增加阅读的兴趣，保证文本内容的重要性。除了通过字体、字号、颜色和艺术字等方式外，还有其他一些美化文本的方法。

（1）设置文本方向

文本的方向除了横向、竖向和斜向外，还可以有更多的变化，设置文本的方向不但可以打破定式思维，而且增加了文本的动感，会让文本别具魅力，吸引观众的注意。

● 竖向：中文文本进行竖向排列与传统习惯相符，竖向排列的文本通常显得特别有文化感，如果加上竖式线条修饰更加有助于观众的阅读。

● 斜向：中英文文本都能斜向排列，展示时能带给观众强烈的视觉冲击力，设置斜向文本时，内容不宜过多，且配图和背景图片最好都与文本一起倾斜，让观众顺着图片把注意力集中到斜向的文本上。

● 十字交叉：十字交叉排列的文本在海报设计中比较常见，十字交叉处是抓住眼球焦点的位置，通常该处的文本应该是内容的重点，这一点在制作该类型文本时应该特别注意。

● 错位：文本错位也是美化文本的常用技巧，在海报设计中使用较多。错位的文本往往能结合文本字号、颜色和字体类型的变化，制作出很多专业性很强的效果。如果表现的内容有很多的关键词，就可以使用错位美化，偶尔为关键词添加一个边框，可能会得到意想不到的精彩效果。

（2）设置标点符号

标点符号通常是文本的修饰，属于从属的角色，但通过一些简单的设置，也可以让标点符号成为强化文本的工具。设置标点符号通常有以下两种方式。

● 放大：将标点放大到影响视觉时，就可以起到强调作用，吸引观众的注意，名人名言或者重要文本内容都适合使用这种方法，通常放大的标点适合"方正大黑体"或者"汉真广标"字体。

放大的标点吸引了视线，避免该标题文字被忽略

● 添加标点符号或加入文本：有时候为了强调标题或段落起止，可以添加"【 】"或"『 』"这样的标点，甚至在放大的符号中直接加入文本。

符号不仅成为强调的手段，
也可以成为内容的容器

（3）创意文字

创意文字就是根据文字的特点，将文字图形化，为文字增加更多的想象力，比如拉长或美化文字的笔画、使用形状包围文字、采用图案挡住文字笔画等，有些设计会比较复杂，甚至需要使用 Photoshop 这样的专业图形图像处理软件制作好完整的图像，再将其插入到幻灯片中。如下图所示为几种简单的创意文字效果。

旋转形状 + 旋转文字 + 倾斜文字

文字的左远右近特效 + 旋转 + 下划线 + 文字阴影

旋转形状 + 加大字号 + 绘制直线

绘制形状 + 编辑形状顶点 + 文字的左远右近和左近右远特效

3. 使用网格线排版

网格线是坐标轴上刻度线的延伸，并穿过幻灯片区域，即在编辑区显示的用来对齐图像或文本的辅助线条。在幻灯片中单击鼠标右键，在弹出的快捷菜单中选择【网格和参考线】命令，打开"网格和参考线"对话框，在其中即可设置网格。

不同大小的图片结合网格线很容易对齐裁剪

上面两个形状都是编辑矩形顶点形成的，斜边在网格角点的帮助下容易画平行

4. 使用参考线排版

参考线由在初始状态下位于标尺刻度"0"位置的横纵两条虚线组成，可以帮助用户快速对齐页面中的图形和文字等对象，使幻灯片的版面整齐美观。与网格不同，参考线可以根据用户需要添加、删除和移动，并具有吸附功能，能将靠近参考线的对象吸附对齐。在【视图】/【显示】组中单击选中"参考线"复选框，即可在幻灯片中显示参考线，如下图所示为利用参考线制作的幻灯片。

利用参考线将幻灯片划分成不同的部分，统一了过渡页的版式，制作演示文稿时，只需要按照划分的部分输入内容即可，提高了制作效率

 高手竞技场 ——编辑幻灯片练习

1. 编辑"企业文化礼仪培训"演示文稿

打开"企业文化礼仪培训 .pptx"演示文稿，对其中的幻灯片进行编辑，要求如下。

● 替换整个演示文稿的字体，输入文本。

● 为标题占位符单独设置字体，并应用艺术字。

● 插入文本框，并设置文本框的字体格式。

● 提炼文本内容，添加项目符号，并设置项目符号。

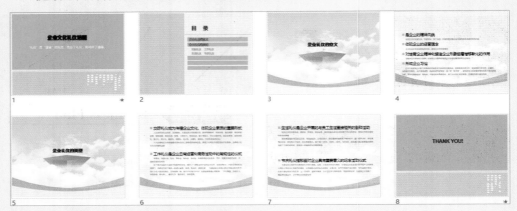

2. 制作"工程计划"演示文稿母版

新建一个"工程计划.pptx"演示文稿，利用素材图片制作母版，要求如下。

● 将提供的素材图片设置为幻灯片母版的背景。

● 进入与退出母版视图。

● 设置母版的页脚。

● 在母版中插入版式。

● 插入和编辑母版中的占位符。

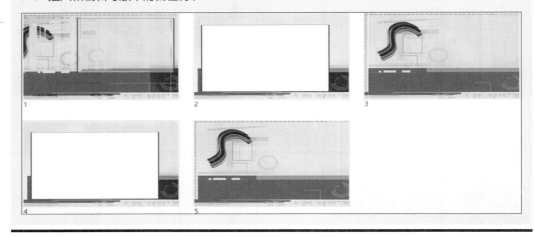

第3部分

PowerPoint 应用

第10章

美化幻灯片

/ 本章导读

　　幻灯片中的主要元素除了文字就是图形，为了使制作的演示文稿更加专业并能引起观众的兴趣，在幻灯片中添加图片和图形等对象后，还需要对这些对象进行设置，起到美化的作用。

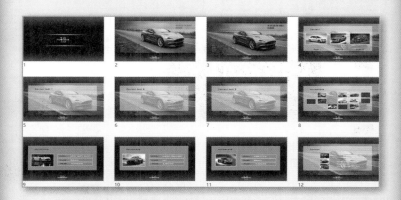

10.1 制作"产品展示"演示文稿

云帆集团下属汽车销售公司需要为今年的新产品制作一个展示的 PPT，由于主要是展示高端品牌的汽车，所以应该使用大量关于汽车的图片，为了配合主题颜色，可以对图片的颜色进行设置，将其作为背景图片。本例中涉及的操作主要是插入与编辑图片和形状，如图片的插入、裁剪、移动、排列、颜色调整，以及形状的绘制、排列和颜色填充等，下面进行详细介绍。

10.1.1 插入与编辑图片

在 PowerPoint 中插入与编辑图片的大部分操作与在 Word 中相同，但由于 PowerPoint 需要通过视觉体验吸引观众的注意，对图片的要求更高，编辑图片的操作也更加复杂和多样化。

微课：插入与编辑图片

1. 插入图片

插入图片主要是指插入计算机中保存的图片，在上一章中已经介绍过通过复制粘贴的方法在幻灯片中插入图片，这里介绍另一种也是最常用的在幻灯片中插入图片的操作。下面在"产品展示 .pptx"演示文稿中插入图片，其具体操作步骤如下。

STEP 1 插入图片

❶在"幻灯片"窗格中选择第 2 张幻灯片；❷在【插入】/【图像】组中单击"图片"按钮。

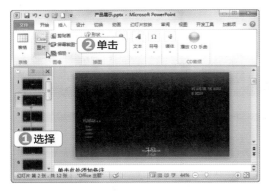

STEP 2 选择图片

❶打开"插入图片"对话框，先选择插入图片的保存路径；❷在打开的列表框中选择"9.jpg"

图片；❸单击"插入"按钮。

STEP 3 查看插入图片效果

返回 PowerPoint 工作界面，第 2 张幻灯片中已经插入了选择的图片。

2. 裁剪图片

裁剪图片其实是一种调整图片大小的方式，通过裁剪图片，可以只显示图片中的某些部分，减少图片的显示区域。下面在"产品展示.pptx"演示文稿中对刚插入的图片进行裁剪，其具体操作步骤如下。

STEP 1 进入裁剪模式

❶选择幻灯片中插入的图片；❷在【图片工具格式】/【大小】组中单击"裁剪"按钮，在图片四周出现 8 个黑色的裁剪点。

STEP 2 裁剪图片

将鼠标光标移动到图片上侧中间的裁剪点上，按住鼠标左键向下拖动，可以看到图片原有的上侧的图像已经被裁剪掉了。

STEP 3 继续裁剪图片

拖动到适当位置，释放鼠标左键，完成对图片的裁剪，在图片四周仍然显示有 8 个裁剪点，继续裁剪图片。

STEP 4 查看裁剪效果

裁剪完成后，在幻灯片外的工作界面空白处单击鼠标，完成裁剪图片的操作。

 操作解谜

重新调整裁剪后的图片

在 PowerPoint 2010 中，裁剪后的图片其实是完整的，选择裁剪后的图片，在【绘图工具 格式】/【大小】组中单击"裁剪"按钮，通过反方向拖动裁剪点，还可以恢复原来的图片。而且无论演示文稿是否进行过保存，都能通过裁剪操作恢复原来的图片。

3. 改变图片的叠放顺序

PowerPoint 中的图片也能像 Word 中的文本框与图片一样设置不同的叠放顺序。下面在"产品展示.pptx"演示文稿中为图片设置叠放顺序，其具体操作步骤如下。

STEP 1 移动图片

在第2张幻灯片中选择插入的图片，按【↑】键，将其向上移动到合适的位置。

STEP 2 设置图片叠放顺序

①在【图片工具 格式】/【排列】组中单击"下移一层"按钮，图片将在幻灯片中所有项目的叠放排列顺序中下移一层；②可以看到图片左下角一个文本框已经上移到图片的上面，继续单击"下移一层"按钮。

STEP 3 查看下移一次后的效果

继续下移图片，直到所有的文本内容都上移到图片的上面，且全部显示出来，完成图片的叠放顺序调整。

4. 调整图片的颜色和艺术效果

PowerPoint 2010 有强大的图片调整功能，通过它可快速实现图片的颜色调整、设置艺术效果和调整亮度对比度等，使图片的效果更加美观，这也是 PowerPoint 在图像处理上比 Word 更加强大的地方。下面在"产品展示 .pptx"演示文稿中为图片重新着色，其具体操作步骤如下。

STEP 1 复制图片

①在第 2 张幻灯片中选择插入的图片；②在其上单击鼠标右键；③在弹出的快捷菜单中选择【复制】命令。

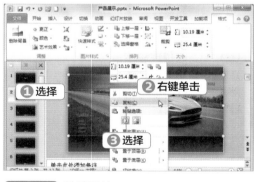

STEP 2 粘贴图片

①选择第 3 张幻灯片；②在其中单击鼠标右键；

第3部分

❸在弹出的快捷菜单的"粘贴选项"栏中选择
【图片】命令。

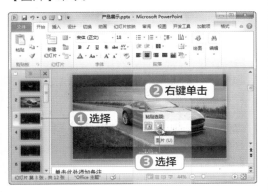

STEP 3　设置图片的叠放顺序

在【图片工具 格式】/【排列】组中单击"下移
一层"按钮，将图片叠放到文本下面。

STEP 4　调整图片颜色

❶在【调整】组中单击"颜色"按钮；❷在打
开的列表的"重新着色"栏中选择"褐色"选项。

STEP 5　查看调整图片的效果

返回 PowerPoint 工作界面，即可看到第 3 张
幻灯片中的图片的颜色发生了改变。

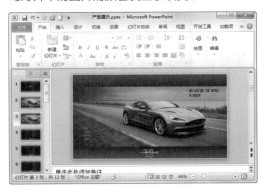

操作解谜

其他图片颜色和艺术效果

在【调整】组中单击"颜色"按钮，
在打开的列表中还可以设置图片的色调、饱
和度和透明色等，选择"图片颜色选项"选
项，还可以在PowerPoint工作界面右侧展开
"设置图片格式"任务窗格，对图片的颜色
进行详细的设置；单击"更正"按钮，在打
开的列表中可以设置图片的锐化/柔化、亮
度/对比度；单击"艺术效果"按钮，在打
开的列表中可以为图片设置多种艺术效果，
如混凝土、影印和胶片颗粒等。

5. 精确设置图片大小

在 PowerPoint 中，可以比较精确地设置
图片的高度与宽度。下面在"产品展示 .pptx"
演示文稿中精确设置图片的大小，其具体操作
步骤如下。

STEP 1　插入图片

❶选择第 4 张幻灯片；❷在【插入】/【图像】
组中单击"图片"按钮。

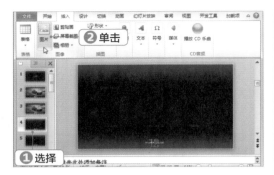

STEP 2 选择图片

❶打开"插入图片"对话框，先选择插入图片的保存路径；❷在打开的列表框中同时选择"a4.jpg""a6.jpg""z.jpg"3张图片；❸单击"插入"按钮。

STEP 3 设置图片高度

在【图片工具 格式】/【大小】组的"高度"数值框中输入"3.49"，按【Enter】键。

STEP 4 查看设置图片高度效果

图片将自动按照设置的高度调整大小，然后通

过拖动将3张图片放置在幻灯片的不同位置，如下图所示。

STEP 5 设置图片高度

选择第8张幻灯片，用同样的方法在其中插入8张图片，设置图片的高度为"1.64厘米"。

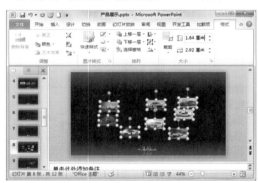

STEP 6 设置图片宽度

用同样的方法分别为第9、10、11张幻灯片插入一张图片，设置图片的宽度为"6.4厘米"。

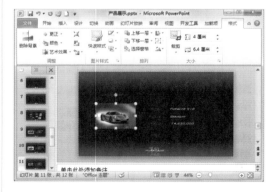

STEP 7　设置图片宽度

用同样的方法在第 12 张幻灯片插入 3 张图片，
设置图片的宽度为 "2.92 厘米"。

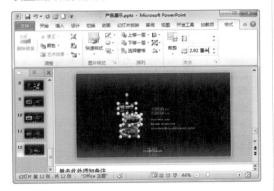

6. 排列和对齐图片

　　当一张幻灯片中有多张图片时，将这些图
片有规则的放置，才能增强幻灯片的显示效果，
这时就需要对这些图片进行排列和对齐。下面
在 "产品展示 .pptx" 演示文稿中排列和对齐图
片，其具体操作步骤如下。

STEP 1　设置图片对齐

❶在第 4 张幻灯片中按住【Ctrl】键选择 3 张
插入的图片；❷在【图片工具 格式】/【排列】
组中单击 "对齐" 按钮；❸在打开的列表中选
择 "顶端对齐" 选项。

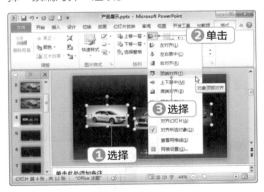

STEP 2　设置图片均匀排列

❶在【排列】组中单击 "对齐" 按钮；❷在打
开的列表中选择 "横向分布" 选项。

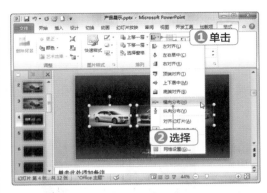

STEP 3　查看排列和对齐图片效果

返回 PowerPoint 工作界面，幻灯片中的 3 张
图片将从左到右均匀排列。

技巧秒杀

快速排列和对齐图片

当幻灯片中有两张以上图片时，选择一张
图片并拖动到一定位置时，将自动出现白
色虚线，该虚线为当前幻灯片中该图片与
其他图片位置的参考线，通过它也可以将
所有图片进行对齐，如下图所示。

第
3
部
分

STEP 4 通过鼠标拖动对齐图片

在第 8 张幻灯片中，通过鼠标拖动来排列和对齐图片。

STEP 5 设置对齐与分布

在第 12 张幻灯片中，将 3 张图片的排列方式设置为"左对齐"和"纵向分布"。

7. 组合图片

如果一张幻灯片中有多张图片，一旦调整其中一张，可能会影响其他图片的排列和对齐，通过组合图片，就可以将这些图片组合成一个整体，既能单独编辑单张图片，也能一起调整。下面在"产品展示 .pptx"演示文稿中组合图片，其具体操作步骤如下。

STEP 1 组合图片

❶选择第 4 张幻灯片；❷同时选择 3 张图片；❸在【图片工具 格式】/【排列】组中单击"组合"按钮；❹在打开的列表中选择"组合"选项。

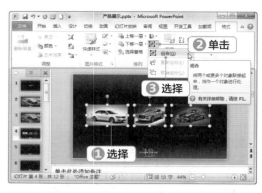

STEP 2 查看组合图片效果

返回 PowerPoint 工作界面，幻灯片中的 3 张图片已经组合为一个整体。

STEP 3 利用右键菜单组合图片

❶选择第 8 张幻灯片；❷同时选择所有图片；❸在其上单击鼠标右键；❹在弹出的快捷菜单中选择【组合】命令；❺在打开的子菜单中选择【组合】命令。

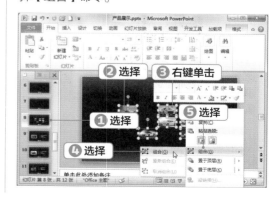

STEP 4 继续组合图片

用同样的方法在第 12 张幻灯片中将 3 张图片组合在一起。

 操作解谜

组合图片的操作注意事项

对于组合过的图片，从整体上只能进行颜色调整，不能设置艺术效果，也不能进行亮度和对比度的调整。

8. 设置图片样式

PowerPoint 提供了多种预设的图片外观样式，在【图片工具 格式】/【图片样式】组的列表中进行选择即可给图片应用相应的样式，除此以外，还可以为图片设置特殊效果和版式。下面在"产品展示 .pptx"演示文稿中为图片设置边框和效果，其具体操作步骤如下。

STEP 1 设置图片边框

❶选择第 4 张幻灯片；❷选择组合的图片；❸在【图片工具 格式】/【图片样式】组单击"图片边框"按钮；❹在打开列表的"主题颜色"栏中选择"白色，背景 1，深色 5%"选项。

 操作解谜

尽量少用系统自带的图片样式

系统自带的图片样式可能会降低图片的清晰度，应用时应慎重。

STEP 2 设置图片效果

❶在【图片样式】组中单击"图片效果"按钮；❷在打开的列表中选择"阴影"选项；❸在打开的子列表的"外部"栏中选择"右下斜偏移"选项。

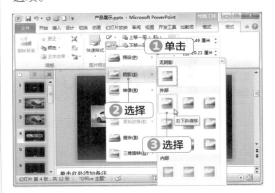

STEP 3 查看设置图片样式的效果

返回 PowerPoint 工作界面，同时为组合在一起的 3 张图片都设置了图片样式。

9. 利用格式刷复制图片样式

在制作 PPT 时，经常会遇到某一个形状或者图片的样式与整个演示文稿的风格不同的情况。如果样式的设置比较复杂，单独设置会浪费大量的时间，利用格式刷则可以非常简单、迅速地将一个对象的样式复制到另一个对象中。下面"产品展示 .pptx"演示文稿中利用格式刷复制图片样式，其具体操作步骤如下。

STEP 1 选择源图片

❶选择第 4 张幻灯片；❷选择一张图片；❸在【开始】/【剪贴板】组中双击"格式刷"按钮。

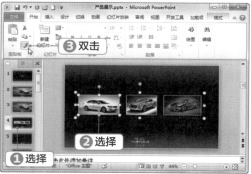

操作解谜
为什么要双击"格式刷"按钮

单击"格式刷"按钮，只能为一个对象复制格式，双击则可以为多个对象复制格式。

STEP 2 选择目标图片

❶选择第 8 张幻灯片；❷用鼠标在需要复制样式的图片上单击，即可为图片设置与源图片完全相同的图片样式。

STEP 3 查看复制图片样式效果

利用格式刷为第 9~12 张幻灯片中的图片复制样式。然后将第 3 张幻灯片中的图片复制到第 4~8 张幻灯片，以及第 12 张幻灯片中，并调整图片的叠放顺序。

操作解谜
如何退出复制格式状态

利用格式刷复制完格式后，再次在【剪贴板】组中单击"格式刷"按钮即可退出复制格式状态。

10.1.2 绘制与编辑形状

演示文稿中的形状包括线条、矩形、圆形、箭头、星形、标注和流程图等，这些形状在 SmartArt 图形中通常作为项目元素使用，但在很多专业的商务演示文稿中，利用不同的形状和形状组合，往往能制作出与众不同的形状，吸引观众的注意。

微课：绘制与编辑形状

1. 绘制形状

绘制形状主要是通过拖动鼠标完成的，在 PowerPoint 中选择需要绘制的形状后，拖动鼠标即可绘制该形状。下面在"产品展示.pptx"演示文稿中绘制直线和矩形，其具体操作步骤如下。

STEP 1　选择形状

❶选择第 1 张幻灯片中，在【插入】/【插图】组中单击"形状"按钮；❷在打开列表的"线条"栏中选择"直线"选项。

STEP 2　绘制直线

在幻灯片中按住【Shift】键，按住鼠标左键，从左向右拖动鼠标绘制直线，释放鼠标左键后可以完成直线的绘制。

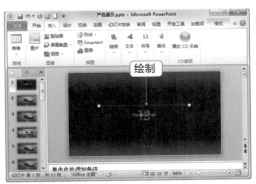

STEP 3　选择形状

❶选择第 4 张幻灯片；❷在【插入】/【插图】组中单击"形状"按钮；❸在打开的列表的"矩

形"栏中选择"矩形"选项。

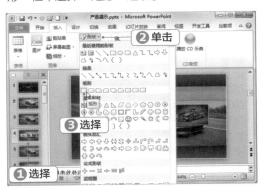

技巧秒杀

绘制规则的形状

在绘制形状时，如果要从中心开始绘制形状，则按住【Ctrl】键的同时拖动鼠标；如果要绘制规范的正方形和圆形等，则按住【Shift】键的同时拖动鼠标。

STEP 4　绘制矩形

❶在幻灯片中拖动鼠标绘制矩形；❷在【图片工具 格式】/【排列】组中单击"下移一层"按钮，调整矩形的叠放顺序。

STEP 5　继续绘制矩形

❶选择第 8 张幻灯片；❷用同样的方法在幻灯片中拖动鼠标绘制矩形；❸并将绘制的矩形复制 3 个，放置到幻灯片中其他位置。

2. 设置形状轮廓

形状轮廓是指形状的外边框，设置形状外边框包括设置其颜色、宽度及线型等。下面在"产品展示.pptx"演示文稿中为绘制的形状设置轮廓，其具体操作步骤如下。

STEP 1 设置无轮廓

❶选择第 4 张幻灯片；❷在幻灯片中选择刚才绘制的矩形；❸在【绘图工具 格式】/【形状样式】组中单击"形状轮廓"按钮；❹在打开的列表中选择"无轮廓"选项。

STEP 3 设置轮廓线条粗细

❶在【形状样式】组中单击"形状轮廓"按钮；❷在打开的列表中选择"粗细"选项；❸在打开的子列表中选择"0.25 磅"选项。

STEP 4 继续设置轮廓颜色

❶选择第 9 张幻灯片；❷在幻灯片中绘制 3 个矩形并调整叠放顺序，然后选择 3 个矩形；❸在【绘图工具 格式】/【形状样式】组中单击"形状轮廓"按钮；❹在打开的列表的"主题颜色"栏中选择"白色，背景 1，深色 5%"选项。

STEP 2 设置轮廓颜色

❶选择第 8 张幻灯片；❷在幻灯片中按住【Shift】键，同时选择刚才绘制的矩形；❸在【绘图工具 格式】/【形状样式】组中单击"形状轮廓"按钮；❹在打开的列表的"主题颜色"栏中选择"白色，背景 1，深色 5%"选项。

STEP 5　继续设置轮廓线条粗细

❶在【形状样式】组中单击"形状轮廓"按钮；❷在打开的列表中选择"粗细"选项；❸在打开的子列表中选择"0.25 磅"选项。

3. 设置形状填充

　　设置形状填充时选择形状内部的填充颜色或效果，可设置为纯色、渐变色、图片或纹理等填充效果，相关操作与在 Word 中设置相似。下面在"产品展示.pptx"演示文稿中为绘制的形状设置形状填充，其具体操作步骤如下。

STEP 1　设置填充颜色

❶选择第 4 张幻灯片；❷在幻灯片中选择刚才绘制的矩形；❸在【绘图工具 格式】/【形状样式】组中单击"形状填充"按钮；❹在打开的列表的"主题颜色"栏中选择"白色，背景 1"选项。

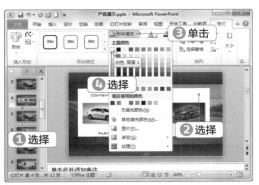

STEP 2　设置其他填充颜色

❶在【形状样式】组中单击"形状填充"按钮；

❷在打开的列表中选择"其他填充颜色"选项。

STEP 3　设置颜色透明度

❶打开"颜色"对话框，在"标准"选项卡的"透明度"数值框中输入"50%"；❷单击"确定"按钮。

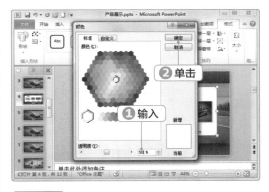

STEP 4　复制并叠放形状

将形状复制到第 5~12 张幻灯片中，并设置叠放顺序。

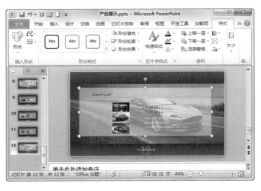

第 **10** 章　美化幻灯片

STEP 5 设置其他填充颜色

❶选择第 8 张幻灯片；❷在幻灯片中选择 4 个矩形；❸在【绘图工具 格式】/【形状样式】组中单击"形状填充"按钮；❹在打开的列表中选择"其他填充颜色"选项。

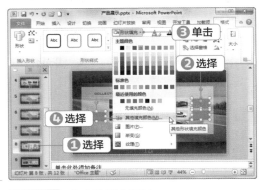

STEP 6 自定义填充颜色

❶打开"颜色"对话框，在"自定义"选项卡的"红色""绿色""蓝色"数值框中分别输入"118""0""0"；❷单击"确定"按钮。

STEP 7 继续设置填充颜色

❶选择第 9 张幻灯片；❷在幻灯片中按住【Shift】键的同时选择刚才绘制的 3 个矩形；❸在【绘图工具 格式】/【形状样式】组中单击"形状填充"按钮；❹在打开的列表的"主题颜色"栏中选择"黑色，文字 1，淡色 50%"选项。

STEP 8 打开"设置形状格式"窗格

❶在选择的形状上单击鼠标右键；❷在弹出的快捷菜单中选择【设置对象格式】命令。

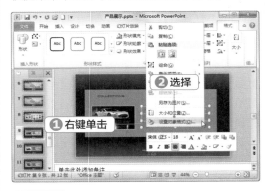

STEP 9 设置颜色透明度

❶打开"设置形状格式"对话框，在"填充"选项卡的"填充颜色"栏的"透明度"数值框中输入"50%"；❷单击"关闭"按钮。

4. 设置形状效果

绘制形状效果可设置为阴影、发光、映像、柔化边缘、棱台及三维旋转等效果，与设置图片效果相似。下面在"产品展示 .pptx"演示文稿中设置形状的效果，其具体操作步骤如下。

STEP 1　设置形状效果

❶选择第 8 张幻灯片；❷在幻灯片中选择刚才绘制的 4 个矩形；❸在【绘图工具 格式】/【形状样式】组中单击"形状效果"按钮；❹在打开的列表中选择"阴影"选项；❺在打开的子列表的"外部"栏中选择"右下斜偏移"选项。

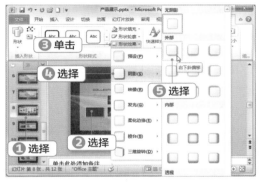

STEP 2　继续设置形状效果

❶选择第 9 张幻灯片；❷在幻灯片中选择刚才绘制的 3 个矩形，在【绘图工具 格式】/【形状样式】组中单击"形状效果"按钮；❸在打开的列表中选择"阴影"选项；❹在打开的子列表的"外部"栏中选择"右下斜偏移"选项。

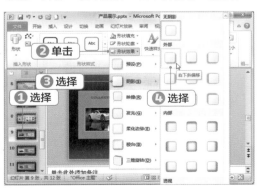

STEP 3　复制形状

将第 9 张幻灯片中的 3 个矩形复制到第 10 张和第 11 张幻灯片中，并调整叠放顺序。

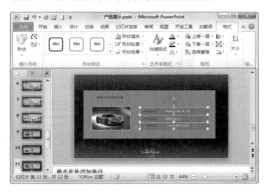

5. 设置线条格式

在 PowerPoint 中，线条不仅有简单的设置，而且还有很多美化的手段，包括形状的轮廓、效果和格式等。下面在"产品展示 .pptx"演示文稿中设置线条的颜色、轮廓和效果，其具体操作步骤如下。

STEP 1　设置主题颜色

❶选择第 1 张幻灯片；❷在幻灯片中选择前面绘制的直线；❸在【绘图工具 格式】/【形状样式】组中单击"形状轮廓"按钮；❹在打开的列表的"主题颜色"栏中选择"白色，背景1"选项。

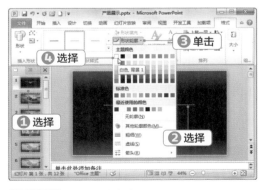

STEP 2　设置线条粗细

❶在【形状样式】组中单击"形状轮廓"按钮；❷在打开的列表中选择"粗细"选项；❸在打

开的子列表中选择"6磅"选项。

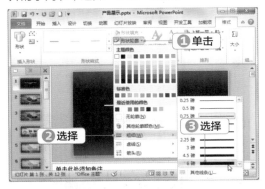

STEP 3 打开"设置形状格式"任务窗格

❶在选择的直线上单击鼠标右键；❷在弹出的快捷菜单中选择【设置形状格式】命令。

STEP 4 设置渐变方向

❶打开"设置形状格式"对话框，单击"线条颜色"选项卡；❷单击选中"渐变线"单选项；❸单击"方向"按钮；❹在打开的列表中选择"线性向右"选项。

STEP 5 设置渐变线左侧部分的透明度

❶在"渐变光圈"栏中单击"停止点1"滑块；❷在"透明度"数值框中输入"100%"。

STEP 6 设置渐变线的中间部分

❶单击中间的停止点滑块；❷在"位置"数值框中输入"50%"；❸单击"颜色"按钮；❹在打开的列表的"主题颜色"栏中选择"白色，背景1"选项。

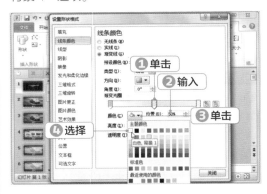

操作解谜

如何设置渐变光圈的位置

在PowerPoint 2010中，渐变线的位置是用百分比表示的，起点为"0%"，终点为"100%"。另外，如果需要增加渐变线的颜色，只需在渐变光圈上单击，增加一个滑块，设置其位置和颜色即可。

STEP 7 设置渐变线右侧部分的透明度

❶在"渐变光圈"栏中单击"停止点 3"滑块；❷在"透明度"数值框中输入"100%"；❸单击"关闭"按钮。

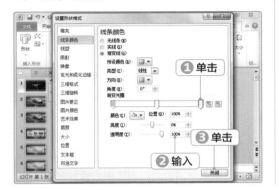

STEP 8 复制直线

复制一个同样的直线形状，将两个直线形状左右居中对齐，并放置到文本的上下两侧。

10.2 制作"分销商大会"演示文稿

　　云帆集团今年要召开分销商大会，总结近年来的工作经验，增进与分销商的关系，希望团结分销商的力量，为未来的发展奠定坚实的基础。需要集团公关部门为本次分销商大会以"未来，是团结的力量！"为主题，制作大会的主题 PPT。本例中涉及的操作主要是在幻灯片中插入、编辑和美化图表与 SmartArt 图形。

10.2.1 插入、编辑和美化图表

　　表格是演示文稿中非常重要的一种数据显示工具，用好表格是提升演示文稿设计质量和效率的最佳途径之一。下面就在标题幻灯片中插入、编辑和美化图表，以制作演示文稿标题页。

微课：插入、编辑和美化图表

1. 插入表格

　　在 PowerPoint 中对表格的各种操作与在 Word 中相似，可以通过直接绘制，或者设置表格行列的方式插入。下面新建"分销商大会 .pptx"演示文稿，并在其中插入表格，其具体操作步骤如下。

STEP 1 删除占位符

在幻灯片中选择标题和副标题占位符，按【Delete】键将其删除。

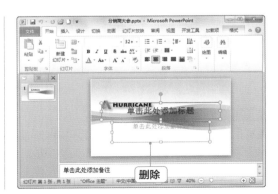

第3部分

STEP 2 插入表格

❶在【插入】/【表格】组中单击"表格"按钮；❷在打开的"插入表格"列表中拖动鼠标选择插入的行数和列数，这里选择"10×5"表格。

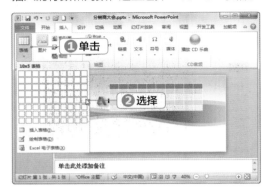

STEP 3 调整表格大小

将鼠标光标移动到插入的表格的四周控制点处，按住鼠标左键拖动，调整表格的大小。

2. 设置表格背景

幻灯片中的表格颜色和背景都会影响幻灯片的整体效果，因此在制作完表格内容后，还需要对表格进行美化，使幻灯片更加美观。下面在"分销商大会.pptx"演示文稿中设置图片背景，其具体操作步骤如下。

STEP 1 插入表格

❶在【表格工具 设计】/【表格样式】组中单击"底纹"按钮；❷在打开的列表中选择"表格背景"选项；❸在打开的子列表中选择"图片"选项。

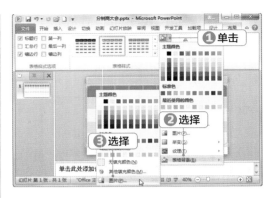

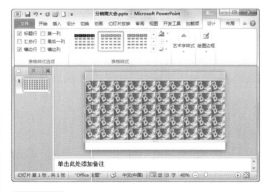

操作解谜

设置表格背景与设置表格底纹的区别

设置表格背景和设置表格的底纹是两种完全不同的操作，设置表格背景是将图片或者其他颜色完全铺垫在表格的底部，包括边框在内；而设置表格的底纹则是将图片或者其他颜色分别铺垫在表格的所有单元格内，不包括边框，本例中单击"底纹"按钮，在打开的列表中选择"图片"选项，则直接为表格设置图片底纹，如下图所示。如果单击"底纹"按钮，在打开的列表中分别选择"渐变"和"纹理"选项，然后选择某种底纹样式，填充结果与设置图片底纹类似。

STEP 2 选择插入的图片

❶打开"插入图片"对话框，先选择插入图片

的保存路径；❷在打开的列表框中选择"背景 .jpg"图片；❸单击"插入"按钮。

 操作解谜

为什么插入图片后并没有显示出来

通常通过"插入表格"列表插入的表格都已经自带了表格样式或者底纹，如果为表格设置表格背景，无论是图片还是其他填充颜色，通常是无法显示出来的，如上图所示。如果要显示插入的图片或表格背景颜色，需要将表格的底纹设置为"无填充颜色"。

STEP 3 显示表格背景

❶继续在【表格样式】组中单击"底纹"按钮；❷在打开的列表中选择"无颜色填充"选项，这时可以看到表格的背景已经变成了插入的图片。

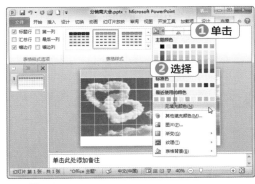

 操作解谜

删除表格中的行列

在表格中选择某行或某列后，按【Delete】键或者【Backspace】键，只能删除其中的内容，而不能删除该行或列。若需要删除表格中的行列，需要选择删除行或列后，在【表格工具 布局】/【行和列】组中单击"删除"按钮。

3. 设置表格边框

设置表格的边框可以使表格的轮廓更加鲜明。下面在"分销商大会 .pptx"演示文稿中设置表格的边框，其具体操作步骤如下。

STEP 1 设置边框颜色

❶在幻灯片中选择插入的表格；❷在【表格工具 设计】/【绘图边框】组中单击"笔颜色"按钮；❸在打开的列表的"主题颜色"栏中选择"白色，背景 1"选项。

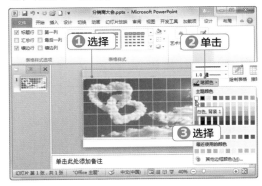

STEP 2　设置边框线的粗细

❶在【绘图边框】组中单击"笔画粗细"列表框右侧的下拉按钮；❷在打开的列表中选择"2.25磅"选项。

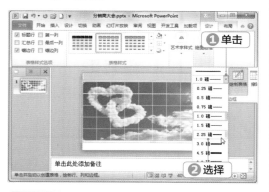

STEP 3　选择应用的边框线

❶在【表格工具 设计】/【表格样式】组中单击"边框"按钮右侧的下拉按钮；❷在打开的列表中选择"所有框线"选项。

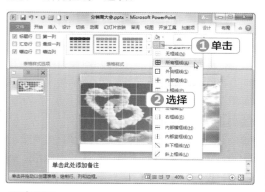

STEP 4　查看设置表格边框的效果

返回 PowerPoint 工作界面，即可看到为该表格的所有框线应用了设置的颜色和粗细效果。

操作解谜

插入图表

　　PowerPoint也提供了图表功能，在幻灯片中添加图表可以使各数据之间的关系或对比更直观、更明显，从而丰富幻灯片的外观。

4. 编辑表格

　　表格的编辑操作与 Word 基本相同。下面在"分销商大会.pptx"演示文稿中通过合并单元格，设置单元格底纹和设置单元格中文本格式来编辑表格，其具体操作步骤如下。

STEP 1　合并单元格

❶在幻灯片中选择表格中第 4 行右侧的 5 个单元格；❷在【表格工具 布局】/【合并】组中单击"合并单元格"按钮。

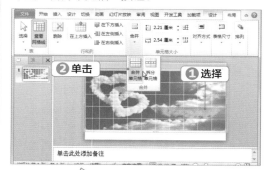

技巧秒杀

绘制表格

与Word一样，PowerPoint中也可以手动绘制表格，在【插入】/【表格】组中单击"表格"按钮，在打开的"插入表格"列表中选择"绘制表格"选项，拖动鼠标即可绘制表格。

STEP 2　设置单元格底纹

❶在合并的单元格中单击定位文本插入点，在

【表格工具 设计】/【表格样式】组中单击"底纹"按钮；❸在打开的列表中选择"其他填充颜色"选项。

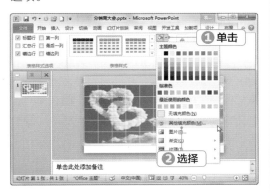

STEP 3 自定义填充颜色

❶打开"颜色"对话框，单击"自定义"选项卡；❷在"红色""绿色""蓝色"数值框中分别输入"255""0""100"；❸单击"确定"按钮。

技巧秒杀

快速导入Excel表格

除了插入表格和绘制表格外，在幻灯片中还可以创建Excel电子表格，在【插入】/【表格】组中单击"表格"按钮，在打开的"插入表格"列表中选择"Excel电子表格"选项，即可插入Excel电子表格。

STEP 4 设置文本格式

❶在合并的单元格中输入文本；❷设置文本格

式为"方正综艺简体、白色、底端对齐"，字号分别为"40"和"32"。

STEP 5 插入文本框

❶在【插入】/【文本】组中单击"文本框"按钮；❷在打开的列表中选择"横排文本框"选项。

STEP 6 设置文本格式

❶在表格右下侧绘制文本框，输入文本；❷并设置文本格式为"微软雅黑、18、右对齐"。

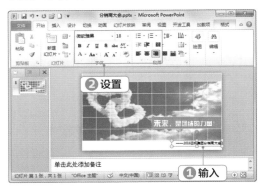

10.2.2 │ 插入和编辑 SmartArt 图形

在演示文稿中插入 SmartArt 图形，可以说明一种层次关系、一个循环过程或一个操作流程等，它使幻灯片所表达的内容更加突出，也更加生动。下面将讲解在演示文稿中插入和编辑 SmartArt 图形的相关操作。

微课：插入和编辑 SmartArt 图形

1. 插入 SmartArt 图形

在 PowerPoint 中插入与编辑 SmartArt 图形的操作与在 Word 中基本相同。下面在"分销商大会 .pptx"演示文稿中插入 SmartArt 图形，其具体操作步骤如下。

STEP 1　新建幻灯片并输入文本

❶新建一张幻灯片；❷删除内容占位符；❸在标题占位符中输入"分销商组织结构图"；❹设置文本格式为"方正粗宋简体、24、左对齐"。

STEP 2　插入 SmartArt 图形

在【插入】/【插图】组中单击"SmartArt"按钮。

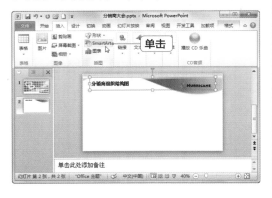

STEP 3　选择 SmartArt 图形类型

❶打开"选择 SmartArt 图形"对话框，在左侧的窗格中内选择"层次结构"；❷在中间的列表框中选择"标记的层次结构"选项；❸单击"确定"按钮。

STEP 4　调整图形的位置和大小

在幻灯片中拖动 SmartArt 图形，调整其位置，并通过四周的控制点调整图形大小。

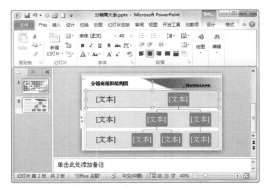

2. 添加和删除形状

在默认情况下，创建的 SmartArt 图形中的形状是固定的，而在实际制作时，形状可能不够或者有多余的，就需要添加或删除形状。

下面在"分销商大会 .pptx"演示文稿中为 SmartArt 图形添加形状，并删除多余形状，其具体操作步骤如下。

STEP 1 添加形状

❶选择 SmartArt 图形中第一行的第一个形状；❷在【SmartArt 工具 设计】/【创建图形】组中单击"添加形状"按钮右侧的下拉按钮；❸在打开的列表中选择"在下方添加形状"选项。

 操作解谜

添加形状

单击"添加形状"按钮右侧的下拉按钮，在打开的列表中各个选项的功能是："在后面/前面添加形状"表示所选形状的级别，在该形状后面/前面插入一个形状；"在上方添加形状"表示以所选形状的上一级别插入一个形状，此时新形状将占据所选形状的位置，而所选形状及其下的所有形状均降一级；"在下方添加形状"表示要在所选形状的下一级别插入一个形状，此时新形状将添加在同级别的其他形状结尾处；"添加助理"表示在所选形状与下一级之间插入一个形状，此选项仅在"组织结构图"布局中可见。另外，单击"添加形状"按钮，将在该形状后面插入一个形状，功能与选择"在后面添加形状"选项相同。

STEP 2 删除形状

同时选择 SmartArt 图形的第 3 行中第一个和第二个形状，按【Delete】键将其删除。

STEP 3 继续添加形状

❶选择第三行剩下的一个形状；❷在【SmartArt 工具 设计】/【创建图形】组中连续单击 5 次"添加形状"按钮。

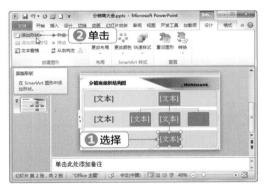

STEP 4 查看添加与删除形状后的效果

返回 PowerPoint 工作界面，在 SmartArt 图形的第三行中将添加 5 个形状。

3. 在图形中输入文本

插入到幻灯片中的 SmartArt 图形都不包含文本，这时可以在各形状中添加文本。下面在"分销商大会 .pptx"演示文稿中通过 3 种不同的方法输入文本，其具体操作步骤如下。

STEP 1 直接输入文本

在 SmartArt 图形中上两排显示了"[文本]"字样的形状中单击，并分别输入"亚洲区""东南亚"和"中国"。

操作解谜

为什么文字会自动变大变小

调整SmartArt图形或形状大小，形状中的文字大小都会自动调整以适应其形状。

STEP 2 利用右键菜单输入文本

❶在第 2 行的第 3 个形状上单击鼠标右键；❷在弹出的快捷菜单中选择【编辑文字】命令。

STEP 3 打开文本窗格

❶在选择的图形中输入"西亚"；❷在【 SmartArt工具 设计 】/【创建图形】组中单击"文本窗格"按钮。

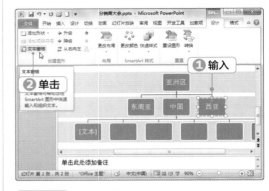

STEP 4 输入文本

❶在打开的"在此处键入文字"窗格中输入所需的文字；❷单击"关闭"按钮，关闭文本窗格。

STEP 5 设置文本格式

❶选择 SmartArt 图形；❷设置文本格式为"华文中宋、加粗、文字阴影、黑色"。

4. 设置形状大小

对于插入到幻灯片中的 SmartArt 图形，PowerPoint 可以设置其各个形状的大小。下面在"分销商大会 pptx"演示文稿中设置 SmartArt 图形的形状大小，其具体操作步骤如下。

STEP 1 设置形状高度

❶依次在 SmartArt 图形的 3 个行矩形上单击，分别输入"一级分销商""二级分销商"和"三级分销商"；❷同时选择这 3 个行矩形；❸在【SmartArt 工具 格式】/【大小】组的"高度"数值框中输入"3 厘米"。

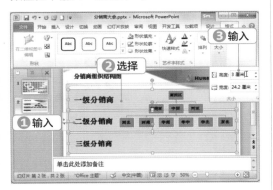

STEP 2 继续调整形状大小

❶同时选择 SmartArt 图形的其他形状；❷在

【大小】组的"高度"数值框中输入"2.7 厘米"。

STEP 3 查看设置形状大小后的效果

返回 PowerPoint 工作界面，即可看到编辑 SmartArt 图形的效果。

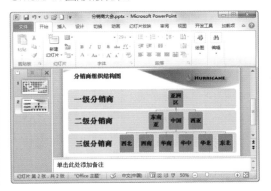

10.2.3 美化 SmartArt 图形

创建 SmartArt 图形后，其外观样式和字体格式都保持默认设置，用户可以根据实际需要对其进行各种设置，使 SmartArt 图形更加美观。美化 SmartArt 图形操作包括颜色、样式、形状和艺术字的设置等。

微课：美化 SmarArt 图形

1. 设置形状样式

对于 SmartArt 图形中的形状，还可自定义其填充颜色、边框样式及形状效果，其操作方法与 Word 中设置 SmartArt 图形的形状样式的方法一致。下面在"分销商大会 .pptx"演示文稿中设置 SmartArt 图形的样式，其具体操作步骤如下。

STEP 1 更改颜色

❶选择第 2 张幻灯片；❷选择幻灯片中的 SmartArt 图形；❸在【SmartArt 工具 设计】/【SmartArt 样式】组中单击"更改颜色"按钮；❹在打开的列表的"强调文字颜色 3"栏中选择"渐变循环 - 强调文字颜色 3"选项。

STEP 2　应用样式

❶在【SmartArt 样式】组中单击"快速样式"按钮；❷在打开的列表的"文档的最佳匹配对象"栏中选择"中等效果"选项。

STEP 3　查看应用样式效果

返回 PowerPoint 工作界面，即可看到设置了 SmartArt 图形样式的效果。

2. 更改形状

如果对 SmartArt 图形中的默认形状不

满意，希望突出其中的某些形状，可更改 SmartArt 图形中的 1 个或多个形状。下面在"分销商大会 .pptx"演示文稿中更改 SmartArt 图形的形状，其具体操作步骤如下。

STEP 1　更改形状

❶选择 SmartArt 图形中分销商所在的 3 个矩形；❷在【SmartArt 工具 格式】/【形状】组中单击"更改形状"按钮；❸在打开的列表的"矩形"栏中选择"剪去对角的矩形"选项。

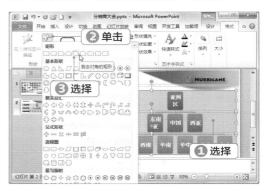

STEP 2　设置艺术字颜色

❶选择 SmartArt 图形；❷在【SmartArt 工具格式】/【艺术字样式】组中单击"文本填充"按钮右侧的下拉按钮；❸在打开的列表的"主题颜色"栏中选择"白色，背景 1"选项。

STEP 3　查看更改形状效果

返回 PowerPoint 工作界面，即可看到更改了 SmartArt 图形形状的效果。

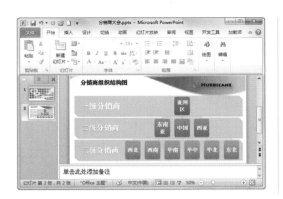

技巧秒杀

恢复原始形状

SmartArt图形包含的形状比"更改形状"列表框中的多,如果在更改了形状后,希望恢复原始形状,可在新形状上单击鼠标右键,在弹出的快捷菜单中选择【重设形状】命令,将撤销对形状进行的所有格式更改。

新手加油站 ——美化幻灯片技巧

1. 删除图片背景

演示文稿的制作过程中,图片与背景的搭配非常重要,有时为了使图片与背景搭配合理,需要删除图片的背景。通常可以使用 Photoshop 等专业图像处理软件删除图片的背景,但 PowerPoint 2010 也有删除图片背景的能力。

删除背景的具体操作方法是:在幻灯片中选择需删除背景的图片,在【图片工具 格式】/【调整】组中单击"删除背景"按钮,图片的背景将变为紫红色,拖动鼠标调整控制框的大小,然后在【背景消除】/【优化】组中单击"标记要保留的区域"按钮或者"标记要删除的区域"按钮,在图片对应的区域单击,然后在幻灯片空白区域单击,或者在【背景消除】/【关闭】组中单击"保留更改"按钮,即可看到图片的背景已删除。

通常只有背景颜色和图像内容都比较简单,图像和背景颜色有较大差别的图片使用 PowerPoint 删除背景才能得到较好的效果。除此以外,如果图片的背景是一种颜色,则可以使用以下操作进行删除:选择图片,在【图片工具 格式】/【调整】组中单击"颜色"按钮,在打开的列表中选择"设置透明色"选项,然后将鼠标光标移至图片的纯色背景上,此时鼠

标光标变为 形状，单击鼠标左键即可。

2. 将图片裁剪为形状

为了能让插入在演示文稿中的图片能够更好地配合内容演示，有时需要让图片随形状的变化而变化。遇到这种情况时，除了使用 Photoshop 等专业图像处理软件来对图片进行修改外，也可以使用 PowerPoint 2010 中的裁剪功能来进行。

将图片裁剪为形状的方法是：选择幻灯片中的图片，在【图片工具 格式】/【大小】组中单击"裁剪"按钮下方的下拉按钮，在打开的列表中选择"裁剪为形状"选项，在其子列表中选择需裁剪的形状样式，此时选择的图片将显示为选择的形状样式,拖动图片边框调整图片，即可完成将图形裁剪为形状的操作。

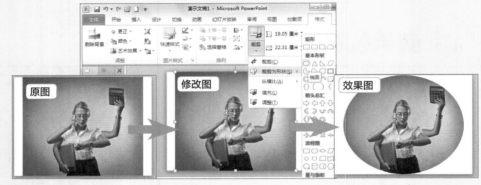

3. 快速替换图片

这个技巧非常实用，因为我们在制作演示文稿时，经常可能利用以前制作好的演示文稿作为模板，通过修改文字和更换图片就能制作出新的演示文稿。但在更换图片的过程中，有些图片已经编辑得非常精美，更换图片后，并不一定可以得到同样的效果，这时就可以通过快速替换图片的方法快速替换图片，不但替换了图片，且图片的质感、样式和位置都与原图片保持一致。快速替换图片的具体操作方法是：在幻灯片中选择需要替换的图片，在【图像工具 格式】/【调整】组中单击"更改图片"按钮，或者在该图片上单击鼠标右键，在弹出的快捷菜单中选择【更改图片】命令，打开"插入图片"对话框，选择替换的图片，单击"打开"按钮即可。如下图所示为快速替换图片的前后效果对比，其图片样式都是"映像圆角矩形"，位置和大小也都没有发生变化。

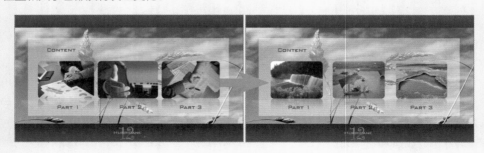

第3部分

4. 遮挡图片

　　遮挡图片类似于裁剪图片，裁剪图片和遮挡图片都只保留图片的一部分内容，不同的是遮挡图片是利用形状来遮挡图片的一部分内容。遮挡图片的形状可以是矩形、三角形、曲线或者其他形状，甚至是另一张图片。遮挡图片的设计经常运用在广告图片、公司介绍等类型的演示文稿中，使用形状遮挡图片后，通常需要在形状上添加一定的文字，对图片所表达的内容进行解释和说明，其中形状的单一颜色通常能集中观众的注意力，起到很好的强调作用，而遮挡图片后，幻灯片中的背景和文字形成强烈的对比。下图所示为一张具有遮挡效果的图片。

该图片中使用了变换形状 + 渐变填充透明颜色的方法遮挡了部分背景图片，不对称的内容让主题文本和公司 Logo 更加突出，让人过目不忘

5. 设计创意形状

　　对于普通用户，仅使用 PowerPoint 中自带的形状就已经能够满足制作的需要，但对于商务用户，还需要学习一些形状的变形和创意，设计更加精美的形状，来增加演示文稿的吸引力。下面就介绍 3 种比较常见的形状创意设计方式。

- ● 变换形状：变换形状包括改变其高度或长度、旋转角度、调整顶点，甚至更改形状的样式等。

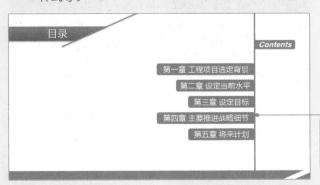

利用形状的顶点变换、形状的长度变换制作出非常漂亮的幻灯片

　　从设计的角度来看，使用形状最好不要大小不一，这样容易使幻灯片看起来内容复杂，分散观众的注意力。上图中的形状虽然长度不一，但高度、间距等都是相同的，虽然长度发生了变化，其不对称的设计却更能抓住观众的视线。

- ● 形状阵列：形状阵列是一种将文本和图片等内容，通过大小不同的相同形状进行排列的形状设计方式，如 Windows 8 操作系统的界面样式就是一种形状阵列，如下图所示，在制作演示文稿时也可以利用这种形状设计方式。

矩形形状阵列将需要展示的内容按照重要程度进行排列，方便用户将注意力集中在主要内容上

● 利用形状划分版块：在演示文稿的制作过程中，经常会使用形状来作为幻灯片的背景，通过不同形状的特性来划分演示文稿的内容区域。

利用一个五边形将幻灯片划分为两个版块，非常清楚地展示出公司名称和理念

利用五边形、矩形和线条将幻灯片分为两个版块，非常鲜明地指出演示文稿的内容和日期

6. 设置手工阴影

虽然 PowerPoint 中已经为形状预设了多种阴影效果，但仍然有一些阴影效果无法实现，这时就可以利用形状的色彩变化手工制作阴影，如下图所示。其方法非常简单，就是在目标形状的周围再绘制一个同色系但颜色更深的形状，自然形成阴影的形状。

同色系的深色颜色一般在形状填充列表框的"主题颜色"栏中可以设置

深色三角形阴影

深色矩形排列到底层

深色矩形排列到底层
并旋转角度

深色矩形编辑顶点

7. 设置单色渐变

在形状中填充渐变色可以使形状变得富有层次，特别是使用单一颜色设置的渐变背景，在现在的广告设计和演示文稿设计中更加常见，其方法是：在幻灯片中绘制一个矩形，然后填充渐变单色。

渐变色为射线的中心辐射，停止点 1 的颜色比停止点 2 浅，制作出具有商务效果的幻灯片背景

同样的渐变色形状，不同的文本位置和设置，制作出现代感极强的幻灯片

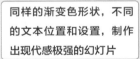

8. 设置曲线形状

在演示文稿中，使用曲线形状作为幻灯片的页面背景或者修饰，可以增加演示文稿的生动性，使演示文稿具有更强的设计感，增加更多的商业气质。如下图所示为使用曲线形状作为背景制作的幻灯片。

幻灯片的背景包括 3 个分别设置了不同渐变色的形状，该形状为"流程图：文档"，通过编辑顶点改变了底部曲线的样式

9. 表格排版

表格的组成要素很多，包括长宽、边线、空行、底纹和方向等，通过改变这些要素，可以制作出不同的表格版式，从而达到美化表格的目的，而在商务演示文稿的制作中，通常都需要根据客户的要求制作出不同版式的表格。下面就介绍几种商务演示文稿中常用的表格排版方式。

● 全屏排版：使表格的长宽与幻灯片大小完全一致。

飓风国际员工退休金发放待遇缴费年限规定

2015年最新规定

退休金发放年限	公司工作年限	累计缴纳社保年限	享受待遇
2014	20	10	
2015	21	11	
2016	22	12	全额退休金＋基本医疗保险＋重大疾病保险（50万由公司代买）＋0.01公司股份
2017	23	13	
2018	24	14	
2019	25	15	

欠款员工退休时不满缴费年限的，需继续缴费至规定年限：
　　享受待遇不包括公司股份和重大疾病保险；
　　如果工作年限没有达标的，退休金将减少到80%，且不享受公司股份和重大疾病保险

观看左图幻灯片时，表格的底纹和线条刚好成为阅读的引导线，比普通表格更加吸引观众的注意力

● 开放式排版：开放式就是擦除表格的外侧框线和内部的竖线或者横线，使表格由单元格组合变成行列组合。

右图的表格排版会让观众自动延线条进行，由于没有边框，观看时就没有停顿，连续性很强

云帆国际2016成果展示

重要业绩与获得的荣誉和奖项	
完成对美国IBC的重要收购	世界品牌前10强
完成欧洲央行中心投标	推动国家经济影响民众生活的10个品牌
成为欧盟商务部战略合作伙伴	国家资产信息化示范企业
成为欧罗斯全球商务战略合作伙伴	国家最佳民族企业
完成全年预约任务，并超过27.5%	全球最温人文精神企业
公司市值上升到全球第5	……

● 竖排式排版：利用与垂直文本框相同的排版方式排版表格。

左图中表格的竖排与横排的搭配，非常清楚地显示了重点内容，利用标题和引导线的不同颜色，增加了表格的可观看性，吸引了观众的注意

- 无表格版式：无表格只是不显示表格的底纹和边框线，但是可以利用表格进行版面的划分和幻灯片内容的定位，功能和上一章中介绍的参考线和网格线相同。在很多平面设计中，如网页的切片、杂志的排版等，都采用了无表格版式。

高手竞技场 ——美化幻灯片练习

1. 制作"二手商品交易"宣传幻灯片

新建一个"二手商品交易.pptx"演示文稿，制作宣传幻灯片，要求如下。

- 新建幻灯片，设置背景颜色。
- 绘制形状，并设置渐变色。
- 输入文本并设置文本格式。
- 插入图片，并设置图片样式。

2. 制作"工程计划书"目录幻灯片

为"工程计划书.pptx"演示文稿制作目录幻灯片，要求如下。

- 在幻灯片中输入文本，设置文本格式。
- 绘制曲线、圆形、椭圆、三角形和直线，并对一些形状进行组合。

- 为圆形设置渐变色，制作发光效果。
- 插入文本框，输入文本并绘制纯白色的矩形来修饰图形。

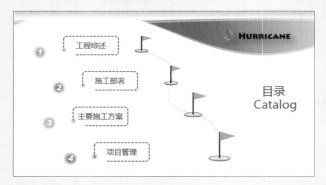

3. 制作"新产品发布手册"目录幻灯片

在"新产品发布手册.pptx"演示文稿中制作目录幻灯片，要求如下。

- 在目录幻灯片中插入表格，并设置表格的边框和底纹。
- 编辑表格内容，并在其中输入文本和设置文本格式。
- 在表格中插入并编辑图片。

第 11 章

设置多媒体与动画

/ 本章导读

为了使制作的演示文稿更吸引人，除了在幻灯片中添加图片等对象，还可以为幻灯片导入声音和视频，对幻灯片的内容进行声音和视频的表述，同时可为演示文稿添加一些形象生动的幻灯片切换或对象元素的动画效果，让演示文稿有声有色。

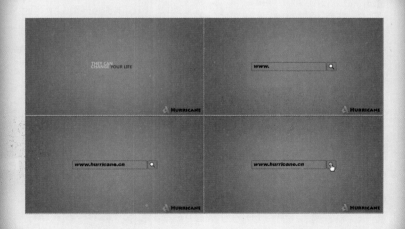

11.1 为"产品展示"演示文稿应用多媒体

云帆集团下属汽车销售公司需要为新产品推广制作一个展示的 PPT，虽然其中有大量的图片，但从市场调查得出的结果可知，宣传性的演示文稿还应该在视觉和听觉上吸引观众的注意，所以需要为 PPT 添加音频与视频。本例中涉及的操作主要是在演示文稿中插入与编辑音频与视频文件，下面进行详细介绍。

11.1.1 添加音频

在幻灯片中可以添加声音，以达到强调或实现特殊效果的目的，声音的插入使演示文稿的内容更加丰富多彩。在 PowerPoint 2010 中，可以通过计算机、网络或 Microsoft 剪辑管理器中的文件添加声音，也可以自己录制声音，将其添加到演示文稿中，或者使用 CD 中的音频文件。

微课：添加音频

第 3 部分

1. 插入音频

通常在幻灯片中插入的音频都来自于文件夹，插入的方法与在幻灯片中插入图片类似。下面在"产品展示 .pptx"演示文稿中插入计算机中的音频文件，其具体操作步骤如下。

STEP 1 插入音频

❶在"幻灯片"窗格中选择第 1 张幻灯片；❷在【插入】/【媒体】组中单击"音频"按钮；❸在打开的列表中选择"文件中的音频"选项。

STEP 3 查看添加音频效果

返回 PowerPoint 工作界面，在幻灯片中将显示一个声音图标和一个播放音频的浮动工具栏。

STEP 2 选择音频文件

❶打开"插入音频"对话框，先选择插入音频文件的保存路径；❷在打开的列表框中选择"背景音乐 .mp3"选项；❸单击"插入"按钮。

操作解谜

插入其他的音频文件

在【插入】/【媒体】组中单击"音频"按钮，在打开的列表中选择"剪贴画音频"选项，可以通过网络搜索并插入音频；在打开的列表中选择"录制音频"选项，则可以通过录音设备将演讲者的声音录制并将其插入到幻灯片中，这种方式主要应用于自动放映幻灯片时的讲解或旁白。在【插入】/【CD音频】组中单击"播放CD乐曲"按钮，可使CD中的乐曲伴随演示文稿播放。

2. 编辑音频

在幻灯片中插入所需的声音文件后，PowerPoint 自动创建一个音频图标，选择该图标后，将显示【音频工具 播放】选项卡，在其中可对声音进行编辑与控制，如试听声音、设置音量、剪裁声音和设置播放声音的方式等。下面在"产品展示 .pptx"演示文稿中编辑插入计算机中的音频文件，其具体操作步骤如下。

STEP 1 打开"剪裁音频"对话框

❶在第 1 张幻灯片选择音频图标；❷在【音频工具 播放】/【编辑】组中单击"剪裁音频"按钮。

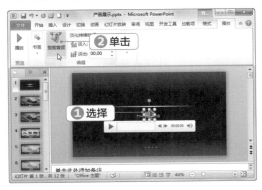

STEP 2 剪裁音频

❶打开"剪裁音频"对话框，在"开始时间"数值框中输入"00:06"；❷在"结束时间"数值框中输入"02:08"；❸单击"确定"按钮。

STEP 3 设置音量

❶在【音频选项】组中单击"音量"按钮；❷在打开的列表中单击选中"高"复选框。

STEP 4 设置音频选项

❶在【音频选项】组的"开始"下拉列表框中选择"自动"选项；❷单击选中"放映时隐藏"复选框。

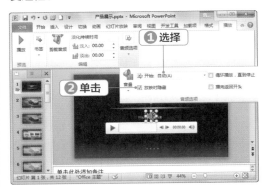

操作解谜

为什么要单击选中"播放时隐藏"复选框

在通常情况下，如果不把音频图标拖到幻灯片之外，将会一直显示音频图标，播放时也会显示。只有单击选中"播放时隐藏"复选框，在放映时才会隐藏音频图标。

3. 压缩并保存音频

在进行编辑操作后，还必须进行压缩文件和保存演示文稿的操作，因为只有进行完这两个操作，在播放演示文稿时，才能正确播放剪裁后的音频。下面在"产品展示.pptx"演示文稿中压缩文件并保存，其具体操作步骤如下。

STEP 1 打开"压缩媒体"对话框

❶单击"文件"按钮，在打开的列表中选择"信息"选项；❷在窗口中间打开的"信息"任务窗格中单击"压缩媒体"按钮；❸在打开的列表中选择"演示文稿质量"选项。

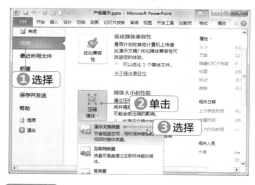

STEP 2 压缩媒体

打开"压缩媒体"对话框，在其中显示压缩剪

裁音频的进度，完成后单击"关闭"按钮。

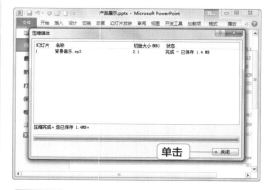

STEP 3 保存演示文稿

单击"文件"按钮，在打开的列表中选择"保存"选项，即可完成音频的保存操作。

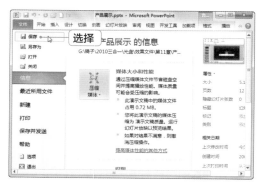

技巧秒杀

剪裁视频

与剪裁音频一样，剪裁视频后也需要压缩和保存文件，才能在播放演示文稿时播放出剪裁后的视频。

11.1.2 添加视频

除了可以在幻灯片中插入声音，还可以插入影片，在放映幻灯片时，便可以直接在幻灯片中放映影片，使幻灯片看起来更加丰富多彩。在实际工作中使用的视频格式有很多种，但 PowerPoint 只支持其中一部分格式的视频的插入和播放，包括 AVI、WMA 和 MPEG 等格式。

微课：添加视频

1. 插入视频

和插入音频类似，通常在幻灯片中插入的视频都来自于文件夹，其操作也与插入音频相似。下面在"产品展示.pptx"演示文稿中插入计算机中的视频文件，其具体操作步骤如下。

STEP 1 插入视频

❶在"幻灯片"窗格中选择第 5 张幻灯片；
❷在【插入】/【媒体】组中单击"视频"按钮；
❸在打开的列表中选择"文件中的视频"选项。

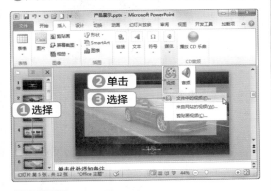

STEP 2 选择视频文件

❶打开"插入视频文件"对话框，先选择插入视频文件的保存路径；❷在打开的列表框中选择"阿斯顿·马丁 ONE77 实拍_标清.avi"文件；❸单击"插入"按钮。

STEP 3 查看插入视频的效果

返回 PowerPoint 工作界面，在幻灯片中将显示视频画面和一个播放视频的浮动工具栏。

操作解谜

插入联机视频

在【插入】/【媒体】组中单击"视频"按钮，在打开的列表中选择"来自网站的视频"选项，打开"从网站插入视频"对话框，在光标所在空白处输入或者粘贴网络中视频的 HTML 代码，即可将该视频插入到幻灯片中。

第 **11** 章 设置多媒体与动画

2. 编辑视频

编辑视频除可以剪裁视频文件外，还可以像编辑图片一样，编辑视频的样式、在幻灯片中的排列位置和大小等，以增强视频文件的播放效果。下面在"产品展示.pptx"演示文稿中编辑插入计算机中的视频文件，其具体操作步骤如下。

STEP 1 设置视频选项

❶在第5张幻灯片中选择插入的视频；❷在【视频工具 播放】/【视频选项】组的"开始"下拉列表框中选择"自动"选项；❸单击选中"未播放时隐藏"复选框；❹单击选中"播完返回开头"复选框。

STEP 2 设置视频样式

❶在【视频工具 格式】/【视频样式】组中单击"视频样式"按钮；❷在打开的列表的"中等"栏中选择"中等复杂框架，黑色"选项。

STEP 3 保存并预览视频

❶通过视频四周的控制点调整大小；❷在快速访问工具栏中单击"保存"按钮；❸在"预览"栏中单击"播放"按钮预览视频。

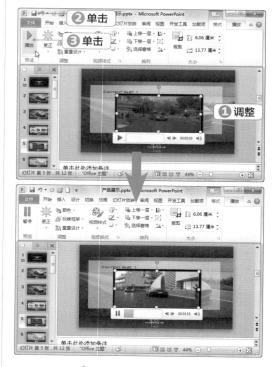

选择正确的视频格式插入幻灯片

PowerPoint几乎支持所有的视频格式，但如果要在幻灯片中插入视频文件，最好使用WMV和AVI格式的视频文件，因为这两种视频文件也是Windows自带的视频播放器支持的文件类型。如果要在幻灯片中插入其他类型的视频文件，则需要在计算机中安装支持该文件类型的视频播放器，如插入MP4视频文件，需要安装其默认的视频播放器Apple QuickTime。否则，插入的其他视频文件将显示为音频文件样式。

第3部分

11.2 为"升级改造方案"演示文稿设置动画

云帆集团收购了一家陈旧的卫东机械厂，在重新投产前，需要对该厂的车间厂房进行升级改造。于是集团工程部制作了一个"升级改造方案"PPT，并在股东大会上进行演示播放。本例中涉及的操作主要是在演示文稿中设置动画效果，设置的动画效果包括幻灯片中各种元素的动画和切换幻灯片的动画。

11.2.1 设置幻灯片动画

设置幻灯片动画是指在幻灯片中可以给文本、文本框、占位符、图片和表格等对象添加标准的动画效果，还可以添加自定义的动画效果，使其以不同的动态方式出现在屏幕中。

微课：设置幻灯片动画

1. 添加动画效果

在幻灯片中选择了一个对象后，就可以给该对象添加一种自定义动画效果，如进入、强调、退出和动作路径中的任意一种动画效果。下面在"升级改造方案 .pptx"演示文稿中为幻灯片中的对象添加动画效果，其具体操作步骤如下。

STEP 1　选择动画样式

❶在"幻灯片"窗格中选择第 2 张幻灯片；❷选择幻灯片中左上角的图片，在【动画】/【动画】组中单击"动画样式"按钮；❸在打开的列表的"进入"栏中选择"飞入"选项。

STEP 2　查看添加的动画

返回 PowerPoint 工作界面，将自动演示一次动画效果，并在添加了动画的对象左上角显示

"1"，表示该动画为第一个动画。

STEP 3　继续添加动画

❶选择右上角的图片；❷在【动画】组中单击"动画样式"按钮；❸在打开的列表的"进入"栏中选择"缩放"选项。

STEP 4 为文本框添加动画

❶选择第 4 张幻灯片；❷选择第一个文本框；❸在【动画】组中单击"动画样式"按钮；❹在打开的列表的"进入"栏中选择"轮子"选项。

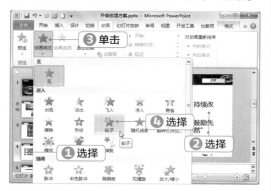

STEP 5 继续为文本框添加动画

❶选择第 2 个文本框；❷在【动画】组中单击"动画样式"按钮；❸在打开的列表的"进入"栏中选择"浮入"选项。

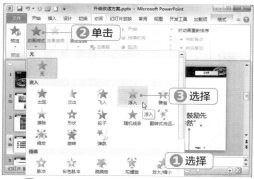

操作解谜

添加其他的动画效果

在"动画样式"列表中选择"更多进入效果""更多强调效果""更多退出效果""其他动作路径"等选项，将打开相应的对话框，在对话框中也可为选择的对象添加动画效果。

STEP 6 继续为文本框添加动画

❶选择第 5 张幻灯片；❷选择第一个文本框；

❸在【动画】组中单击"动画样式"按钮；❹在打开的列表的"进入"栏中选择"淡出"选项。

STEP 7 同时为两个对象添加动画

❶选择第 6 张幻灯片；❷同时选择左侧的图片和文本框，在【动画】组中单击"动画样式"按钮；❸在打开的列表的"进入"栏中选择"形状"选项。

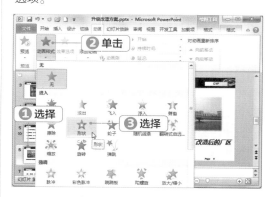

技巧秒杀

预览动画

添加动画后如果没有预览到动画效果，在【动画】/【预览】组中单击"预览动画"按钮，也可以预览动画效果。

STEP 8 继续为两个对象添加动画

❶同时选择右侧的图片和文本框；❷在【动画】组中单击"动画样式"按钮；❸在打开的列表的"进入"栏中选择"随机线条"选项。

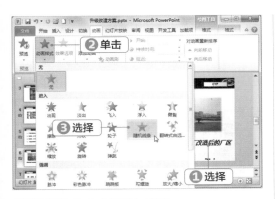

STEP 9 为文本框添加动画

❶选择第 7 张幻灯片；❷选择第一个文本框，在【动画】组中单击"动画样式"按钮；❸在打开的列表的"进入"栏中选择"擦除"选项。

STEP 10 继续为文本框添加动画

❶选择第 2 个文本框；❷在【动画】组中单击"动画样式"按钮；❸在打开的列表的"进入"栏中选择"擦除"选项。

操作解谜

为一个对象添加多个动画

在幻灯片中可以为对象设置多个动画效果，其方法是：在设置单个动画之后，在【动画】/【高级动画】组中单击"添加动画"按钮，在打开的列表中选择一种动画样式。添加了多个动画效果后，幻灯片中该对象的左上方也将显示对应的多个数字序号。另外，未添加动画的对象，通过"添加动画"按钮和"动画样式"按钮都能添加动画；已添加动画的对象只能通过"添加动画"按钮继续添加动画。

2. 设置动画效果

给幻灯片中的文本或对象添加了动画效果后，还可以对其进行一定的设置，如动画的方向、图案、形状、开始方式、播放速度和声音等。下面在"升级改造方案.pptx"演示文稿中为添加的动画设置效果，其具体操作步骤如下。

STEP 1 设置"飞入"动画效果

❶选择第 2 张幻灯片；❷在【动画】/【高级动画】组中单击"动画窗格"按钮；❸打开"动画窗格"窗格，单击第一个动画选项右侧的下拉按钮；❹在打开的列表中选择"计时"选项。

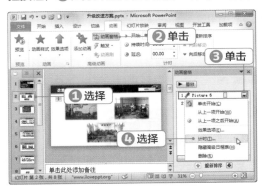

STEP 2 设置飞入动画效果

❶打开"飞入"对话框的"计时"选项卡，在"期

第 **11** 章 设置多媒体与动画

间"下拉列表框中选择"非常慢（5秒）"选项；
❷单击"确定"按钮。

STEP 3 查看更改计时后的效果

返回 PowerPoint 工作界面，将自动演示一次
动画效果。

STEP 4 设置计时

❶选择第 4 张幻灯片；❷在"动画窗格"窗格
中单击第 2 个动画选项右侧的下拉按钮；❸在
打开的列表中选择"计时"选项。

STEP 5 设置上浮动画效果

❶打开"上浮"对话框的"计时"选项卡，在"期
间"下拉列表框中选择"中速（2秒）"选项；
❷单击"确定"按钮。

STEP 6 设置效果选项

❶选择第 5 张幻灯片；❷在"动画窗格"窗格
中单击动画选项右侧的下拉按钮；❸在打开的
列表中选择"效果选项"选项。

技巧秒杀

设置动画的播放顺序

一张幻灯片中的动画的播放顺序是按照添
加的顺序进行的，如果要改变播放顺序，
只需要在"动画窗格"窗格中选择一个动
画选项，单击窗格下方的"上移"或"下
移"按钮。

STEP 7 设置淡出动画声音

❶打开"淡出"对话框的"效果"选项卡，在"声

音"下拉列表框中选择"鼓掌"选项；❷单击"声音"按钮；❸在打开的列表中拖动滑块来调整音量大小；❹单击"确定"按钮。

STEP 8　设置动画开始方式

❶选择第 6 张幻灯片；❷在"动画窗格"窗格中选择第 2 个动画选项；❸在【计时】组的"开始"下拉列表框中选择"上一动画之后"选项。

操作解谜

设置动画的开始方式

　　选择"单击时"选项表示要单击一下鼠标后才开始播放该动画；选择"与上一动画同时"选项表示设置的动画将与前一个动画同时播放；选择"上一动画之后"选项表示设置的动画将在前一个动画播放完毕后自动开始播放。设置后两种开始方式后，幻灯片中对象的序号将变得和前一个动画的序号相同。

STEP 9　设置动画开始方式

❶在"动画窗格"窗格中选择第 4 个动画选项；❷在【计时】组的"开始"下拉列表框中选择"上一动画之后"选项。

STEP 10　设置效果选项

❶选择第 7 张幻灯片；❷在"动画窗格"窗格中单击第一个动画选项右侧的下拉按钮；❸在打开的列表中选择"效果选项"选项。

STEP 11　设置组合文本

❶打开"擦除"对话框，单击"正文文本动画"选项卡；❷在"组合文本"下拉列表框中选择"按第一级段落"选项。

操作解谜

设置组合文本

　　若选择"作为一个对象"选项，则所有文本将组合为一个对象播放动画；若选择其他选项，则每个段落的文本将作为单独的对象播放动画。

STEP 12 设置计时

❶单击"计时"选项卡；❷在"期间"下拉列表框中选择"非常慢（5秒）"选项；❸单击"确定"按钮。

STEP 13 设置效果选项

❶在"动画窗格"窗格中单击第2个动画选项右侧的下拉按钮；❷在打开的列表中选择"效果选项"选项。

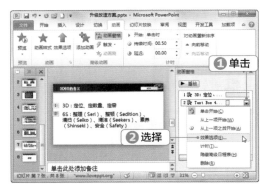

STEP 14 设置计时

❶打开"擦除"对话框，单击"计时"选项卡；❷在"期间"下拉列表框中选择"中速（2秒）"选项；❸单击"确定"按钮；❹单击"动画窗格"窗格右上角的"关闭"按钮。

3. 利用动画刷复制动画

PowerPoint中的动画刷与Word中的格式刷的功能类似，可以轻松快速地复制动画效果，大大方便了对同一对象（图像、文字等）设置相同的动画效果和动作方式。下面在"升级改造方案.pptx"演示文稿中利用动画刷复制动画，其具体操作步骤如下。

STEP 1 复制动画

❶选择第2张幻灯片；❷选择左上角已经设置好动画的图片；❸在【动画】/【高级动画】组中单击"动画刷"按钮；❹在幻灯片右上角的图片上单击，复制动画。

STEP 2　设置效果选项

❶选择右上角已经复制了动画的图片；❷在【动画】组中单击"效果选项"按钮；❸在打开的列表中选择"自左侧"选项。

STEP 3　继续复制动画

❶选择右上角已经设置好动画的图片；❷在【高级动画】组中单击"动画刷"按钮；❸在幻灯片下面的图片上单击，为其复制动画。

　操作解谜

查看动画刷效果

利用"动画刷"复制动画后，该对象将会立即显示复制的动画效果，用户可以根据该效果对动画进行调整。

STEP 4　选择动画刷操作

❶选择第 5 张幻灯片；❷选择第 1 个已经设置好动画的文本框；❸在【动画】/【高级动画】组中双击"动画刷"按钮；❹在第 2 个文本框

上单击，复制动画。

STEP 5　查看动画刷操作效果

❶单击第 3 个文本框；❷单击第 4 个文本框；❸在【高级动画】组中单击"动画刷"按钮，退出动画刷操作。

4. 设置动作路径动画

"动作路径"动画效果是自定义动画效果中的一种表现方式，可为对象添加某种常用路径的动画效果，如"向上""向下""向左"和"向右"的动作路径，使对象沿固定路径运动，但是缺乏一定的灵动性。PowerPoint 提供了更多的路径可供选择，甚至还可绘制自定义路径，使幻灯片中的对象更加突出。下面在"升级改造方案 .pptx"演示文稿中制作动作路径动画，其具体操作步骤如下。

STEP 1　设置其他动作路径

❶选择第 8 张幻灯片，并在其中选择需要设置

第 **11** 章　设置多媒体与动画

动作路径动画的文本框；❷在【动画】/【高级动画】组中单击"添加动画"按钮；❸在打开的列表中选择"其他动作路径"选项。

STEP 2　添加动作路径

❶打开"添加动作路径"对话框，在"直线和曲线"栏中选择"弹簧"选项；❷单击"确定"按钮。

STEP 3　编辑动作路径

❶将鼠标光标移动到动作路径的开始位置（绿色箭头处），拖动控制点向上移动；❷将鼠标光标移动到动作路径的结束位置（红色箭头处），拖动控制点向下移动。

技巧秒杀

手动绘制动作路径

选择需要设置的对象，单击"添加动画"按钮，在打开的列表的"动作路径"栏中选择"自定义路径"选项，将鼠标光标移动到幻灯片中，按住鼠标左键并拖动，即可绘制所需的路径。同样的，手动绘制的动作路径的开始位置显示为绿色箭头，结束位置显示为红色箭头，播放动画时，设置动画的对象将按照路径，从开始位置向结束位置移动。

11.2.2　设置幻灯片切换动画

　　幻灯片切换动画是指在幻灯片放映过程中，从一张幻灯片移到下一张幻灯片时出现的动画效果，能使幻灯片在放映时更加生动。下面将详细讲解设置幻灯片切换动画的基本方法，如直接设置切换效果，为切换动画添加声音效果，以及设置切换动画的速度、换片方式等。

微课：设置幻灯片切换动画

1. 添加切换动画

　　普通的两张幻灯片之间没有设置切换动画，但在制作演示文稿的过程中，用户可根据需要添加切换动画，这样可提升演示文稿的吸引力。下面在"升级改造方案.pptx"演示文稿中设置幻灯片切换动画，其具体操作步骤如下。

第3部分

STEP 1 选择切换动画样式

❶选择第 2 张幻灯片；❷在【切换】/【切换到此幻灯片】组中单击"切换方案"按钮；❸在打开的列表的"细微型"栏中选择"形状"选项。

STEP 2 为其他幻灯片应用切换动画

PowerPoint 将预览设置的切换动画效果，在【计时】组中单击"全部应用"按钮，为其他幻灯片应用同样的切换动画。

技巧秒杀

删除切换动画

如果要删除应用的切换动画，选择应用了切换动画的幻灯片，在切换动画样式列表框中选择"无"选项，即可删除应用的切换动画效果。

2. 设置切换动画效果

为幻灯片添加切换效果后，还可对所选的切换效果进行设置，包括设置切换效果选项、声音、速度以及换片方式等，以增加幻灯片切换的灵活性。下面在"升级改造方案 .pptx"演示文稿中设置幻灯片切换动画的效果，其具体操作步骤如下。

STEP 1 设置动画效果

❶选择第 4 张幻灯片；❷在【切换】/【切换到此幻灯片】组中单击"效果选项"按钮；❸在打开的列表中选择"菱形"选项。

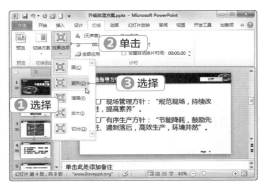

STEP 2 继续设置效果选项

❶选择第 5 张幻灯片；❷在【切换】/【切换到此幻灯片】组中单击"效果选项"按钮；❸在打开的列表中选择"增强"选项。

STEP 3 继续设置效果选项

❶选择第 6 张幻灯片；❷在【切换】/【切换到此幻灯片】组中单击"效果选项"按钮；❸在打开的列表中选择"放大"选项。

STEP 4 继续设置效果选项

❶选择第 7 张幻灯片；❷在【切换】/【切换到此幻灯片】组中单击"效果选项"按钮；❸在打开的列表中选择"切出"选项。

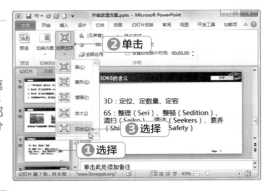

STEP 5 设置切换动画声音

❶选择第 8 张幻灯片；❷在【计时】组的"声音"下拉列表框中选择"鼓掌"选项。

技巧秒杀

为演示文稿设置合适的动画

动画没有好坏之分，只有合适与否。合适不仅是要与演示环境吻合，还要因人、因地、因用途不同而进行改变，企业宣传、工作汇报和个人简历等都可以多用动画，而课题研究、党政会议则需要少用动画。另外，对于严谨场合和时间宝贵的商务演示文稿，尽量不设计修饰性的动画。

新手加油站——设置多媒体与动画技巧

1. 利用真人配音

在商务演示文稿制作领域，真人配音的应用越来越广泛，其效果远远超过了计算机录制的声音。真人配音通常由专业的配音师或者配音演员在专业的录音棚里进行，其录制的音频效果非常专业。现在市面上有许多配音服务，通常按时间进行收费，最好的也就千元／小时的收费标准，所以，在条件允许的情况下，最好选择真人配音方式。

2. 插入 Flash 动画

Flash 动画同样可以制作教学演示文稿，因此，在制作演示文稿时可使用相应的 Flash 动画，这样可以带给观众不一样的视听享受。

（1）显示"开发工具"选项卡

在幻灯片中插入 Flash 动画需要使用【开发工具】选项卡的相关功能，PowerPoint 2013 的工作界面中默认是没有显示【开发工具】选项卡的，需用户进行设置，其具体操作如下。

❶ 启动 PowerPoint 2010，单击"文件"按钮，在打开的列表中选择"选项"选项。

❷ 打开"PowerPoint 选项"对话框，在左侧的窗格中单击"自定义功能区"选项卡，在右侧的"主选项卡"列表框中单击选中"开发工具"复选框，单击"确定"按钮。

（2）插入 Flash 动画

在 PowerPoint 2010 的工作界面中显示了【开发工具】选项卡后，就可以插入 Flash 动画了，其具体操作如下。

❶ 选择需要插入 Flash 动画的幻灯片，在【开发工具】/【控件】组中单击"其他控件"按钮。

❷ 打开"其他控件"对话框，在其中的列表框中选择"Shockwave Flash Object"选项，单击"确定"按钮。

❸ 将鼠标光标移到幻灯片中，在需插入 Flash 的位置按住鼠标左键不放，拖动绘制一个播放 Flash 动画的区域。在绘制的区域上单击鼠标右键，在弹出的快捷菜单中选择【属性】命令。

❹ 打开"属性"对话框，在"Movie"文本框中输入 Flash 动画的详细位置，单击"关

闭"按钮关闭对话框。

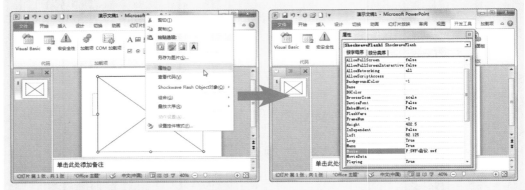

⑤ 放映幻灯片时即可欣赏插入的 Flash 动画，通常插入的是一个自动播放的 Flash。

Flash 动画也可以通过插入计算机中视频的方法插入到幻灯片中，虽然这种方式操作很简单，但插入的 Flash 动画不能预览，而通过控件插入的 Flash 动画可以直接播放，但不能编辑视频的格式。

3. 设置不断放映的动画效果

为幻灯片中的对象添加动画效果后，该动画效果将采用系统默认的播放方式，即自动播放一次，而在实际需要中有时需要将动画效果设置为不断重复放映的动画效果，从而实现动画效果的连贯性。其方法很简单，在动画窗格中单击该动画选项右侧的下拉按钮，在打开的列表中选择"计时"选项，在打开对话框的"计时"选项卡的"重复"下拉列表框中选择"直到下一次单击"选项，这样动画就会连续不断地播放。

在"动画窗格"窗格中可以按先后顺序依次查看设置的所有动画效果，选择某个动画效果选项可切换到该动画所在对象。动画右侧的绿色色条表示动画的开始时间和长短，指向它时将显示具体的设置。

4. 在同一位置连续放映多个对象动画

在同一位置连续放映多个对象动画是指在幻灯片中放映一个对象后，在该位置上再继续放映第 2 个对象的动画，而第 1 个对象将自动消失。此种设置主要用于图形对象上，能够提高幻灯片的生动性和趣味性，其具体操作如下。

❶ 在幻灯片中将多个对象设置为相同大小，并重叠放在同一位置。

❷ 选择最上方的对象，将其移动到需要的位置，并为其添加一种动画效果，然后打开动画效果的对话框，在"效果"选项卡的"动画播放后"下拉列表框中选择"播放动画后隐藏"选项。

❸ 然后依次移动其他对象重叠放在第 1 个对象的位置，以相同方法设置动画效果，并将对象都设置为"播放动画后隐藏"。

5. 为 SmartArt 图形设置动画

SmartArt 图形也能设置动画，由于 SmartArt 图形是一个整体，图形间的关系比较特殊，因此在为 SmartArt 图形添加动画时需要注意一些设置方法和技巧，下面进行具体讲解。

（1）为 SmartArt 图形添加动画的注意事项

SmartArt 图形都是由多个图形组合而成的，所以，既可为整个 SmartArt 图形添加动画，也可只对 SmartArt 图形中的部分形状添加动画。添加动画时，需要注意以下几个事项。

● 根据 SmartArt 图形选择的布局来确定需添加的动画，使搭配效果更好。大多数动画的播放顺序都是按照文本窗格上显示的项目符号依次播放的，所以可选择 SmartArt 图形后在其文本窗格中查看信息，也可以倒序播放动画。

● 如果将动画应用于 SmartArt 图形中的各个形状，那么该动画将按形状出现的顺序进行播放或将整个顺序颠倒，但不能重新排列单个 SmartArt 形状图形的动画顺序。

● 对于表示流程类的 SmartArt 图形，其形状之间的连接线通常与第 2 个形状相关联，一般不需要为其单独添加动画。

● 如果没有显示动画项目的编号，可以先打开"动画窗格"窗格。

● 无法用于 SmartArt 图形的动画效果将显示为灰色。

● 当切换 SmartArt 图形布局时，添加的动画也将同步应用到新的布局中。

（2）设置 SmartArt 图形动画

选择要添加动画的 SmartArt 图形，在【动画】/【动画】组中单击"动画样式"列表框右侧的"其他"按钮，在打开的列表框中选择一种动画样式。默认整个 SmartArt 图形作为一个整体来应用动画，需要改变动画的效果，可选择添加了动画的 SmartArt 图形，打开"动画窗格"窗格，单击该动画选项右侧的下拉按钮，在打开的列表中选择"效果选项"选项，在打开的对话框中单击"SmartArt 动画"选项卡，在其中即可设置 SmartArt 图形动画。

下面介绍在"组合图形"下拉列表框中提供的各选项的含义。

- 作为一个对象：将整个 SmartArt 图形作为一张图片或整体对象来应用动画，应用到 SmartArt 图形的动画效果与应用到形状、文本和艺术字的动画效果类似。

- 整批发送：同时为 SmartArt 图形中的全部形状设置动画。该选项与"作为一个对象"选项的不同之处在于，如当动画中的形状旋转或增长时，选择该选项会使每个形状单独旋转或增长，而选择"作为一个对象"选项会使整个 SmartArt 图形将旋转或增长。

- 逐个：单独地为每个形状播放动画。

- 一次按级别：同时为相同级别的全部形状添加动画，并同时从中心开始，主要是针对循环 SmartArt 图形。

- 逐个按级别：按形状级别顺序播放动画，该选项非常适合应用于层次结构布局的 SmartArt 图形。

（3）为 SmartArt 图形的单个形状设置动画

如果要为 SmartArt 图形中的单个形状添加动画，其方法为：首先选择 SmartArt 图形中的单个形状，为其添加动画，然后在【动画】组中单击"效果选项"按钮，在打开列表的"序列"栏中选择"逐个"选项，在"动画窗格"窗格中单击选项左下角的"展开"按钮，打开 SmartArt 图形中的所有形状选项，选择某个形状对应的选项，为其重新设置单个动画。

若在打开列表的"序列"栏中选择"作为一个对象"选项，可以将单个形状重新组合为一个图形设置动画。

高手竞技场 ——设置多媒体与动画练习

1. 制作"新品发布倒计时"演示文稿动画

要求在"新品发布倒计时 .pptx"演示文稿中制作动画。重点在于前面一个倒计时动画的设置，其主要由 10 个组合动画组合而成，每个组合动画包含 4 个动画，分别使用了 4 种不同的幻灯片动画类型，第 1 个动画是形状从左向右快速移动的路径动画，第 2 个是文本出现的进入动画，第 3 个是文本的脉冲强调动画，最后一个是文本消失的退出动画。另外还有一个重点就是两张幻灯片之间的自动切换，只需要将幻灯片的自动换片时间设置为"0"，放映完该幻灯片后，将自动放映下一张幻灯片。具体操作步骤如下。

❶ 打开素材文件，选择第 1 张幻灯片，在幻灯片中绘制一个椭圆形状。

❷ 填充渐变色，设置方向为"线性向左"，在"渐变光圈"栏中设置 3 个停止点的颜色，从左到右分别为"黑色""黑色"和"白色"。

❸ 设置形状的宽度为"15.2 厘米"，高度为"0.13 厘米"，并将其移动到幻灯片左侧的外面，设置形状轮廓为"无轮廓"。

❹ 在【动画】/【动画】组中单击"动画样式"按钮，在打开的列表框中选择"其他动作路径"选项，打开"更改动作路径"对话框，在"直线和曲线"栏中选择"向右"选项，单击"确定"按钮。

❺ 增加路径的长度，使其横穿整张幻灯片，在【计时】组的"开始"下拉列表中选择"与上一动画同时"选项，在"持续时间"数值框中输入"00.75"。

❻ 打开"动画窗格"窗格，单击该动画选项右侧的下拉按钮，在打开的列表中选择"效果选项"选项。

❼ 打开"向右"对话框，在"效果"选项卡的"增强"栏的"声音"下拉列表框中选择"疾驰"选项，完成第 1 个动画的添加。

❽ 插入艺术字，样式为"填充 – 蓝色，强调文字颜色 1，金属棱台，映像"选项，艺术字文本框中输入"10"，文本格式为"Arial Black，200，加粗"。

❾ 在【动画】/【动画】组中单击"动画样式"按钮，在打开的列表的"进入"栏中选择"出现"选项，在【计时】组的"开始"下拉列表中选择"与上一动画同时"选项，在"持续时间"数值框中输入"01.00"，完成第 2 个动画的添加。

❿ 在【高级动画】组中单击"添加动画"按钮，在打开的列表的"强调"栏中选择"脉冲"选项，在【计时】组的"开始"下拉列表中选择"上一动画之后"选项，在"持续时间"数值框中输入"00.50"。

⓫ 单击该动画选项右侧的下拉按钮，在打开的列表中选择"效果选项"选项，在打开的对话框中设置声音为"爆炸"，完成第 3 个动画的添加。

⓬ 继续添加动画，在"退出"栏中选择"消失"选项，在【计时】组的"开始"下拉列表中选择"上一动画之后"选项，在"持续时间"数值框中输入"00.50"，并设置声音为"照相机"，完成第 4 个动画的添加。

⓭ 同时选择前面绘制的形状和艺术字，复制一份，并将艺术字修改为"9"，然后重复该操作，添加倒计时的所有艺术字（1~10）。

⓮ 选择添加的 10 个艺术字，将其"左右居中"和"上下居中"对齐。用同样的方法将幻灯片外复制的形状设置居中和上下对齐。

⓯ 在【切换】/【计时】组中单击选中"单击鼠标时"和"设置自动换片时间"复选框，其中"设置自动换片时间"复选框右侧的数值框中保持"0"状态。

⓰ 选择第 2 张幻灯片，设置切换动画为"华丽型 – 涡流"，声音为"鼓声"，换片方式为"单击鼠标时"。

⓱ 选择幻灯片中左侧的文本，设置动画样式为"进入 – 浮入"，在【计时】组的"开始"下拉列表中选择"与上一动画同时"选项，在"持续时间"数值框中输入"02.00"。

⏱ 选择幻灯片中右侧的文本，设置动画样式为"进入－淡出"，在【计时】组的"开始"下拉列表中选择"上一动画之后"选项，在"持续时间"数值框中输入"03.00"，设置声音为"电压"，保存演示文稿，完成本练习的操作。

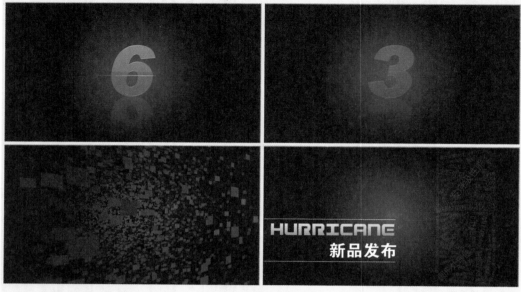

2. 制作"公司网址"演示文稿动画

为某公司的宣传演示文稿"公司网址.pptx"的结束页幻灯片制作一个显示公司网址的动画，主要有以下几个设计重点，一是网址搜索文本框的出现，利用了淡出动画；二是网址的显示，主要是设置出现的每个字符的间隔时间；三是输入字符的按键声音的同步，需要设置音频的播放动画；四是手形图片的按键操作动画，需要为手形图片设置进入动画、退出动画和路径动画，还要为搜索图片设置一个强调动画，具体操作步骤如下。

❶ 打开素材文件，选择中间的文本组合，为其设置一个"退出－缩放"动画，在【动画】/【计时】组的"开始"下拉列表中选择"上一动画之后"选项，在"持续时间"数值框中输入"02.00"，在"延迟"数值框中输入"01.00"。

❷ 将"图片2.png"图片插入到幻灯片中，为其设置"进入－淡出"动画，设置开始时间为"上一动画之后"，持续时间为"00.50"。

❸ 将"图片3.png"图片插入到幻灯片中，同样为其设置"进入－淡出"动画，设置开始时间为"与上一动画同时"，持续时间为"00.50"。

❹ 在幻灯片中插入一个文本框，在其中输入内容，设置字体为"Arial Black、20"；为其设置"进入－出现"动画，设置延迟时间为"00.50"。

❺ 打开动画窗格，单击该动画选项右侧的下拉按钮，在打开的列表中选择"效果选项"选项，打开"出现"对话框，在"效果"选项卡的"动画文本"下拉列表中选择"按字母"选项，在下面显示的数值框中输入"0.12"，设置字母出现的延迟秒数。

⑥ 插入"medial.wav"音频文件,在动画窗格中将其拖动到文本动画之后,设置开始时间为"与上一动画同时",延迟时间为"00.50"。

⑦ 将"图片 1.png"图片插入到幻灯片中,并移动到右下侧幻灯片外面,为其设置"动作路径 – 直线"动画,路径终点为"图片 3.png"图片的中心,设置开始时间为"与上一动画同时",持续时间为"00.30",延迟时间为"03.50"。

⑧ 为"图片 1.png"图片添加一个动画"进入 – 出现"动画,设置开始时间为"与上一动画同时",持续时间为"00.30",延迟时间为"03.80"。

⑨ 继续为"图片 1.png"图片再添加一个动画"退出 – 淡出"动画,设置开始时间为"与上一动画同时",持续时间为"00.30",延迟时间为"04.10"。

⑩ 选择"图片 2.png"图片,为其添加一个动画"强调 – 脉冲"动画,设置开始时间为"与上一动画同时",持续时间为"00.50",延迟时间为"04.10"。

⑪ 插入"media2.wav"音频文件,在动画窗格中将其拖动到所有动画的最后,设置开始时间为"与上一动画同时",延迟时间为"04.10"。

⑫ 预览动画,适当调整大小和位置,保存演示文稿,完成整个练习的操作。

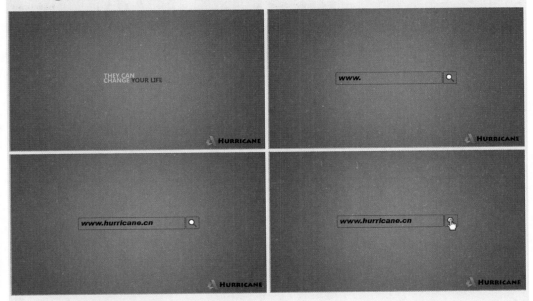

3. 制作"结尾页"演示文稿动画

为"结尾页 .pptx"演示文稿中的对象制作动画,根据前面的动画制作经验,这里不再列出详细的操作步骤,具体要求如下。

● 该动画主要由 4 个动画组成,英文字符的动画、虚线框的两个动画和文字的动画。

● 英文字符的动画是"强调 – 脉冲",开始时间为"上一动画之后",持续时间为"00.50",并设置动画声音为"鼓掌"。

● 虚线框的一个动画为"进入 – 基本缩放",开始时间为"与上一动画同时",持续时间

第 **11** 章 设置多媒体与动画

为 "00.40"。

- 虚线框的另一个动画为"退出 – 淡出"，开始时间为"与上一动画同时"，持续时间为"00.40"。
- 为小的虚线框设置"进入 – 缩放"和"退出 – 淡出"动画，两个虚线框共 4 个动画，且延迟时间设置不同，可以参考光盘中的效果文件，也可以自行设置。
- 为虚线框中的文字设置动画"进入 – 缩放"，开始时间为"与上一动画同时"，持续时间为"00.30"，同样需要自行设置延迟。
- 用同样的方法，为另外 3 个文本和虚线框设置组合动画。

第3部分

PowerPoint 应用

第 12 章

交互与放映输出

/ 本章导读

通过超链接、动作按钮和触发器为幻灯片设置交互应用，能够使演示文稿的展示更加多样化，让幻灯片中的内容更具有连贯性。而在演示文稿制作完成后，可对演示文稿中的幻灯片和内容进行放映或讲解，这也是制作演示文稿的最终目的。另外，为了使用方便，用户可对演示文稿进行打包、输出和发布等操作，以达到共享演示文稿的目的。

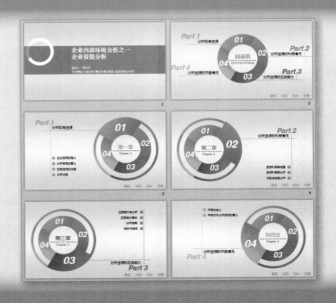

12.1 制作两篇关于企业年会报告的演示文稿

云帆集团即将召开一年一度的集团高层会议，集团发展战略部需要根据今年企业内部环境的情况和下一年产品开发的核心问题，分别制作"企业资源分析"和"产品开发的核心战略"演示文稿。在制作这两篇演示文稿的过程中，主要涉及超链接、动作按钮和触发器的应用，也就是常说的交互式演示文稿的制作方法。

12.1.1 创建和编辑超链接

通常情况下，放映幻灯片是按照默认的顺序依次放映的，如果在演示文稿中创建超链接，就可以通过单击链接对象，跳转到其他幻灯片、电子邮件或网页中。本节将详细讲解在演示文稿中创建和编辑超链接的相关操作。

微课：创建和编辑超链接

第3部分

1. 绘制动作按钮

在 PowerPoint 中，动作按钮的作用是当单击或鼠标指向这个按钮时产生某种效果，例如链接到某一张幻灯片、某个网站、某个文件，播放某种音效，运行某个程序等，类似于超链接。下面在"企业资源分析 .pptx"演示文稿中绘制动作按钮，其具体操作步骤如下。

STEP 1 插入动作按钮

❶在"幻灯片"窗格中选择第 2 张幻灯片；
❷在【插入】/【插图】组中单击"形状"按钮；
❸在打开的列表的"动作按钮"栏中选择"动作按钮：开始"选项。

STEP 2 绘制按钮

❶在幻灯片右下角拖动鼠标绘制按钮；❷在打开的"操作设置"对话框中单击"确定"按钮。

操作解谜

通过动作按钮创建超链接

绘制动作按钮后，PowerPoint自动将一个超链接功能赋予该按钮，如上图中单击该按钮，将链接到第1张幻灯片。如果需要改变链接的对象，可以在上图对话框的"超链接到"单选项下面的下拉列表框中选择其他选项，如选择"幻灯片"选项，将打开"超链接到幻灯片"对话框，设置将按钮链接到其他的幻灯片。

STEP 3 继续插入动作按钮

❶在【插图】组中单击"形状"按钮；❷在打开的列表的"动作按钮"栏中选择"动作按钮：

后退或前一项"选项。

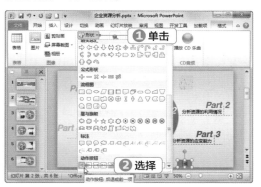

STEP 4 继续绘制按钮

❶在"开始"按钮右侧绘制按钮；❷在打开的"动作设置"对话框中单击"确定"按钮。

STEP 5 继续插入动作按钮

❶在【插图】组中单击"形状"按钮；❷在打开列表的"动作按钮"栏中选择"动作按钮：前进或下一项"选项。

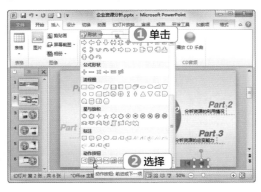

STEP 6 继续绘制按钮

❶在"后退"按钮右侧绘制按钮；❷在打开的"动作设置"对话框中单击"确定"按钮。

STEP 7 继续插入动作按钮

❶在【插图】组中单击"形状"按钮；❷在打开的列表的"动作按钮"栏中选择"动作按钮：结束"选项。

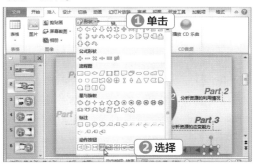

STEP 8 继续绘制按钮

❶在"前进"按钮右侧绘制按钮；❷在打开的"动作设置"对话框中单击"确定"按钮。

2. 编辑动作按钮的超链接

编辑动作按钮的超链接包括调整超链接的对象、设置超链接的动作等。下面在"企业资源分析.pptx"演示文稿中设置动作按钮的提示音，其具体操作步骤如下。

STEP 1 编辑超链接

❶在"开始"动作按钮上单击鼠标右键；❷在弹出的快捷菜单中选择【编辑超链接】命令。

STEP 2 设置"开始"按钮的播放声音

❶打开"动作设置"对话框，单击选中"播放声音"复选框；❷在下面的下拉列表框中选择"voltage.wav（电压）"选项；❸单击"确定"按钮。

STEP 3 编辑超链接

❶在"后退"动作按钮上单击鼠标右键；❷在弹出的快捷菜单中选择【编辑超链接】命令。

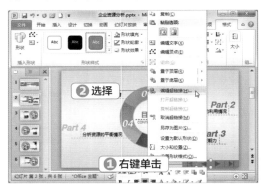

STEP 4 设置"后退"按钮的鼠标移过效果

❶打开"动作设置"对话框，单击"鼠标移过"选项卡；❷单击选中"播放声音"复选框；❸在下面的下拉列表框中选择"wind.wav（风声）"选项；❹单击"确定"按钮。

STEP 5 编辑超链接

❶在"前进"动作按钮上单击鼠标右键；❷在

弹出的快捷菜单中选择【编辑超链接】命令。

STEP 6 设置"前进"按钮的鼠标移过效果

❶打开"动作设置"对话框，单击"鼠标移过"选项卡；❷单击选中"播放声音"复选框；❸在下面的下拉列表框中选择"wind.wav（风声）"选项；❹单击"确定"按钮。

STEP 7 编辑超链接

❶在"开始"动作按钮上单击鼠标右键；❷在弹出的快捷菜单中选择【编辑超链接】命令。

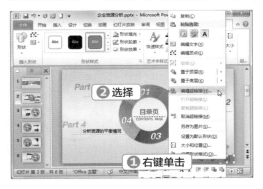

STEP 8 设置"结束"按钮的播放声音

❶打开"动作设置"对话框，单击选中"播放声音"复选框；❷在下面的下拉列表框中选择"applause.wav（鼓掌）"选项；❸单击"确定"按钮。

3. 编辑动作按钮样式

在 PowerPoint 中，动作按钮也属于形状的一种，所以也可以像形状一样设置样式。下面在"企业资源分析 .pptx"演示文稿中设置动作按钮的样式，其具体操作步骤如下。

STEP 1 设置按钮大小

❶按住【Shift】键，同时选择 4 个绘制的动作按钮；❷在【绘图工具 格式】/【大小】组的"高度"数值框中输入"1 厘米"；❸在"宽度"数值框中输入"2 厘米"。

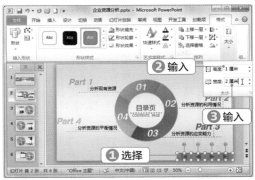

STEP 2 对齐动作按钮

❶在【排列】组中单击"对齐"按钮；❷在打开的列表中选择"上下居中"选项。

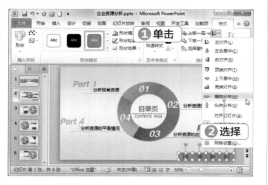

STEP 3 排列动作按钮

❶继续在【排列】组中单击"对齐"按钮；
❷在打开的列表中选择"横向分布"选项。

STEP 4 设置形状效果

❶在【形状样式】组中单击"形状效果"按钮；
❷在打开的列表中选择"柔化边缘"选项；
❸在打开的子列表中选择"10 磅"选项。

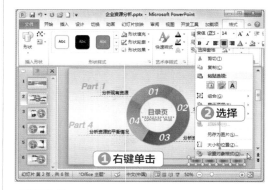

STEP 5 设置对象格式

❶在选择的动作按钮上单击鼠标右键；❷在弹

出的快捷菜单中选择【设置对象格式】命令。

STEP 6 设置透明度

❶打开"设置形状格式"对话框的"填充"选
项卡，在"填充颜色"栏的"透明度"数值框
中输入"80%"；❷单击"关闭"按钮。

STEP 7 复制动作按钮

将设置好格式的动作按钮复制到除第 1 张幻灯
片外的其他幻灯片中。

第3部分

4. 创建超链接

在 PowerPoint 中，图片、文字、图形和艺术字等都可以创建超链接，方法都基本相同。下面在"企业资源分析 .pptx"演示文稿中为文本框创建超链接，其具体操作步骤如下。

STEP 1　创建超链接

❶选择第 2 张幻灯片；❷在"Part 1"文本框中单击鼠标右键；❸在弹出的快捷菜单中选择【超链接】命令。

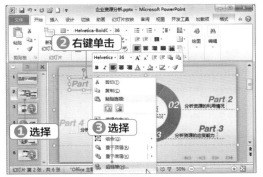

STEP 2　设置超链接

❶打开"插入超链接"对话框，在"链接到"栏中选择"本文档中的位置"选项；❷在"请选择文档中的位置"栏中选择"3. 幻灯片 3"选项；❸单击"确定"按钮，然后用同样的方法为"分析现有资源"和"01"两个文本框创建超链接，都链接到第 3 张幻灯片。

STEP 3　继续创建超链接

❶在"Part 2"文本框中单击鼠标右键；❷在弹出的快捷菜单中选择【超链接】命令。

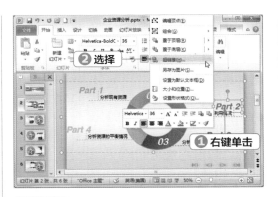

STEP 4　继续设置超链接

❶打开"插入超链接"对话框，在"请选择文档中的位置"栏中选择"4. 幻灯片 4"选项；❷单击"确定"按钮，然后用同样的方法为"分析资源的利用情况"和"02"两个文本框创建超链接，都链接到第 4 张幻灯片。

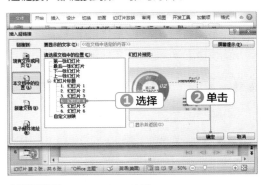

STEP 5　继续创建超链接

❶在"Part 3"文本框中单击鼠标右键；❷在弹出的快捷菜单中选择【超链接】命令。

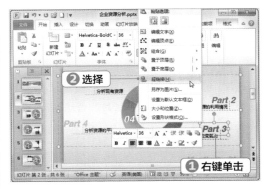

STEP 6 继续设置超链接

❶打开"插入超链接"对话框，在"请选择文档中的位置"栏中选择"5.幻灯片5"选项；❷单击"确定"按钮，然后用同样的方法为"分析资源的应变能力"和"03"两个文本框创建超链接，都链接到第5张幻灯片。

STEP 7 继续创建超链接

❶在"Part 4"文本框中单击鼠标右键；❷在弹出的快捷菜单中选择【超链接】命令。

STEP 8 继续设置超链接

❶打开"插入超链接"对话框，在"请选择文档中的位置"栏中选择"6.幻灯片6"选项；❷单击"确定"按钮，然后用同样的方法为"分析资源的平衡情况"和"04"两个文本框创建超链接，都链接到第6张幻灯片。

技巧秒杀

设置屏幕提示

屏幕提示在使用图片作为超链接对象的时候使用较多，设置了屏幕提示后，播放幻灯片时，将鼠标光标移动到图片上时将自动显示出屏幕提示的内容。设置屏幕提示的方法为：在"插入超链接"对话框中单击右侧的"屏幕提示"按钮，打开"设置超链接屏幕提示"对话框，在"屏幕提示文字"文本框中输入提示的文字内容，单击"确定"按钮。

12.1.2 | 利用触发器制作展开式菜单

触发器是PowerPoint中的一项特殊功能，它可以是一个图片、文字或文本框等，其作用相当于一个按钮，设置好触发器功能后，单击就会触发一个操作，该操作可以是播放音乐、影片或者动画等。下面将在幻灯片中利用触发器制作展开式超链接菜单。

微课：利用触发器制作展开式菜单

1. 绘制并设置形状

在网页和很多软件中，通常单击一个菜单选项，都会弹出一个菜单列表，在PowerPoint中，通过触发器也可以制作这种展开式菜单。

下面在"产品开发的核心战略 .pptx"演示文稿中绘制菜单形状，其具体操作步骤如下。

STEP 1　选择形状

❶在"幻灯片"窗格中选择第 2 张幻灯片；❷在【插入】/【插图】组中单击"形状"按钮；❸在打开的列表的"箭头总汇"栏中选择"下箭头标注"选项。

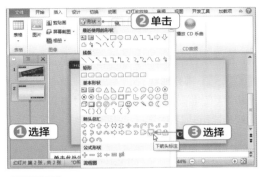

STEP 2　设置形状颜色

❶拖动鼠标绘制形状；❷在【绘图工具 格式】/【形状样式】组中单击"形状填充"按钮；❸在打开的列表的"标准色"栏中选择"蓝色"选项。

技巧秒杀

编辑插入的形状

插入的形状的样式不是固定不变的，可通过编辑顶点的方法对其进行调整。其方法为：选择需要编辑的图形，在其上单击鼠标右键，在弹出的快捷菜单中选择【编辑顶点】命令，再在图形中拖动需要调整的顶点即可。

STEP 3　设置形状边框

❶在【形状样式】组中单击"形状轮廓"按钮；❷在打开的列表中选择"无轮廓"选项。

STEP 4　编辑文字

❶在绘制的形状上单击鼠标右键；❷在弹出的快捷菜单中选择【编辑文字】命令。

STEP 5　设置文本格式

❶输入文本"规划"；❷选择输入的文本；❸在【开始】/【字体】组中设置字体格式为"微软雅黑、36、加粗"。

STEP 6 输入并设置文本格式

❶换行输入文本"Planning"；❷选择输入的文本；❸在【字体】组中设置字体格式为"Arial、14、加粗"。

STEP 7 复制形状

❶复制设置好的形状，粘贴两个到其右侧；❷分别在复制的形状中输入"协商 Negotiation"和"开发 Development"，文本格式与第一个形状中的一致。

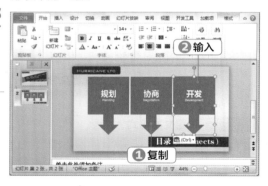

技巧秒杀

快速复制文本的格式

在复制的形状中已经有设置好格式的文本，在文本右侧直接输入可以得到相同格式的文本。

STEP 8 对齐形状

❶按住【Shift】键，选择这3个形状；❷在【排列】组中单击"对齐"按钮；❸在打开的列表中选择"上下居中"选项。

STEP 9 排列形状

❶继续在【排列】组中单击"对齐"按钮；❷在打开的列表中选择"横向分布"选项。

STEP 10 组合形状

❶在这3个形状上单击鼠标右键；❷在弹出的快捷菜单中选择【组合】命令；❸在打开的子菜单中选择【组合】命令。

2. 设置动画样式

本例中的展开式菜单是通过设置切入与切出动画实现的，所以在制作触发器前，还需要为幻灯片中的菜单添加动画效果。下面在"产品开发的核心战略.pptx"演示文稿中设置动画样式，其具体操作步骤如下。

STEP 1 **打开"更改进入效果"对话框**
❶在幻灯片中选择组合的形状；❷在【动画】/【动画】组中单击"动画样式"按钮；❸在打开的列表中选择"更多进入效果"选项。

STEP 2 **设置进入动画**
❶打开"更改进入效果"对话框，在"基本型"栏中选择"切入"选项；❷单击"确定"按钮。

STEP 3 **设置动画效果**
❶在【动画】组中单击"效果选项"按钮；❷在打开的列表中选择"自顶部"选项。

STEP 4 **打开"添加退出效果"对话框**
❶在【高级动画】组中单击"添加动画"按钮；❷在打开的列表中选择"更多退出效果"选项。

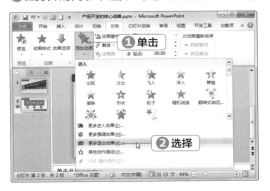

STEP 5 **设置退出动画**
❶打开"添加退出效果"对话框，在"基本型"栏中选择"切出"选项；❷单击"确定"按钮。

STEP 6 **查看设置动画样式后的效果**
返回 PowerPoint 工作界面，选择设置动画后

的形状，其左上角显示两个动画的编号。

操作解谜

添加退出动画的目的

这里设置退出动画的目的是当菜单显示一段时间后，菜单自动在幻灯片中隐藏。不设置退出动画，菜单将一直在幻灯片中显示。

3. 设置触发器

基于动画的触发器通常在设置动画效果的过程中设置，主要在动画效果的"计时"选项中进行。下面在"产品开发的核心战略.pptx"演示文稿中设置触发器，其具体操作步骤如下。

STEP 1 打开动画窗格

在【动画】/【高级动画】组中单击"动画窗格"按钮。

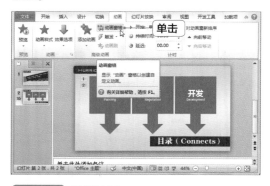

STEP 2 设置计时

❶打开"动画窗格"窗格，单击第一行动画选

项右侧的下拉按钮；❷在打开的列表中选择"计时"选项。

STEP 3 设置触发器

❶打开"切入"对话框的"计时"选项卡，单击"触发器"按钮；❷单击选中"单击下列对象时启动效果"单选项；❸在右侧的下拉列表框中选择"矩形 18：目录（Connects）"选项；❹单击"确定"按钮。

操作解谜

选择触发器

在"单击下列对象时启动效果"单选项右侧的下拉列表框中选择设置为触发器的形状对象，播放幻灯片时，单击该对象将会触发动画。

STEP 4 调整动画顺序

❶在"动画窗格"窗格中选择另外一个没有设

第3部分

置触发器的动画选项；❷在【计时】组中通过单击"向后移动"按钮，将该选项移动到设置了触发器的动画选项的下面。

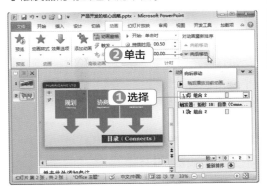

STEP 5　设置退出动画

❶在【计时】组的"开始"下拉列表框中选择"上一动画之后"选项；❷在"延迟"数值框中输入"10.00"；❸单击"关闭"按钮，关闭"动画窗格"窗格，完成触发器的制作。播放幻灯

片时，单击右下角的"目录"图标，将自动弹出制作好的菜单。

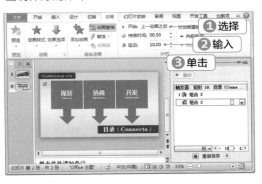

技巧秒杀

删除动画路径

若需要删除已设置好的动画路径，可直接在"动画窗格"窗格中选择需要删除的路径，按【Delete】键删除。

12.1.3　利用触发器制作控制按钮

利用触发器不仅可以制作控制按钮，还可以控制幻灯片中的多媒体对象的播放。下面介绍在幻灯片中利用触发器制作播放与暂停按钮，并通过这些按钮控制插入视频的播放。

微课：利用触发器制作控制按钮

1. 插入视频

要通过触发器制作控制按钮，需要先在幻灯片中插入视频文件，并对视频进行适当的设置。下面在"产品开发的核心战略.pptx"演示文稿中插入并设置视频文件，其具体操作步骤如下。

STEP 1　插入视频

❶在"幻灯片"窗格中选择第 2 张幻灯片；❷按【Ctrl+D】组合键复制一张幻灯片；❸删除幻灯片中的目录；❹在【插入】/【媒体】组中单击"视频"按钮；❺在打开的列表中选择"文件中的视频"选项。

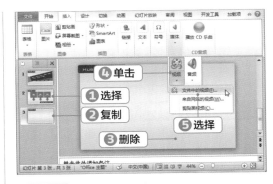

STEP 2　选择视频文件

❶打开"插入视频文件"对话框，选择视频文件所在的文件夹；❷选择"项目施工演示动画_标清.avi"文件；❸单击"插入"按钮。

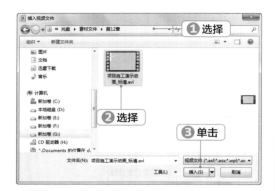

STEP 3　设置视频选项

❶在幻灯片中选择插入的视频；❷在【视频工具 播放】/【视频选项】组的"开始"下拉列表框中选择"单击时"选项。

操作解谜

为什么要设置视频选项

为视频设置触发器，必须进行STEP 3中的设置，否则触发器无法控制视频播放。

2. 绘制并设置形状

　　下面在"产品开发的核心战略.pptx"演示文稿中绘制和编辑形状作为触发器按钮，其具体操作步骤如下。

STEP 1　选择形状

❶在【插入】/【插图】组中单击"形状"按钮；❷在打开的列表的"矩形"栏中选择"圆角矩形"

选项。

STEP 2　设置形状样式

❶拖动鼠标绘制形状；❷在【绘图工具 格式】/【形状样式】组的"形状样式"列表框中选择"强烈效果 – 蓝色，强调颜色 1"选项。

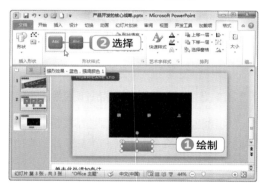

STEP 3　编辑文字

❶在绘制的形状上单击鼠标右键；❷在弹出的快捷菜单中选择【编辑文字】命令。

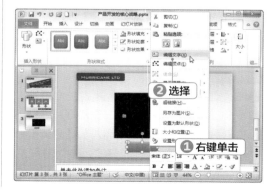

STEP 4　设置文本格式

❶输入文本"PLAY"；❷选择输入的文本；
❸在【开始】/【字体】组中设置字体格式为"微
软雅黑、32、加粗、文字阴影"。

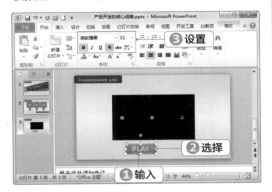

STEP 5　复制形状

❶将设置好的形状复制到其右侧；❷输入文本
"PAUSE"，文本格式与第一个形状中的一致。

3. 添加和设置动画

　　利用触发器制作控制按钮，需要为绘制的
按钮形状设置对应的控制动画。下面在"产品
开发的核心战略.pptx"演示文稿中添加和设置
动画，其具体操作步骤如下。

STEP 1　设置开始动画

❶在幻灯片中选择插入的视频；❷在【动画】/
【动画】组中单击"动画样式"按钮；❸在打
开的列表的"媒体"栏中选择"播放"选项。

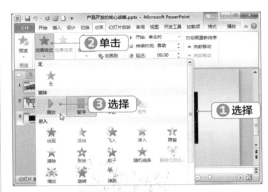

STEP 2　设置暂停动画

❶在【动画】/【动画】组中单击"添加动画"
按钮；❷在打开的列表的"媒体"栏中选择"暂
停"选项。

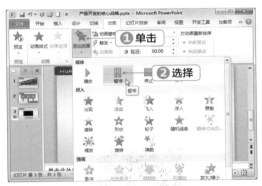

 操作解谜

控制按钮的类型

　　PowerPoint中的控制按钮通常有"播
放""暂停"和"停止"3种类型。

4. 设置触发器

　　设置控制按钮的触发器的操作也是在动画
效果的"计时"选项卡中进行。下面在"产品
开发的核心战略.pptx"演示文稿中设置控制按
钮的触发器，其具体操作步骤如下。

STEP 1 打开动画窗格

在【动画】/【高级动画】组中单击"动画窗格"按钮。

STEP 2 设置计时

❶打开"动画窗格"窗格，单击播放动画选项右侧的下拉按钮；❷在打开的列表中选择"计时"选项。

第3部分

操作解谜

为什么形状编号有差别

使用触发器时，PowerPoint会自动对其中的对象进行编号，所以这里有圆角矩形5和圆角矩形11的分别。设置触发器时，不要看编号，要看形状上的文本与需要设置的动作是否一致即可。

STEP 3 设置触发器

❶打开"播放视频"对话框的"计时"选项

卡，单击"触发器"按钮；❷单击选中"单击下列对象时启动效果"单选项；❸在右侧的下拉列表框中选择"圆角矩形3：PLAY"选项；❹单击"确定"按钮。

STEP 4 设置计时

❶打开"动画窗格"窗格，单击播放动画选项右侧的下拉按钮；❷在打开的列表中选择"计时"选项。

操作解谜

为什么这里不设置计时的向后移动

设置触发器后，该触发器动画通常会自动移动到动画顺序的最后，这里两个动画都需要设置触发器，在顺序上没有先后。

STEP 5 设置触发器

❶打开"暂停视频"对话框的"计时"选项卡，单击"触发器"按钮；❷单击选中"单击下列

对象时启动效果"单选项；❸在右侧的下拉列表框中选择"圆角矩形 9：PAUSE"选项；❹单击"确定"按钮。

STEP 6 查看设置触发器的效果

播放幻灯片时单击"PLAY"按钮开始播放视频，单击"PAUSE"按钮暂停播放。

12.2 输出与演示"系统建立计划"演示文稿

云帆集团的 Hurricane 通信公司需要在集团年会上做关于"建立强化竞争力的系统"方面的报告，由于集团总部和通信公司不在同一地点办公，在制作好演示文稿后，需要将演示文稿打包发送给集团行政部，并设置好演示的相关项目。在本例的操作过程中，主要涉及演示文稿的发布、打包和打印，以及设置演示 PPT 等操作。

12.2.1 输出演示文稿

PowerPoint 中输出演示文稿的相关操作主要包括打包、打印和发布。读者通过学习应能够熟练掌握输出演示文稿的各种操作方法，让制作出的演示文稿不仅能直接在计算机中展示，还可以方便用户在不同的位置或环境中使用或浏览。

微课：输出演示文稿

1. 发布幻灯片

若在演示文稿中多次反复使用某一对象或内容，用户可将这些对象或内容直接发布到幻灯片库中，需要时可直接调用，并且还能用于其他演示文稿中。下面在"系统建立计划 .pptx"演示文稿中发布幻灯片，其具体操作步骤如下。

STEP 1 打开"文件"列表

在 PowerPoint 2010 界面的左上角单击"文件"按钮。

STEP 2 发布幻灯片

❶在打开的列表中选择"保存并发送"选项；❷在中间的"保存并发送"栏中选择"发布幻灯片"选项；❸在右侧的"发布幻灯片"栏中单击"发布幻灯片"按钮。

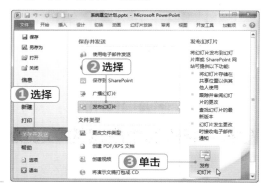

STEP 3 选择要发布的幻灯片

❶打开"发布幻灯片"对话框，在"选择要发布的幻灯片"列表框中单击选中对应幻灯片左侧的复选框，这里单击选中第2、3、4张和最后一张幻灯片前的复选框；❷分别在选中的幻灯片右侧的"文件名"栏中输入"计划标题页""计划目录页""计划内容页""计划结束页"；❸单击选中列表框右下角的"只显示选定的幻灯片"复选框；❹单击"浏览"按钮。

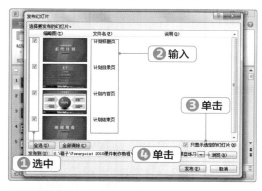

STEP 4 选择发布位置

❶打开"选择幻灯片库"对话框，在地址栏中选择发布位置；❷在中间的工具栏中单击"新

建文件夹"按钮；❸为新建的文件夹输入名称"系统计划"；❹单击"选择"按钮。

STEP 5 发布幻灯片

返回"发布幻灯片"对话框，单击"发布"按钮。

STEP 6 查看输出演示文稿效果

在计算机中打开设置的发布幻灯片文件夹，即可看到发布的幻灯片，每一张幻灯片都单独对应一个演示文稿。

第3部分

2. 保护演示文稿

制作完成演示文稿之后可为演示文稿设置权限并添加密码,防止演示文稿中的内容被修改。下面在"系统建立计划.pptx"演示文稿中为演示文稿设置密码保护,其具体操作步骤如下。

STEP 1 打开"加密"对话框

❶单击"文件"按钮,在打开的列表中选择"信息"选项;❷在中间的"信息"栏中,单击"保护演示文稿"按钮;❸在打开的列表中选择"用密码进行加密"选项。

STEP 2 输入密码

❶打开"加密文档"对话框,在"对此文件的内容进行加密"栏的"密码"文本框中输入"123456";❷单击"确定"按钮。

STEP 3 确认密码

❶打开"确认密码"对话框,在"对此文件的内容进行加密"栏的"重新输入密码"文本框中输入"123456";❷单击"确定"按钮。

STEP 4 查看加密效果

重新打开该演示文稿,将打开"密码"提示框,并提示打开此演示文稿需要密码,在"密码"文本框中输入正确的密码后,单击"确定"按钮才能打开该演示文稿。

操作解谜

解除演示文稿的密码保护

如果要解除演示文稿的保护,需要先用密码打开演示文稿,用同样的方法打开"加密文档"对话框,在"密码"文本框中删除设置的密码,单击"确定"按钮。

3. 将演示文稿转换为 PDF 文档

若需要在没有安装 PowerPoint 软件的计算机中放映演示文稿,则需将其转换为 PDF 文件,再进行播放。下面将"系统建立计划.pptx"演示文稿转换为 PDF 文件,其具体操作步骤如下。

STEP 1 打开"发布为 PDF 或 XPS"对话框

❶单击"文件"按钮，在打开的列表中选择"保存并发送"选项；❷在中间的"文件类型"栏中选择"创建 PDF/XPS 文档"选项；❸在右侧的"创建 PDF/XPS 文档"栏中单击"创建PDF/XPS"按钮。

STEP 2 设置转换

❶打开"发布为 PDF 或 XPS"对话框，在地址栏中选择发布位置；❷单击"发布"按钮，PowerPoint 将演示文稿转换为 PDF 文件，并显示转换的进度。

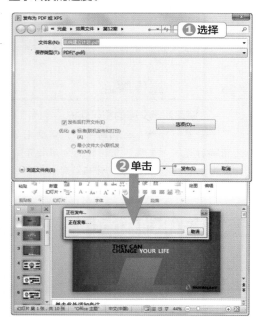

STEP 3 查看转换为 PDF 文件效果

在计算机中打开设置的发布幻灯片文件夹，即可看到发布的 PDF 文件，打开该文件，即可看到转换格式的幻灯片。

4. 将演示文稿转换为视频

在计算机中打开 PDF 文件通常也需要专门的软件，所以将演示文稿转换为视频，更适合在其他计算机中播放。下面将"系统建立计划 .pptx"演示文稿转换为视频，其具体操作步骤如下。

STEP 1 设置视频格式

❶单击"文件"按钮，在打开的列表中选择"保存并发送"选项；❷在中间的"文件类型"栏中选择"创建视频"选项；❸在右侧的"创建视频"栏中单击第一个列表框右侧的下拉按钮；❹在打开的列表中选择"计算机和 HD 显示"选项。

STEP 2 创建视频

在"创建视频"栏中单击"创建视频"按钮。

STEP 3　设置保存

❶打开"另存为"对话框，在地址栏中选择保存位置；❷设置视频文件的保存类型（只有MPEG-4 视频和 Windows Media 视频两种类型），通常保持默认设置，单击"保存"按钮。

STEP 4　查看视频播放效果

在计算机中打开设置的保存幻灯片文件夹，双击保存的视频文件，即可查看幻灯片的视频播放效果。

操作解谜

转换视频的分辨率

　　不同设备的视频分辨率是不同的，在计算机或投影仪上显示，分辨率为1230×720像素；上传到Internet或在DVD上播放，分辨率为852×480像素；在便携式设备上播放分辨率为424×240像素。

5. 将演示文稿打包

　　将演示文稿打包后，复制到其他计算机中，即使该计算机没有安装 PowerPoint 软件，也可以播放该演示文稿。下面将"系统建立计划"演示文稿打包，其具体操作步骤如下。

STEP 1　打包成 CD

❶单击"文件"按钮，在打开的列表中选择"保存并发送"选项；❷在中间的"文件类型"栏中选择"将演示文稿打包成 CD"选项；❸在右侧单击"打包成 CD"按钮。

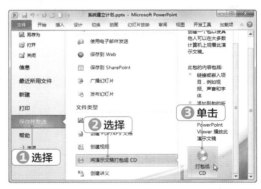

STEP 2　选择打包方式

打开"打包成 CD"对话框，在其中单击"复制到文件夹"按钮。

技巧秒杀

复制到CD

准备好刻录光盘，单击"复制到CD"按钮可将演示文稿刻录到光盘中。

STEP 3 **打开"选择位置"对话框**

打开"复制到文件夹"对话框，在其中单击"浏览"按钮。

STEP 4 **选择打包保存位置**

❶打开"选择位置"对话框，在地址栏中选择打包保存位置；❷单击"选择"按钮。

STEP 5 **打包成 CD**

返回"复制到文件夹"对话框，单击"确定"按钮。

STEP 6 **查看打包效果**

PowerPoint 将演示文稿打包成文件夹，并打开该文件夹，在其中可查看打包结果。

操作解谜

播放打包的演示文稿

打包后的演示文稿，需要将整个打包文件夹都复制到其他计算机中才能播放，因为打包会将一个简单的PowerPoint播放程序放置在文件夹中，帮助播放演示文稿。

6. 将演示文稿转换为图片

在 PowerPoint 中，还可以将演示文稿中的幻灯片转换为图片，这样也可以在没有安装 PowerPoint 软件的计算机中通过图片浏览软件播放幻灯片。下面将"系统建立计划.pptx"演示文稿中的幻灯片转换为图片，其具体操作步骤如下。

STEP 1　另存演示文稿

单击"文件"按钮,在打开的列表中选择"另存为"选项。

STEP 2　选择保存位置

❶打开"另存为"对话框,在地址栏中选择保存位置;❷在"保存类型"下拉列表框中选择"JPEG 文件交换格式"选项;❸单击"保存"按钮。

STEP 3　选择导出的幻灯片

在打开的提示框中要求选择导出哪些幻灯片,这里单击"每张幻灯片"按钮。

 操作解谜

将当前幻灯片保存为图片

若单击"仅当前幻灯片"按钮,就会将演示文稿中当前选择的幻灯片保存为图片。

STEP 4　确认保存操作

在打开的提示框中,要求用户确认保存操作,单击"确定"按钮。

STEP 5　查看转换为图片效果

PowerPoint 将演示文稿中的所有幻灯片转换为图片,并保存到设置的位置且与演示文稿同名的文件夹中。

7. 打印幻灯片

演示文稿不仅可以进行现场演示，还可以将其打印在纸张上，或手执演讲，或分发给观众作为演讲提示等，打印幻灯片的操作与在 Word 或 Excel 中打印基本一致。下面打印"系统建立计划 .pptx"演示文稿，其具体操作步骤如下。

STEP 1 设置打印份数

❶单击"文件"按钮，在打开的列表中选择"打印"选项；❷在中间列表的"打印"栏的"份数"数值框中输入"2"；❸在"打印机"栏中单击"打印机属性"超链接。

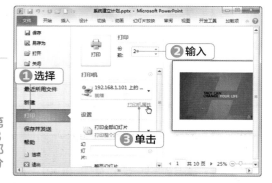

STEP 2 设置纸张大小

❶打开打印机的属性对话框，单击"纸张 / 质量"选项卡；❷在"纸张选项"栏的"纸张尺寸"下拉列表框中选择"A4"选项；❸单击"确定"按钮。

STEP 3 设置打印版式

❶在中间列表的"设置"栏中单击"整页幻灯片"按钮；❷在打开的列表的"讲义"栏中选择"2张幻灯片"选项。

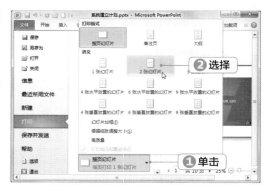

STEP 4 打印幻灯片

在右侧的预览栏中可以看到设置打印的效果，在中间的列表中单击"打印"按钮，即可打印该演示文稿。

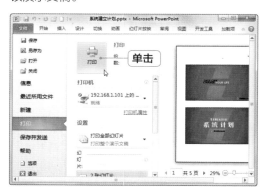

操作解谜

为什么平时很少打印演示文稿

作为演示用的演示文稿，一般不需要进行打印，但由于演示文稿中的内容一般比较简化，为了方便观众理解，有时会将演示文稿的讲义打印出来，供学生翻阅。若使用 PowerPoint 制作的演示文稿还有其他用途，如包含需要传阅的数据或今后的规划等，就需要将该类幻灯片打印出来供观众查阅。

12.2.2 演示演示文稿

微课：演示演示文稿

对于演示文稿来说，在经历了制作和输出等过程后，最终目的就是将演示文稿中的幻灯片都演示出来，让广大观众能够认识和了解。下面就讲解设置演示演示 PPT 的相关操作。

1. 自定义演示

在演示幻灯片时，可能只需演示演示文稿中的部分幻灯片，这时可通过设置幻灯片的自定义演示来实现。下面自定义"系统建立计划 .pptx"演示文稿的演示顺序，其具体操作步骤如下。

STEP 1 设置自定义放映

❶在【幻灯片放映】/【开始放映幻灯片】组中单击"自定义幻灯片放映"按钮；❷在打开的列表中选择"自定义放映"选项。

STEP 2 新建放映项目

打开"自定义放映"对话框，单击"新建"按钮，新建一个放映项目。

STEP 3 添加演示的幻灯片

❶打开"定义自定义放映"对话框，在"在演示文稿中的幻灯片"列表框中按住【Shift】键选择第 2 张和第 3 张幻灯片；❷单击"添加"按钮，将幻灯片添加到"在自定义放映中的幻灯片"列表框中。

STEP 4 设置演示顺序

❶在"在演示文稿中的幻灯片"列表框中选择第 1 张幻灯片；❷单击"添加"按钮，将其添加到"在自定义放映中的幻灯片"列表框中，该幻灯片的演示顺序变为第 3 张。

第 **12** 章　交互与放映输出

329

STEP 5　设置其他幻灯片的演示顺序

❶将"在演示文稿中的幻灯片"列表框中的其他幻灯片按顺序添加到"在自定义放映中的幻灯片"列表框中，然后选择第3张幻灯片；❷单击"上移"按钮，将该幻灯片的播放顺序调整为第2个播放。

STEP 6　调整幻灯片演示顺序

调整完幻灯片的演示顺序后，在"定义自定义放映"对话框中单击"确定"按钮。

STEP 7　完成自定义演示操作

返回"自定义放映"对话框，在"自定义放映"列表框中已显示出新创建的自定义放映名称，单击"关闭"按钮。

技巧秒杀

如何辨别自定义放映中幻灯片的顺序

在"定义自定义放映"对话框中的"在自定义放映中的幻灯片"列表框中，左侧的序号为幻灯片的播放顺序，右侧的序号为原始的播放顺序。

2. 设置演示方式

设置幻灯片演示方式主要包括设置演示类型、演示幻灯片的数量、换片方式和是否循环演示演示文稿等。下面为"系统建立计划.pptx"演示文稿设置演示方式，其具体操作步骤如下。

STEP 1　打开"设置放映方式"对话框

在【幻灯片放映】/【设置】组中单击"设置幻

灯片放映"按钮。

STEP 2　设置放映方式

❶打开"设置放映方式"对话框，在"放映选项"栏中单击选中"循环放映，按 ESC 键终止"复选框；❷在"换片方式"栏中单击选中"手动"单选项；❸单击"确定"按钮。

 操作解谜

放映类型

　　幻灯片的放映类型包括：演讲者放映（全屏幕），便于演讲者演讲，演讲者对幻灯片具有完整的控制权，可以手动切换幻灯片和动画；观众自行浏览（窗口），以窗口形式放映，不能通过单击鼠标放映；在展台浏览（全屏幕），这种类型将全屏模式放映幻灯片，并且循环放映，不能单击鼠标手动演示幻灯片，通常用于展览会场或会议中运行无人管理幻灯片演示的场合中。

STEP 3　开始放映

❶在【幻灯片放映】/【开始放映幻灯片】组中单击"自定义幻灯片放映"按钮；❷在打开的列表中选择"自定义放映 1"选项。

3. 设置演示文稿的演示

　　在演示演示文稿的过程中，最常用的操作就是设置注释和分辨率。下面在放映"系统建立计划 .pptx"演示文稿的过程中添加注释并设置监视器和分辨率，其具体操作步骤如下。

STEP 1　从头开始播放演示文稿

在【幻灯片放映】/【开始放映幻灯片】组中单击"从头开始"按钮，开始放映演示文稿。

STEP 2　设置指针选项

❶当放映到第 4 张幻灯片时，单击鼠标右键；❷在弹出的快捷菜单中选择【指针选项】命令；❸在展开的子菜单中选择【笔】命令。

STEP 3 设置注释

拖动鼠标在需要添加注释的文本周围绘制形状或添加着重号。

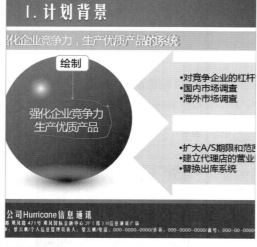

STEP 4 保留注释

继续放映演示文稿，也可以在其他幻灯片中插入注释，完成放映后，按【Esc】键，退出幻灯片放映状态，PowerPoint 打开提示框，询问是否保留墨迹注释，单击"保留"按钮。

STEP 5 设置监视器

❶在【设置】组中单击"设置幻灯片放映"按钮，打开"设置放映方式"对话框，在"多监视器"栏的"幻灯片放映显示于"下拉列表框中选择"主要监视器"选项；❷单击"确定"按钮。

操作解谜

幻灯片放映的监视器

　　PowerPoint中，幻灯片的放映支持多监视器放映，也就是说，可以同时在多个放映设备中同时放映幻灯片。如果只有一个显示设备，"多监视器"栏中的"幻灯片放映显示于"下拉列表框将无法使用，如下图所示，单击选中"显示演示者视图"复选框，将会打开提示框，要求用户检查计算机是否具备多监视器放映的条件。

新手加油站——交互与放映输出技巧

1. 打印讲义幻灯片

打印讲义就是将一张或多张幻灯片打印在一张或几张纸张上面,可供演讲者或观众参考。打印讲义的方法与打印幻灯片类似,不过打印讲义更为简单,只需首先在 PowerPoint 的【视图】选项卡功能区中进行设置,然后设置打印参数后即可进行打印,其具体操作步骤如下。

❶ 打开需要打印的演示文稿,在【视图】/【母版视图】组中单击"讲义母版"按钮,进入讲义母版编辑状态。

❷ 在【讲义母版】/【页面设置】组中单击"每页幻灯片数量"按钮,在打开的列表中选择"3 张幻灯片"选项,然后在【占位符】组中设置打印时显示的选项,最后单击"关闭母版视图"按钮,退出讲义母版编辑状态。

❸ 单击"文件"按钮,在打开的列表中选择"打印"选项,在中间列表的"设置"栏中单击"整页幻灯片"按钮,在打开列表的"讲义"栏中选择"3 张幻灯片"选项。

❹ 在右侧的预览栏中可以看到设置打印的效果,在中间的列表中单击"打印"按钮,即可打印讲义。

注意:每页幻灯片数量不同,幻灯片的排放位置也会有所差别,一般选择 3 张,这样既可以查看幻灯片,又可以查看旁边的相关信息。

2. 打印备注幻灯片

如果幻灯片中存在大量的备注信息,而又不想观众在屏幕上看到这些备注信息,此时可将幻灯片及其备注内容打印出来,只供演讲者查阅。打印备注幻灯片的方法与打印讲义幻灯片的相似,其具体操作步骤如下。

❶ 打开需要打印的演示文稿,在【视图】/【母版视图】组中单击"备注母版"按钮,进入备注母版编辑状态。

❷ 在【备注母版】/【占位符】组中设置打印时显示的选项,在【页面设置】组中设置备注页的方向,单击"关闭母版视图"按钮退出备注母版编辑状态。

第 **12** 章　交互与放映输出

❸ 单击"文件"按钮，在打开的列表中选择"打印"选项，在中间列表的"设置"栏中单击"整页幻灯片"按钮，在打开的列表框的"打印版式"栏中选择"备注页"选项。

❹ 在右侧的预览栏中可以看到设置打印的效果，在中间的列表中单击"打印"按钮即可打印备注。

注意：如果幻灯片中没有输入备注信息，打印预览时备注框中将不显示任何信息。如果需要在幻灯片中输入备注，需要在【视图】/【演示文稿视图】组中单击"备注页"按钮，在打开的"备注页"视图的备注文本框中输入备注内容。

3. 打印大纲

打印大纲就是只将大纲视图中的文本内容打印出来，而不把幻灯片中的图片、表格等内容打印出来，以方便查看幻灯片的主要内容。打印大纲的方法最简单，只需要单击"文件"按钮，在打开的列表中选择"打印"选项，在打开的界面中设置打印机属性、打印范围等参数，在中间列表的"设置"栏中单击"整页幻灯片"按钮，在打开列表的"打印版式"栏中选择"大纲"选项，在右侧的预览栏中可以看到设置打印的效果，在中间的列表中单击"打印"按钮，即可打印大纲。

4. 安装和使用打印机

要使用打印机首先必须安装打印机。打印机的安装包括硬件的连接及驱动程序的安装，只有正确连接并安装了相应的打印机驱动程序之后，打印机才能正常工作，其具体操作步骤如下。

❶ 先将打印机的数据线连接到计算机，将 USB 连线的端口插入计算机机箱后面相应的接口和打印机的 USB 接口中。然后连接电源线，将电源线的"D"型头插入打印机的电源插口中，另一端插入电源插座插口。

❷ 连接好打印机后，还必须安装该打印机的驱动程序。通常情况下，连接好打印机后，打开打印机电源开关并启动计算机，操作系统会自动检测到新硬件，并自动安装打印机的驱动程序（如果需要手动安装，则直接将打印机的驱动光盘放入光驱，按照系统提示进行操作即可完成安装）。

❸ 然后紧靠纸张支架右侧垂直装入打印纸。

❹ 最后压住进纸导轨，使其滑动到纸张的左边缘。

⑤ 最后在 PowerPoint 中设置打印参数，进行打印即可。

装入

滑动

5. 打印技巧

打印幻灯片也是有技巧的，下面就介绍一些常见的打印技巧。

● 打印预览：如果在预览幻灯片打印效果时，发现其中有错误，为了防止退出预览状态后找不到错误的幻灯片。可以在预览状态下，单击预览栏下面的"放大"按钮⊕，找到错误的具体位置，然后在左下角的"当前页面"文本框中将显示是第几张幻灯片。

● 打印指定的幻灯片：只需要在打印界面中间列表的"设置"栏的"幻灯片"文本框中输入幻灯片对应的页码，如第 4 张幻灯片，输入"4"。如果只打印当前幻灯片，只需在"设置"栏中单击"打印全部幻灯片"按钮，在打开的列表中选择"打印当前幻灯片"选项。

● 双面打印：如果要在 PowerPoint 中实现双面打印，前提条件就是打印机支持双面打印。如果打印机支持双面打印，在"设置"栏中将出现"单面打印"按钮，单击该按钮，在打开的列表中选择"双面打印"选项即可。

注意：如果要打印连续的多页，如打印第 4~7 张幻灯片，输入"4-7"；如果要打印不连续的多页，如打印第 3 张、第 6 张和第 8 张幻灯片，输入"3,6,8"（页码之间逗号需在英文状态下输入）。

6. 通过动作按钮控制演示过程

如果在幻灯片中插入了动作按钮，在演示幻灯片时，单击设置的动作按钮，可切换幻灯片或启动一个应用程序，也可以用动作按钮控制幻灯片的演示。PowerPoint 2010 中的动作按钮主要是通过插入形状的方式绘制到幻灯片中。插入和设置按钮的相关操作在前面已经介绍过，这里不再赘述。

> 动作按钮
> ◁ ▷ ◁| |▷ ⌂ ⑤ ⮐ ▭ ▯ ◁ ⑦ ▭

7. 快速定位幻灯片

在幻灯片演示过程中，通过一定的技巧，可以快速、准确地将播放画面切换到指定的幻灯片中，达到精确定位幻灯片的效果，其方法为：在播放幻灯片的过程中，单击鼠标右键，在弹出的快捷菜单中选择【定位至幻灯片】命令，在弹出的子菜单中选择需要切换到的幻灯片。

第 **12** 章　交互与放映输出

335

另外，在【定位至幻灯片】命令的子菜单中，若前面有勾标记，表示现在正在演示该张幻灯片的内容。

8. 使用激光笔

激光笔又名指星笔、镭射笔和手持激光器，因其具有非常直观的可见强光束，多用于指示作用而得名。在课堂教学中，它像一根无限延伸的教鞭，无论在教室在任何角落都可以轻松指划黑板，绝对是演示者们的得力助手。在进行 PowerPoint 演示文稿演示时，为了吸引观众的注意，或者强调某部分内容，经常会用到激光笔。但花钱买个激光笔，且每次上课前还需要记得带在身边，并不是一件容易的事情，这时，就可以利用 PowerPoint 2013 自带的激光笔功能来进行演示文稿的演示，其方法也很简单，在播放幻灯片时，按住【Ctrl】键，并同时按下鼠标左键，这时鼠标指针变成了一个激光笔照射状态的红圈，在幻灯片中移动位置即可。

9. 为幻灯片分节

为幻灯片分节后，不仅可使演示文稿的逻辑性更强，还可以与他人协作创建演示文稿，如每个人负责制作演示文稿一节中的幻灯片。为幻灯片分节的方法为：选择需要分节的幻灯片，在【开始】/【幻灯片】组中单击"节"按钮，在打开的下拉列表中选择"新增节"选项，即可为演示文稿分节，如下图所示为演示文稿分节后的效果。

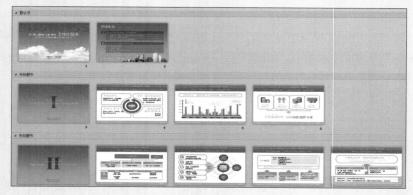

在 PowerPoint 2010 中，不仅可以为幻灯片分节，还可以对节进行操作，包括重命名节、删除节、展开或折叠节等。节的常用操作方法如下。

- 重命名：新增的节名称都是"无标题节"，需要自行进行重命名。使用鼠标单击"无标题节"文本，在打开的下拉列表中选择"重命名"选项，打开"重命名节"对话框，在"节名称"文本框中输入节的名称，单击"重命名"按钮。
- 删除节：对多余的节或无用的节可删除，单击节名称，在打开的下拉列表中选择"删除节"选项可删除选择的节；选择"删除所有节"选项可删除演示文稿中的所有节。
- 展开或折叠节：在演示文稿中，既可以将节展开，也可以将节折叠起来。使用鼠标双击节名称就可将其折叠，再次双击就可将其展开。还可以单击节名称，在打开的下拉列表中选择"全部折叠"或"全部展开"选项，就可将其折叠或展开。

 高手竞技场——交互与放映输出练习

1. 制作"企业经济成长历程"演示文稿

新建一个"企业经济成长历程 .pptx"演示文稿，主要是制作其中的交互与超链接，要求如下。

- 新建演示文稿，制作幻灯片的母版，包括标题页、内容页和结束页，需要绘制形状，并设置形状的格式。
- 在内容页中插入图片，并为其添加超链接。
- 在普通视图中创建幻灯片，并输入和设置基本的文字。
- 设置导航页，并在其中添加形状和文本框，并设置形状和文本内容。
- 为导航页中的文本框和形状制作展开式菜单。

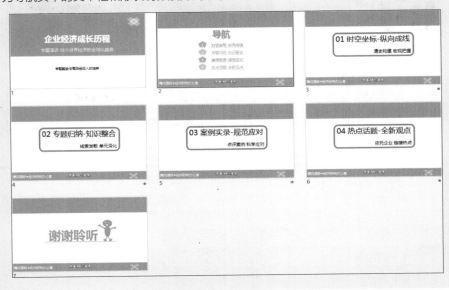

2. 制作"销售业绩报告"演示文稿

下面根据所学的 PowerPoint 知识，制作"销售业绩报告 .pptx"演示文稿，要求如下。

- 主题颜色设计：蓝色最能体现商务和积极向上的意义，因此本案例选择蓝色作为主题颜色，但本案例要体现公司的成长性，所以主题蓝色略浅。浅蓝色属于暖色系的温和系列，所以使用同样色系的浅绿色和具有补色关系的红色作为辅助颜色，同样这些颜色也是公司品牌徽标的主题颜色。

- 版式设计：可以考虑使用参考线，将幻灯片平均划分为左右两个部分，再在 4 个边缘划分出一定区域，主要是上下两个区域添加一些辅助信息或者徽标，上部边缘可以作为内容标题区域，下部边缘则放置公司徽标。

- 文本设计：主要文本格式为"微软雅黑"，颜色以蓝色和白色为主，英文字体考虑使用"微软雅黑"，与中文字符一致，制作起来比较方便。另外，标题页和结尾页使用其他文本格式，强调标题。

- 形状设计：主要以绘制图形、制作图表为主，有些形状比较复杂，可以直接使用素材文件，其他绘制形状用于辅助幻灯片效果。

- 幻灯片设计：除标题和结尾页外，需要制作目录页和各小节的内容页。

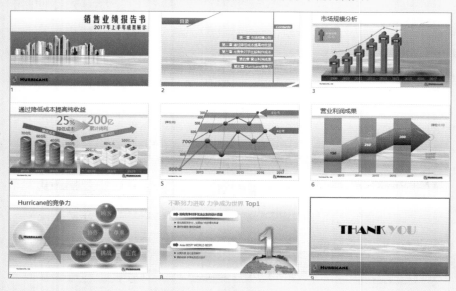

第3部分